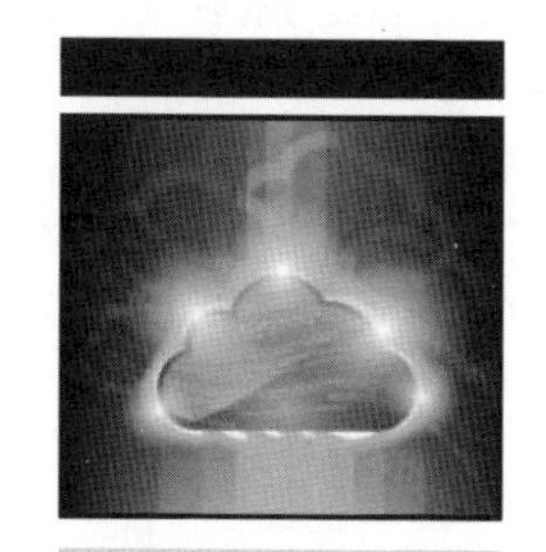

Go编程进阶实战：

开发命令行应用、HTTP应用和gRPC应用

[澳] 阿米特 • 萨哈(Amit Saha) 著
贾玉彬 刘光磊 译
上海碳泽信息科技有限公司 审校

清華大学出版社
北 京

北京市版权局著作权合同登记号 图字：01-2022-1772
Amit Saha
Practical Go
EISBN：978-1-119-77381-8

图书在版编目(CIP)数据

Go 编程进阶实战：开发命令行应用、HTTP 应用和 gRPC 应用 / (澳) 阿米特 • 萨哈 (Amit Saha) 著；贾玉彬，刘光磊译. —北京：清华大学出版社，2022.9
书名原文：Practical Go
ISBN 978-7-302-61589-7

Ⅰ. ①G… Ⅱ. ①阿… ②贾… ③刘… Ⅲ. ①程序语言—程序设计 Ⅳ. ①TP312

中国版本图书馆 CIP 数据核字(2022)第 144648 号

责任编辑：王　军
装帧设计：孔祥峰
责任校对：成凤进
责任印制：宋　林

出版发行：清华大学出版社
网　　址：http://www.tup.com.cn，http://www.wqbook.com
地　　址：北京清华大学学研大厦 A 座　　邮　　编：100084
社 总 机：010-83470000　　邮　　购：010-62786544
投稿与读者服务：010-62776969，c-service@tup.tsinghua.edu.cn
质 量 反 馈：010-62772015，zhiliang@tup.tsinghua.edu.cn
印 装 者：艺通印刷（天津）有限公司
经　　销：全国新华书店
开　　本：170mm×240mm　　印　　张：22.25　　字　　数：485 千字
版　　次：2022 年 11 月第 1 版　　印　　次：2022 年 11 月第 1 次印刷
定　　价：98.00 元

产品编号：096719-01

译者序

Go 语言自从诞生以来一直备受关注，越来越受到编程人员的青睐。但关于 Go 语言编程进阶的书籍不多，感谢清华出版社的王军老师引进本书，也有幸能主持本书的翻译工作。

本书介绍使用 Go 编程语言构建各种应用(命令行应用、HTTP 应用和 gRPC 应用)的概念和模式。结构非常合理，基本覆盖了日常编程中的常见场景；系统学习完本书可提升读者开发生产级应用程序的能力。

我是一名网络安全从业者，从业时间超过 20 年，目睹了网络安全行业常用编程语言的变迁。近 5 年来，国内外网络安全行业使用 Go 语言的企业数量增长迅速。Go 语言自身的很多特性非常适合网络安全行业。例如，它结合了 C 语言的强大功能和 Python 语言自带的“电池”特性、开发效率高、容易上手。正如本书作者所言：一旦软件开发人员掌握了 Go 语言的基础知识，几乎不必付出任何努力，就可开发一个开箱即用的高性能应用程序。

本书特别适合具有一定基础的新手向中高级过渡使用。本书专注于为命令行工具、Web 应用程序和 gRPC 应用程序严格挑选基本构建块的子集，以提供紧凑且可操作的指南。本书并未涵盖你可能想要了解的更高级别用例，因为这些用例的实现通常依赖于特定领域的软件包，如网络安全领域的各种软件包。这是作者有意而为之，希望读者通过本书学到的基础知识，利用更高级别的库来构建自己的应用程序。

刘光磊先生是本书的合译者，是上海碳泽千乘 SOAR 产品的核心研发专家，具有丰富的 Go 语言编程经验，提供了宝贵的实践支持。在此对刘光磊先生深表感谢。

感谢上海碳泽信息科技有限公司 Go 后端开发团队的大力支持。

贾玉彬

2022 年 8 月于北京

关于作者

Amit Saha 是澳大利亚悉尼 Atlassian 公司(著名的 JIRA 就是该公司的产品)的一名软件工程师。他撰写了 *Doing Math with Python: Use Programming to Explore Algebra, Statistics, Calculus, and More!* (No Starch Press，2015)和 *Write Your First Program*(PHI Learning，2013)。他还在技术杂志、会议刊物和研究期刊上发表文章。

关于技术编辑

John Arundel 是 Go 语言方面著名的技术作家和导师。他拥有 40 年的编程经验，自认为终于开始弄清楚应该如何去做了。你可以在 bitfieldconsulting.com 上找到有关他的更多信息。John 住在英格兰康沃尔郡的一座童话般的小屋里——环绕着树林，野生动物不时出没其中，生机盎然，一派祥和。

致　谢

我要感谢 Wiley 团队使本书的出版成为可能。首先要感谢的是 Jim Minatel，他回复了我的第一封电子邮件，并表示有兴趣与 Wiley 一起出版本书。Jim 随后帮我与 Devon Lewis 取得联系。我与 Devon 讨论了本书的计划，他在委托我创作本书和监督的整个过程中发挥了重要作用。接下来，我要感谢 Gary Schwartz，他以项目经理的身份在整个项目中指导我，确保我按章交付。谢谢 Judy Flynn 作为文稿编辑的一丝不苟。最后，感谢 Barath Kumar Rajasekaran 监督校对本书。与这些优秀的人一起工作使我对尤利西斯契约有了更好的理解。

John Arundel 很友好地接受了成为本书技术审阅者的邀请，他的见解和评论极大地帮助了本书的改进，也使我成为更好的 Go 程序员。

我要感谢 Go 语言的支持者和 gRPC 邮件列表上的所有社区成员，他们总是帮助回答我的问题并澄清我的疑惑。我学习 Go 的最初几天主要是从 Go by example 项目中复制和粘贴代码；因此，我想感谢这个项目的创建者和维护者，是他们的努力为我提供了非常有用的资源。

最后，我想感谢 Cooperpress 出版了 *Golang Weekly*，感谢 Go Time 播客的同事们的努力。他们帮助我学习 Go 语言并了解 Go 社区的最新动态。

——Amit Saha

前 言

Google 于 2009 年发布了 Go 编程语言，2012 年推出了 1.0 版本。自从向社区发布，以及 1.0 版本的兼容性承诺，Go 语言已被用于编写可扩展且具有高影响力的软件程序。从命令行应用程序和关键基础设施工具到大型分布式系统，Go 语言为许多现代软件成功案例的增长做出了巨大贡献。多年来，我个人对 Go 的兴趣一直是由于它没有过多的关键字——这就是我喜欢它的地方。感觉就像它结合了 C(我学习的第二种编程语言)的强大功能和 Python(我最喜欢的另一种编程语言)自带“电池”的特性。随着我使用 Go 语言编写越来越多的程序，我学会了欣赏它专注于提供所有必要的工具和功能来编写生产级质量的软件。我经常发现自己在想，“我能在这个应用程序中实现这种故障处理模式吗？”然后我查看了标准库文档，答案一直都是响亮的“是！”一旦你掌握了 Go 语言的基础知识，作为软件开发人员，你几乎不必付出任何努力，就可以开发一个开箱即用的高性能应用程序。

我撰写本书的目的是通过开发各种类型的应用程序来展示 Go 语言及其标准库(以及一些社区维护的包)的各种特性。一旦你回顾或学习了 Go 语言的基础知识，本书将帮助你迈出下一步。我采用了这样一种写作风格：重点是使用语言及其库的各种特性来解决手头的特定问题——你关心的问题。

我不会对语言特性或某个包的每个功能进行详细描述。你将学到足以构建命令行工具、Web 应用程序和 gRPC 应用程序的知识。我专注于为此类应用程序严格挑选的基本构建块的子集，以提供紧凑且可操作的指南。因此，你可能会发现本书并未涵盖你可能想要了解的更高级别的用例。这是有意而为之，因为这些更高级别用例的实现通常依赖于特定领域的软件包，因此没有一本书可以公正地建议使用某个软件包而不会遗漏另一个软件包。我也尽量使用标准库包来编写本书中的应用程序，这样做是为了确保学习经验不会被稀释。尽管如此，我希望本书介绍的构建块能为你提供坚实的基础，使你能利用更高级别的库来构建应用程序。

本书涵盖的内容

本书介绍使用 Go 编程语言构建各种应用程序的概念和模式。主要关注命令行应用程序、HTTP 应用程序和 gRPC 应用程序。

第 1~2 章讨论构建命令行应用程序。你将学习使用标准库包来开发可扩展和可测试的命令行程序。

第 3~4 章教你如何构建生产级的 HTTP 客户端。你将学习配置超时、了解连接池行为、实现中间件组件等。

第 5~7 章讨论构建 HTTP 服务器应用程序。你将学习如何添加对流数据的支持、实现中间件组件、跨处理函数共享数据以及实现各种技术来提高应用程序的健壮性。

第 8~10 章深入研究使用 gRPC 构建 RPC 应用程序。你将了解 Protocol Buffer，实现各种 RPC 通信模式，并实现客户端和服务器端拦截器来执行常见的应用程序功能。

在第 11 章中，你将学习应用程序与对象存储和关系数据库管理系统的交互。

附录 A 简要讨论如何将观测仪表添加到应用程序中。

附录 B 将提供一些有关部署应用程序的指南。

附录 C 将帮助配置 Go 开发环境。

每组章节基本独立于其他组。所以请随意跳到任意组的第 1 章；但是，有些地方可能会引用前一章的内容。

然而，在每个组内，我建议从头到尾阅读章节，因为组内的章节建立在前一章的基础上。例如，如果你想了解更多有关编写 HTTP 客户端的知识，我建议你按顺序阅读第 3 章和第 4 章。

我还鼓励你在阅读本书的同时自己编写和运行代码，并尝试那些练习。在你的代码编辑器中自己编写程序将增强编程能力，正如我在编写本书中的程序时所做的那样。

源代码和资源链接下载

你可扫描封底二维码来查看与本书相关的源代码和资源的链接。

在阅读本书时，读者会看到链接编号。形式是编号，加方括号。如[1]表示读者可扫描封底二维码下载 Links 文件，找到对应章节中[1]指向的链接。

本书指南

下面介绍有助于充分利用本书的各种零碎信息。首先，将介绍代码清单的模块路径选择。

Go 模块

在本书中，所有应用程序都将首先初始化一个模块(Module)。通过运行 go 命令 go mod init <模块路径>实现。在整本书中，我使用了一个“占位符”模块路径，即 github.com/username/<应用名称>。因此，在将模块编写为包含多个包的应用程序时，导入路径为 github.com/username/<应用名称>/<包名>。

如果你不打算共享这些应用程序，则可以使用这些模块路径。如果你计划共享应用程序，或进一步开发它们，鼓励你使用自己的模块路径，该路径指向你自己的存储库，可能是托管在[1]、[2]或[3]上的 Git 存储库。只需要在存储库托管服务中用你自己的用户名替换即可。还值得注意的是，本书的代码存储库[4]包含的模块路径[5]是实际路径而不是占位符路径。

命令行和终端

全书都要求你执行命令行程序。对于 Linux 和 macOS，使用默认的 shell 就足够了。对于 Windows，我假设你将使用 Windows PowerShell 终端而不是默认的命令行程序。大多数命令行执行显示为在 Linux/macOS 终端上执行，由$符号指示。但是，你也应该能够在 Windows 上运行相同的命令。无论我要求你在何处执行命令以创建目录或复制文件，我都指出了 Linux/macOS 和 Windows 的不同之处。

术语

我在整本书中使用了一些术语，在这里澄清一下，以避免歧义并设定正确的期望。

健壮性和弹性

健壮性(Robustness)和弹性(Resiliency)这两个术语都表达了应用程序处理意外情况的能力。但是，这些术语在这些情况下的预期行为与其正常行为相比有所不同。如果一个系统能够承受意外情况并在一定程度上继续运行，那么它就是健壮的。与正常行为相比，这可能是次优行为。另一方面，如果系统继续表现出正常行为，则系统具有弹性。

在第 2 章，我们将学习对正在执行用户指定程序的命令行应用程序功能强制超时。通过强制超时，可避免应用程序由于糟糕的用户输入而无限期挂起的情况。由于我们配置了允许用户指定命令执行多长时间的上限，因此当持续时间在命令完成之前到期时，将退出并显示错误。这不是应用程序的正常行为(应该等待命令完成)，但是这种次优行为对于允许应用程序从意外情况中恢复是必要的，例如用户指定的命令花费的时间比预期的要长。你会在全书中找到类似的示例，特别是在第 4、7、10 和 11 章中发送或接收网络请求时。我们将这些技术称为在应用程序中引入健壮性。

在第 10 章，你将学习处理 gRPC 客户端应用程序中的瞬态故障。我们将以一种可以容忍可能很快解决临时故障的方式编写应用程序。我们将此称为在应用程序中引入弹性行为。但是，我们也引入了一个允许解决潜在临时故障的时间上限。如果超过这个时间限制，我们认为操作无法完成。因此，我们也引入了健壮性。

总之，弹性和健壮性都旨在处理应用程序中的意外情况，本书使用这些术语来指代此类技术。

生产就绪

我在书中使用术语“生产就绪”(Production Readiness)作为在开发应用程序时但在将其部署到任何类型的生产环境之前应该考虑的所有步骤。当生产环境是你自己的个人服务器并且你是应用程序的唯一用户时，你将学习的技术可能就足够了。如果生产环境意味着应用程序将为你的用户执行关键功能，那么本书中的技术应该是绝对的基线和起点。生产就绪由大量通常特定于领域的技术组成，涵盖健壮性、弹性、可观察性和安全性等各个维度。本书展示了如何实现这些主题的一小部分。

参考文档

书中的代码清单使用了各种标准库包和一些第三方包。各种功能和类型的描述仅限于上下文使用。当你想了解有关包或函数的更多信息时，知道去哪里查找对于充分利用本书非常重要。所有标准库包的关键参考文档均位于[6]。当我将包导入为 net/http 时，将在路径[7]中找到该包的文档。当我提到 io.ReadAll()等函数时，可以查看[8]上的 io 包文档。

对于第三方软件包，可通过访问地址[9]获取文档。例如，Go gRPC 包被导入为[10]。其参考文档可通过[11]获得。

Go 语言回顾

我建议阅读[12]的 A Tour of Go 中的内容，以复习将用于实现本书中的程序的各种功能，包括 for 循环、函数、方法、结构、接口类型以及错误值。此外，我想强调我们将广泛使用的关键主题。

结构类型

还将在编写测试时使用匿名结构(Struct)类型。这在 Andrew Gerrand 的演讲“关于 Go，你可能不知道的 10 件事”中有所描述，见[13]。

接口类型

为了使用各种库函数并编写可测试的应用程序，我们将广泛使用接口(Interface)类型。例如，我们将广泛使用满足 io.Reader 和 io.Writer 接口的替代类型来为使用标准输入和输出接口的应用程序编写测试。

学习定义满足另一个接口的自定义类型是编写 Go 应用程序的关键步骤，我们在其中插入需要的功能以与语言的其余部分一起工作。例如，为了在 HTTP 处理函数之间共享数据，我们将定义自己的类型来实现 http.Handler 接口。

A Tour of Go 中的接口部分(见[14])有助于复习该主题。

协程和通道

我们将使用协程(Goroutine)和通道(Channel)在应用程序中实现并发执行。我建议阅读 A Tour of Go 中有关并发的部分(见[15])。特别注意使用 select 语句等待多通道通信操作的示例。

测试

我们将使用标准库的测试包专门编写所有测试，我们将使用 Go test 来驱动所有测试执行。还使用 net/http/httptest 等库提供的出色支持来测试 HTTP 客户端和服务器端。gRPC 库提供了类似的支持。在最后一章，我们将使用第三方包(见[16])和 Docker Desktop 创建本地测试环境。

在一些测试中，特别是在编写命令行应用程序时，我们在编写测试时采用了“Table 驱动测试”的风格，如[17]所述。

目　录

—— 以下部分通过扫描封底二维码获取 ——

第 1 章

编写命令行应用程序

我们将在本章学习编写命令行应用程序的构建块。将使用标准库包来构建命令行界面、接收用户输入并学习测试应用程序的技术。

1.1 我们的第一个应用程序

所有命令行应用程序基本上都执行以下步骤：

- 接收用户输入
- 执行一些验证
- 使用输入执行一些自定义任务
- 将结果(成功或失败)呈现给用户

在命令行应用程序中，用户可以通过多种方式进行输入。两种常见的方式是在执行程序时作为参数和通过交互方式输入。首先，我们将实现一个 greeter 命令行应用程序。该应用程序将要求用户输入他们的姓名和他们想要被问候的次数。姓名将由用户在被询问时输入，执行应用程序时将指定次数作为参数。然后程序将按指定次数显示自定义消息。编写完整的应用程序后，示例执行将显示如下：

```
$ ./application 6
Your name please? Press the Enter key when done.
Joe Cool
Nice to meet you Joe Cool
Nice to meet you Joe Cool
Nice to meet you Joe Cool
```

```
Nice to meet you Joe Cool
Nice to meet you Joe Cool
Nice to meet you Joe Cool
```

首先，让我们看看要求用户输入姓名的函数：

```
func getName(r io.Reader, w io.Writer) (string, error) {
	msg := "Your name please? Press the Enter key when done.\n"
	fmt.Fprintf(w, msg)

	scanner := bufio.NewScanner(r)
	scanner.Scan()
	if err := scanner.Err(); err != nil {
		return "", err
	}
	name := scanner.Text()
	if len(name) == 0 {
		return "", errors.New("You didn't enter your name")
	}
	return name, nil
}
```

getName()函数接收两个参数。第一个参数 r 是一个变量，其值满足 io 包中定义的 Reader 接口。os 包中定义的 Stdin 就是此类变量的一个示例。它代表程序的标准输入——通常是你正在执行程序的终端会话。

第二个参数 w 是一个变量，它的值满足 io 包中定义的 Writer 接口。os 包中定义的 Stdout 变量就是此类变量的一个示例。它代表应用程序的标准输出——通常是你在其中执行程序的终端会话。

你可能想知道为什么我们不直接使用 os 包中的 Stdin 和 Stdout 变量。原因是当我们想为它编写单元测试时，这样做会使函数非常不友好。我们将无法为应用程序指定自定义输入，也无法验证应用程序的输出。因此，将 Writer 和 Reader 注入函数中，以便可以控制 Reader(r)和 Writer(w)。

该函数首先使用 fmt 包中的 Fprintf()函数向指定的 Writer w 写入提示。然后，通过使用 Reader r 调用 NewScanner()函数来创建 bufio 包中定义的 Scanner 类型的变量。这使我们可以使用 Scan()函数扫描 Reader 中的任何输入数据。Scan()函数的默认行为是在读取换行符后返回。随后，Text()函数将读取的数据作为字符串返回。为确保用户没有输入任何字符，使用 len()函数确定用户是否没有输入任何字符，如果没有输入任何字符，则返回错误。

getName()函数返回两个值：一个字符串类型和一个错误类型。如果用户的输入被成功读取，则输入的内容将与 nil 错误一起返回。但是，如果出现错误，则返回一个空字符串和一个错误。

下一个关键函数是 parseArgs()。它将一段字符串作为输入并返回两个值：一个是 config 类型，另一个是 error 类型：

```
type config struct {
	numTimes   int
	printUsage bool
}

func parseArgs(args []string) (config, error) {
	var numTimes int
	var err error
	c := config{}
	if len(args) != 1 {
		return c, errors.New("Invalid number of arguments")
	}

	if args[0] == "-h" || args[0] == "--help" {
		c.printUsage = true
		return c, nil
	}

	numTimes, err = strconv.Atoi(args[0])
	if err != nil {
		return c, err
	}
	c.numTimes = numTimes

	return c, nil
}
```

parseArgs()函数创建一个 config 类型的对象 c 来存储这些数据。config 结构用于在内存中表示应用程序运行时所依赖的数据。它有两个字段：一个整数类型字段 numTimes(包含要打印问候语的次数)，以及一个布尔类型字段 printUsage(指示用户是否已指定要打印的帮助消息)。

提供给程序的命令行参数可通过 os 包中定义的 Args 切片获得。切片的第一个元素是程序本身的名称，切片 os.Args[1:]包含程序可能关心的参数。这是调用 parseArgs()的字符串切片。该函数首先检查命令行参数的数量是否不等于 1，如果是，则使用以下代码段返回一个空的 config 对象和一个错误。

```
if len(args) != 1 {
	return c, errors.New("Invalid number of arguments")
}
```

如果仅指定了一个参数，并且它是-h 或-help，则将 printUsage 字段指定为 true，并且使用以下代码段返回对象 c 和 nil 错误。

```
if args[0] == "-h" || args[0] == "-help" {
        c.printUsage = true
        return c, nil
}
```

最后，假设指定的参数是打印问候语的次数，并且 strconv 包中的 Atoi()函数用于将参数(一个字符串)转换为等效的整数。

```
numTimes, err = strconv.Atoi(args[0])
if err != nil {
        return c, err
}
```

如果 Atoi()函数返回非 nil 错误值，则程序返回；否则，numTimes 设置为转换后的整数。

```
c.numTimes = numTimes
```

到目前为止，我们已经看到了如何读取用户的输入和命令行参数。下一步是确保输入在逻辑上有效。换句话说，它是否对应用程序有意义。例如，如果用户将问候语的打印次数指定为 0，则该值在逻辑上是错误的。validateArgs()函数执行此验证：

```
func validateArgs(c config) error {
    if !(c.numTimes > 0) {
            return errors.New("Must specify a number greater than 0")
    }
    return nil
}
```

如果 numTimes 字段的值不大于 0，则 validateArgs()函数返回错误。

在处理和验证命令行参数后，应用程序调用 runCmd()函数以根据 config 对象 c 中的值执行相关操作。

```
func runCmd(r io.Reader, w io.Writer, c config) error {
        if c.printUsage {
                printUsage(w)
                return nil
        }

        name, err := getName(r, w)
        if err != nil {
                return err
        }
        greetUser(c, name, w)
        return nil
}
```

如果 printUsage 字段设置为 true(用户指定-help 或-h)，则调用 printUsage()函数并返回 nil 错误；否则，调用 getName()函数要求用户输入他们的姓名。

如果 getName()返回非 nil 错误，则程序返回；否则，调用 greetUser()函数。greetUser()函数根据提供的配置向用户显示问候语：

```
func greetUser(c config, name string, w io.Writer {
	msg := fmt.Sprintf("Nice to meet you %s\n", name)
	for i := 0; i < c.numTimes; i++ {
		fmt.Fprintf(w, msg)
	}
}
```

完整的 greeter 应用程序如代码清单 1.1 所示。

代码清单 1.1：greeter 应用程序

```
// chap1/manual-parse/main.go
package main

import (
	"bufio"
	"errors"
	"fmt"
	"io"
	"os"
	"strconv"
)

type config struct {
	numTimes   int
	printUsage bool
}

var usageString = fmt.Sprintf(`Usage: %s <integer> [-h|--help]

A greeter application which prints the name you entered <integer>
number of times.
`, os.Args[0])

func printUsage(w io.Writer) {
	fmt.Fprintf(w, usageString)
}

func validateArgs(c config) error {
	if !(c.numTimes> 0) {
```

```
                return errors.New("Must specify a number greater than 0")
        }
        return nil
}

// TODO - 如前所述插入 parseArgs() 的定义
// TODO - 如前所述插入 getName() 的定义
// TODO - 如前所述插入 greetUser()的定义
// TODO - 如前所述插入 runCmd() 的定义

func main() {
        c, err := parseArgs(os.Args[1:])
        if err != nil {
                fmt.Fprintln(os.Stdout, err)
                printUsage(os.Stdout)
                os.Exit(1)
        }
        err = validateArgs(c)
        if err != nil {
                fmt.Fprintln(os.Stdout, err)
                printUsage(os.Stdout)
                os.Exit(1)
        }

        err = runCmd(os.Stdin, os.Stdout, c)
        if err != nil {
                fmt.Fprintln(os.Stdout, err)
                os.Exit(1)
        }
}
```

main()函数首先使用命令行参数的切片(从第二个参数开始)调用 parseArgs()函数。我们从函数中返回两个值：一个 config 对象 c 和一个错误值 err。如果返回非 nil 错误，则执行以下步骤：

(1) 打印返回的错误值。

(2) 通过调用 printUsage()函数打印一条用例消息，将 os.Stdout 作为 Writer 传入。

(3) 通过调用 os 包中的函数 Exit()，使用退出代码 1 终止程序执行。

如果参数已正确解析，则将使用 parseArgs()返回的 config 对象 c 调用 validateArgs()函数。

最后，如果 validateArgs()函数返回一个 nil 错误值，则调用 runCmd()函数，将 os.Stdin(作为 Reader)、os.Stdout(作为 Writer)和 config 对象 c 一起传递。

创建一个新目录 chap1/manual-parse/，并在其中初始化一个模块：

```
$ mkdir -p chap1/manual-parse
$ cd chap1/manual-parse
$ go mod init github.com/username/manual-parse
```

接下来，将代码清单 1.1 保存到一个名为 main.go 的文件中，并编译它：

```
$ go build -o application
```

运行命令而不指定任何参数。你将看到一个错误和以下用例消息：

```
$ ./application
Invalid number of arguments
Usage: ./application <integer> [-h|--help]

A greeter application which prints the name you entered <integer> number
of times.
```

此外，还会看到程序的退出代码为 1。

```
$ echo $?
1
```

如果你在 Windows 上使用 PowerShell，则可以使用 echo $LastExitCode 查看退出代码。

这是你应该保留的命令行应用程序的另一个值得注意的行为。使用 os 包中定义的 Exit()函数终止时，任何不成功的执行都应导致非零退出代码。

指定-h 或-help 将打印一条用例消息：

```
$ ./application -help
Usage: ./application <integer> [-h|-help]


A greeter application which prints the name you entered <integer> number
of times.
```

最后，让我们看看程序的成功执行是什么样的：

```
$ ./application 5
Your name please? Press the Enter key when done.
Joe Cool
Nice to meet you Joe Cool
Nice to meet you Joe Cool
Nice to meet you Joe Cool
Nice to meet you Joe Cool
Nice to meet you Joe Cool
```

我们已经手动测试了应用程序在三种不同输入场景下的行为是否符合预期：

(1) 未指定命令行参数。

(2) -h 或-help 被指定为命令行参数。

(3) 向用户显示特定次数的问候。

然而，手动测试容易出错且繁杂。接下来，我们将学习为应用程序编写自动化测试。

1.2 编写单元测试

标准库的测试包包含编写测试以验证应用程序行为所需的一切。

让我们首先看一下 parseArgs()函数，它的定义如下：

```
func parseArgs(args []string) (config, error) {}
```

它有一个输入：一个字符串切片，表示在调用期间指定给程序的命令行参数。返回值是一个 config 类型的值和一个 error 类型的值。

testConfig 结构将用于封装特定的测试用例：args 字段表示输入命令行参数的字符串切片；err 字段返回预期的错误值，在嵌入的 config 结构字段返回预期的 config 值：

```
type testConfig struct {
        args []string
        err error
        config
}
```

如下是一个测试用例的示例：

```
{
        args: []string{"-h"},
        err: nil,
        config: config{printUsage: true, numTimes: 0},
},
```

此测试用例验证在执行应用程序时将-h 指定为命令行参数时的行为。

我们再添加几个测试用例并初始化一个测试用例切片，如下所示：

```
tests := []testConfig{
        {
                args:   []string{"-h"},
                err:    nil,
                config: config{printUsage: true, numTimes: 0},
        },
        {
                args:   []string{"10"},
                err:    nil,
```

```
            config: config{printUsage: false, numTimes: 10},
        },
        {
            args:   []string{"abc"},
            err:    errors.New("strconv.Atoi: parsing \"abc\":
                    invalid syntax"),
            config: config{printUsage: false, numTimes: 0},
        },
        {
            args:   []string{"1", "foo"},
            err:    errors.New("Invalid number of arguments"),
            config: config{printUsage: false, numTimes: 0},
        },
    }
```

一旦定义了上面的测试配置切片，我们将使用 args 中的值调用 parseArgs()函数来遍历它们，并分别检查返回值 c 和 err 是否与 config 和 error 类型的预期值匹配。完整的测试如代码清单 1.2 所示。

代码清单 1.2：测试 parseArgs()函数

```
// chap1/manual-parse/parse_args_test.go
package main

import (
        "errors"
        "testing"
)

func TestParseArgs(t *testing.T) {
        // TODO 插入此前定义的 tests[]切片

        for _, tc := range tests {
                c, err := parseArgs(tc.args)
                if tc.err != nil && err.Error() != tc.err.Error() {
                    t.Fatalf("Expected error to be: %v, got: %v\n", tc.err,
                    err)
                }
                if tc.err == nil && err != nil {
                        t.Errorf("Expected nil error, got: %v\n", err)
                }
                if c.printUsage != tc.result.printUsage {
                       t.Errorf("Expected printUsage to be: %v, got: %v\n",
                         tc.printUsage, c.printUsage)
                }
                if c.numTimes != tc.result.numTimes {
```

```
                        t.Errorf("Expected numTimes to be: %v, got: %v\n",
                          tc.numTimes, c.numTimes)
                }
        }
}
```

在保存代码清单 1.1 的同一目录中，将代码清单 1.2 保存到名为 parse_flags_test.go 的文件中。现在使用 go test 命令运行测试：

```
$ go test -v
=== RUN TestParseArgs
--- PASS: TestParseArgs (0.00s)
PASS
ok  github.com/practicalgo/code/chap1/manual-parse  0.093
```

在运行 go test 时传入-v 标志还会显示正在运行的测试函数和结果。

接下来，考虑定义为 func validateArgs(c config) error 的 validateArgs()函数。基于函数规范，我们将再次定义一个测试用例的切片。但将使用匿名结构类型代替命名结构类型，如下所示：

```
tests := []struct {
                c   config
                err error
        }{
                {
                        c:   config{},
                        err: errors.New("Must specify a number greater
                        than 0"),
                },
                {
                        c:   config{numTimes: -1},
                        err: errors.New("Must specify a number greater
                        than 0"),
                },
                {
                        c:   config{numTimes: 10},
                        err: nil,
                },
        }
```

每个测试用例由两个字段组成：一个是输入对象 c，类型为 config；一个是预期的错误值 err。测试函数如代码清单 1.3 所示。

代码清单 1.3：测试 validateArgs()函数

```
// chap1/manual-parse/validate_args_test.go
```

```
package main

import (
        "errors"
        "testing"
)

func TestValidateArgs(t *testing.T) {
        // TODO 插入上面定义的 tests[]切片
        for _, tc := range tests {
                err := validateArgs(tc.c)
                if tc. err != nil && err.Error() != tc.err.Error() {
                        t.Errorf("Expected error to be: %v, got: %v\n",
            tc.err, err)
                }
                if tc.err == nil && err != nil {
                        t.Errorf("Expected nil error, got: %v\n", err)
                }
        }
}
```

在与代码清单 1.2 相同的子目录中，将代码清单 1.3 保存到名为 validate_args_test.go 的文件中。现在使用 go test 命令运行测试。它将同时运行 TestParseFlags 和 TestValidateArgs 测试。

最后，你将为 runCmd()函数编写单元测试。这个函数的签名是 runCmd(r io.Reader, w io.Writer, c config)。我们将定义一组测试用例，如下所示：

```
tests := []struct {
                c           config
                input        string
                output string
                err          error
        }{
                {
                        c:              config{printUsage: true},
                        output: usageString,
                },
                {
                        c:              config{numTimes: 5},
                        input:           "",
                        output: strings.Repeat("Your name please?
Press the Enter key when done.\n", 1),
                        err:            errors.New("You didn't enter
your name"),
                },
                {
```

```
                        c:          config{numTimes: 5},
                        input:       "Bill Bryson",
                        output: "Your name please? Press the Enter key
when done.\n" + strings.Repeat("Nice to meet you Bill Bryson\n", 5),
                },
        }
```

字段 c 是一个 config 对象，表示传入的配置，input 是程序从用户交互接收到的测试输入，output 是预期的输出，而 err 表示基于测试输入和配置预期的任何错误。

为必须模拟用户输入的程序编写测试时，可通过以下方式从字符串创建一个 io.Reader。

```
r := strings.NewReader(tc.input)
```

因此，当使用上面创建的 io.Reader r 调用 getName()函数时，调用 scanner.Text()将返回 tc.input 中的字符串。

为模拟标准输出，我们创建了一个空的 Buffer 对象，它使用 new(bytes.Buffer)实现了 Writer 接口。然后可以使用 byteBuf.String()方法获取写入此 Buffer 的消息。完整的测试如代码清单 1.4 所示。

代码清单 1.4：测试 runCmd()函数

```
// chap1/manual-parse/run_cmd_test.go
package main

import (
        "bytes"
        "errors"
        "strings"
        "testing"
)

func TestRunCmd(t *testing.T) {

        // TODO 插入之前定义的 tests[]切片
        byteBuf := new(bytes.Buffer)
        for _, tc := range tests {
            rd := strings.NewReader(tc.input)
            err := runCmd(rd, byteBuf, tc.c)
            if err != nil && tc.err == nil {
                    t.Fatalf("Expected nil error, got: %v\n", err)
            }
            if tc.err != nil && err.Error() != tc.err.Error() {
                            t.Fatalf("Expected error: %v, Got error: %v\n",
```

```
        tc.err.Error(), err.Error())
            }
            gotMsg := byteBuf.String()
            if gotMsg != tc.output {
                t.Errorf("Expected stdout message to be: %v, Got: %v\n",
        tc.output, gotMsg)
            }
            byteBuf.Reset()
        }
}
```

我们调用 byteBuf.Reset()方法，以便在执行下一个测试用例之前清空缓冲区。将代码清单 1.4 保存到与代码清单 1.1~1.3 相同的目录中。将文件命名为 run_cmd_test.go 并运行所有测试：

```
$ go test -v
=== RUN TestParseArgs
--- PASS: TestParseArgs (0.00s)
=== RUN TestRunCmd
--- PASS: TestRunCmd (0.00s)
PASS
ok   github.com/practicalgo/code/chap1/manual-parse   0.529s
```

你可能很想知道测试覆盖率是什么样的，并可以直观地查看代码的哪些部分没有经过测试。为此，请先运行以下命令以创建覆盖配置文件：

```
$ go test -coverprofile cover.out
PASS
coverage:  71.7% of statements
ok         github.com/practicalgo/code/chap1/manual-parse   0.084s
```

上面的输出告诉我们，测试覆盖了 main.go 中 71.7%的代码。要查看代码的哪些部分被覆盖，请运行以下命令：

```
$ go tool cover -html=cover.out
```

这将打开默认浏览器应用程序并在 HTML 文件中显示代码的覆盖范围。值得注意的是，你会看到 main()函数被报告为未覆盖，因为没有为它编写测试。这很好地引出了练习 1.1。

练习 1.1：测试 main()函数

在本练习中，你将为 main()函数编写一个测试。但是，与其他函数不同，你需要测试不同输入参数的退出状态。为此，你的测试应执行以下操作。

(1) 编译应用程序。你会发现在这里使用特殊的 TestMain()函数很有用。

(2) 使用 os.Exec()函数以不同的命令行参数执行应用程序。这将允许你验证标准输出和退出代码。

恭喜！你已经编写了第一个命令行应用程序。你解析了 os.Args 切片以允许用户向应用程序提供输入。你学习了如何使用 io.Reader 和 io.Writer 接口来编写可进行单元测试的代码。

接下来，我们将看到标准库的 flag 包如何自动处理命令行参数解析、数据类型验证等。

1.3 使用 flag 包

在深入研究 flag 包之前，先回顾典型的命令行应用程序的用户界面是什么样的。让我们看一个名为 application 的命令行应用程序。通常，它将具有类似于以下内容的界面：

```
application [-h] [-n <value>] –silent <arg1> <arg2>
```

用户界面具有以下组件：

- **-h** 是一个布尔选项，通常用于打印帮助文本。
- **-n <value>**期望用户为选项 n 指定一个值。应用程序的逻辑确定值的预期数据类型。
- **-silent** 是另一个布尔选项。指定会将值设置为 true。
- **arg1** 和 **arg2** 被称为位置参数。位置参数的数据类型和解释完全由应用程序决定。

flag 包实现了使用上述标准行为编写命令行应用程序的类型和方法。当你在执行应用程序指定-h 选项时，所有其他参数(如果指定)都将被忽略，并将打印一条帮助消息。

应用程序将混合使用必需选项和可选选项。

这里值得注意的是，在指定了所有必需的选项后，必须指定任何位置参数。一旦遇到位置参数-或--，标志包就会停止解析参数。

表 1.1 总结了包对命令行参数示例的解析行为。

表 1.1 通过标志解析命令行参数

命令行参数	标志解析行为
-h	显示一条帮助信息
-n 1 hello -h	显示一条帮助信息
-n 1 Hello	标志 n 的值设置为 1，Hello 可用作应用程序的位置参数

(续表)

命令行参数	标志解析行为
-n 1 - Hello	标志 n 的值设置为 1，其他所有内容都被忽略
Hello -n 1	-n 1 被忽略

让我们看一个例子，重写 greeter 应用程序，以便用户姓名被打印的次数由选项-n 指定。重写后的程序执行如下：

```
$ ./application -n 2
Your name please? Press the Enter key when done.
Joe Cool
Nice to meet you Joe Cool
Nice to meet you Joe Cool
```

将上面的代码与代码清单 1.1 进行比较，关键的变化在于 parseArgs()函数的编写方式。

```
func parseArgs(w io.Writer, args []string) (config, error) {
        c := config{}
        fs := flag.NewFlagSet("greeter", flag.ContinueOnError)
        fs.SetOutput(w)
        fs.IntVar(&c.numTimes, "n", 0, "Number of times to greet")
        err := fs.Parse(args)
        if err != nil {
                return c, err
        }
        if fs.NArg() != 0 {
                return c, errors.New("Positional arguments specified")
        }
        return c, nil
}
```

该函数有两个参数：一个变量 w(实现了 io.Writer 接口)，以及表示要解析的参数的字符串数组。该函数返回一个 config 对象和一个错误值。为解析参数，创建了一个新的 FlagSet 对象，如下所示：

```
fs := flag.NewFlagSet("greeter", flag.ContinueOnError)
```

flag 包中定义的 NewFlagSet()函数用于创建 FlagSet 对象。将其视为用于处理命令行应用程序可以接收的参数的抽象。NewFlagSet()函数的第一个参数是将在帮助消息中显示的命令的名称。第二个参数表示在解析命令行参数时(即当 fs.Parse()函数被调用时)遇到错误会发生什么。当指定 ContinueOnError 选项时，程序将继续执行，即使 Parse()函数返回非 nil 错误也是如此。当你想在出现解析错误时执行自己的处理，这会很有用。其他可能的值是 ExitOnError(停止程序的执行)和 PanicOnError(调用 panic()函数)。ExitOnError 和 PanicOnError 的区别在于，你可以在后一种情况下使用 recover()函数在程序终止之前执行任何清理操作。

SetOutput()方法指定初始化的 FlagSet 对象将用于写入任何诊断或输出消息的 Writer。默认情况下，它设置为标准错误 os.Stderr。将其设置为指定的 Writer w，允许我们编写单元测试来验证行为。

接下来，定义第一个选项：

```
fs.IntVar(&c.numTimes, "n", 0, "Number of times to greet")
```

IntVar()方法用于创建一个类型为 int 的选项。该方法的第一个参数是存储指定整数的变量的地址。该方法的第二个参数是选项本身的名称 n。第三个参数是选项的默认值，最后一个参数是一个字符串，用于向应用程序用户描述参数的用途。它会自动显示在程序的帮助文本中。为其他数据类型 float、string 和 bool 定义了类似的方法。还可以为自定义类型定义标志选项。

接下来，调用 Parse()函数，传递 args[]切片：

```
err := fs.Parse(args)
if err != nil {
        return c, err
}
```

这将读取切片元素并根据定义的标志选项检查它们的函数。

在检查过程中，它会尝试填充指定变量中指示的值，如果出现错误，它将向调用函数返回错误或终止执行，具体取决于 NewFlagSet()指定的第二个参数。如果返回非 nil 错误，则 parseArgs()函数返回空的 config 对象和错误值。

如果返回 nil 错误，我们检查是否指定了任何位置参数，如果是，则返回对象 c 和错误值：

```
if fs.NArg() != 0 {
      return c, errors.New("Positional arguments specified")
}
```

由于 greeter 程序不希望指定任何位置参数，因此它会检查并在指定一个或多个参数时显示错误。NArg()方法在解析选项后返回位置参数的数量。

完整的程序如代码清单 1.5 所示。

代码清单 1.5：使用 flag 的 greeter

```
// chap1/flag-parse/main.go
package main

import (
```

```
		"bufio"
		"errors"
		"flag"
		"fmt"
		"io"
		"os"
)

type config struct {
	numTimes int
}

// TODO 插入代码清单 1.1 中定义的 getName()
// TODO 插入代码清单 1.1 中定义的 greetUser()
// TODO 插入代码清单 1.1 中定义的 runCmd()
// TODO 插入代码清单 1.1 中定义的 validateArgs()
func parseArgs(w io.Writer, args []string) (config, error) {
		c := config{}
		fs := flag.NewFlagSet("greeter", flag.ContinueOnError)
		fs.SetOutput(w)
		fs.IntVar(&c.numTimes, "n", 0, "Number of times to greet")
		err := fs.Parse(args)
		if err != nil {
				return c, err
		}
		if fs.NArg() != 0 {
				return c, errors.New("Positional arguments specified")
		}
		return c, nil
}
func main() {
		c, err := parseArgs(os.Stderr, os.Args[1:])
		if err != nil {
				fmt.Fprintln(os.Stdout, err)
				os.Exit(1)
		}
		err = validateArgs(c)
		if err != nil {
				fmt.Fprintln(os.Stdout, err)
				os.Exit(1)
		}
		err = runCmd(os.Stdin, os.Stdout, c)
		if err != nil {
				fmt.Fprintln(os.Stdout, err)
				os.Exit(1)
		}
}
```

由于 parseArgs()函数现在自动处理-h 或-help 参数，因此修改了 config 结构类型，使其没有 printUsage 字段。创建一个新目录 chap1/flag-parse/，并在其中初始化一个模块：

```
$ mkdir -p chap1/flag-parse
$ cd chap1/flag-parse
$ go mod init github.com/username/flag-parse
```

接下来，将代码清单 1.5 保存到一个名为 main.go 的文件中并编译它：

```
$ go build -o application
```

运行命令而不指定任何参数。你将看到以下错误消息：

```
$ ./application
Must specify a number greater than 0
```

现在运行指定-h 选项的命令：

```
$ ./application -h
Usage of greeter:
   -n int
         Number of times to greet
flag: help requested
```

标志解析逻辑识别-h 选项并显示默认用例消息，其中包含调用 NewFlagSet()函数时指定的名称和选项(以及选项的名称、类型和描述)。这里可以看到上面输出的最后一行，因为当没有显式定义-h 选项时，Parse()函数返回一个错误，该错误显示为 main()中错误处理逻辑的一部分。在下一节中，将介绍如何改进这种行为。

接下来，调用程序，为-n 选项指定一个非整数值：

```
$ ./application -n abc
invalid value "abc" for flag -n: parse error
Usage of greeter:
   -n int
         Number of times to greet
invalid value "abc" for flag -n: parse error
```

请注意，在尝试指定非整数值后，我们是如何自动获得类型验证错误的。这里再次注意，我们得到了两次错误。我们将在本章后面部分解决这个问题。

最后，使用-n 选项的有效值运行程序：

```
$ ./application -n 4
Your name please? Press the Enter key when done.
John Doe
```

```
Nice to meet you John Doe
Nice to meet you John Doe
Nice to meet you John Doe
Nice to meet you John Doe
```

测试解析逻辑

与第一个版本相比，我们的 greeter 程序的主要变化是使用 flag 包解析命令行参数。我们已经使用单元测试友好的方式编写了 greeter 程序，特别是 parseArgs()函数：

(1) 在函数中创建了一个新的 FlagSet 对象。

(2) 使用 FlagSet 对象的 Output()方法，确保来自 FlagSet 方法的任何消息都写入指定的 io. Writer 对象 w。

(3) 将要解析的命令行参数作为函数的参数 args 传递。

函数封装良好并且避免了使用任何全局状态。函数测试如代码清单 1.6 所示。

代码清单 1.6：测试 parseArgs()函数

```
//chap1/flag-parse/parse_args_test.go
package main
import (
	"bytes"
	"errors"
	"testing"
)

func TestParseArgs(t *testing.T) {
	tests := []struct {
		args     []string
		err      error
		numTimes int
	}{
		{
			args:     []string{"-h"},
			err:      errors.New("flag: help requested"),
			numTimes: 0,
		},
		{
			args:     []string{"-n", "10"},
			err:      nil,
			numTimes: 10,
		},
		{
```

```
                    args:    []string{"-n", "abc"},
                    err:     errors.New("invalid value \"abc\"
                             for flag -n: parse error"),
                    numTimes: 0,
            },
            {
                    args:    []string{"-n", "1", "foo"},
                    err:     errors.New("Positional arguments
                             specified"),
                    numTimes: 1,
            },
        }
        byteBuf := new(bytes.Buffer)
        for _, tc := range tests {
                c, err := parseArgs(byteBuf, tc.args)
                if tc.result.err == nil && err != nil {
                        t.Errorf("Expected nil error, got: %v\n", err)
                }
                if tc.result.err != nil && err.Error() !=
                   tc.result.err.Error()
                {
                        t.Errorf("Expected error to be: %v, got: %v\n",
                        tc.result.err, err)
                }

                if c.numTimes != tc.result.numTimes {
                        t.Errorf("Expected numTimes to be: %v, got:
                        %v\n", tc.result.numTimes, c.numTimes)
                }
                byteBuf.Reset()
        }
}
```

将代码清单 1.6 与代码清单 1.5 保存在同一目录中，将文件命名为 parse_args_test.go。

runCmd()函数的单元测试与代码清单 1.4 中看到的相同，只是没有第一个测试。当 printUsage 设置为 true 时，该测试用于测试 runCmd()的行为。我们要测试的测试用例如下：

```
tests := []struct {
                c          config
                input       string
                output string
                err         error
        }{
```

```
                {
                        c:              config{numTimes: 5},
                        input:           "",
                        output: strings.Repeat("Your name please?
                        Press the Enter key when done.\n", 1),
                        err:            errors.New("You didn't enter
                        your name"),
                },
                {
                        c:              config{numTimes: 5},
                        input:           "Bill Bryson",
                        output: "Your name please? Press the Enter key
                        when done.\n" + strings.Repeat
                    ("Nice to meet you Bill Bryson\n", 5),
                },
        }
```

你可在本书代码的 flag-parse 子目录中的 run_cmd_test.go 文件中找到完整的测试。

validateArgs()函数的测试与代码清单 1.3 中使用的测试相同。你可以在本书代码的 flag-parse 子目录中的 validate_args_test.go 文件中找到它。现在，运行所有测试：

```
$ go test -v
=== RUN TestSetupFlagSet
--- PASS: TestSetupFlagSet (0.00s)
=== RUN TestRunCmd
--- PASS: TestRunCmd (0.00s)
=== RUN TestValidateArgs
--- PASS: TestValidateArgs (0.00s)
PASS
ok   github.com/practicalgo/code/chap1/flag-parse   0.610s
```

现在已经重写了 greeter 应用程序的解析逻辑以使用 flag 包，然后更新了单元测试，以便测试新的行为。接下来，将通过几种方式改进应用程序的用户界面。不过，在此之前，可以尝试完成练习 1.2。

练习 1.2：HTML greeter 页面生成器

在本练习中，需要更新 greeter 程序以创建一个 HTML 页面，该页面将用作用户的主页。向应用程序添加一个新选项-o，该选项将接收文件系统路径作为值。如果指定了-o，greeter 程序将在指定的路径上创建一个 HTML 页面，其中包含以下内容：<h1>Hello Jane Clancy</h1>，其中 Jane Clancy 是输入的名字。可以选择在本练习中使用 html/template 包。

1.4 改进用户界面

在以下部分中，我们将通过三种方式改进 greeter 应用程序的用户界面：

- 删除重复的错误消息
- 自定义用例消息
- 允许用户通过位置参数输入他们的姓名

在实施这些改进时，我们将学习如何创建自定义错误值、自定义 FlagSet 对象以打印自定义用例消息以及从应用程序访问位置参数。

1.4.1 删除重复的错误消息

你可能已经注意到错误显示了两次。这是由 main()函数中的以下代码片段引起的：

```
c, err := parseArgs(os.Stderr, os.Args[1:])
if err != nil {
        fmt.Println(err)
        os.Exit(1)
}
```

当 Parse()函数调用遇到错误时，它会向在 fs.SetOutput()调用中设置的输出实例显示该错误。随后，返回的错误也通过上面的代码片段打印在 main()函数中。在 main()函数中不打印错误似乎是一个简单的解决方法。但是，这意味着返回的任何自定义错误(例如指定位置参数时)也不会显示。因此，我们要做的是创建一个自定义错误值并返回它。程序只会打印与该自定义错误匹配的错误，否则将跳过打印它。

可按如下方式创建自定义错误值：

```
var errPosArgSpecified = errors.New("Positional arguments
  specified")
```

然后，在 parseArgs()函数中返回以下错误：

```
if fs.NArg() != 0 {
      return c, errPosArgSpecified
}
```

之后在 main()中更新代码，如下所示：

```
c, err := parseArgs(os.Stderr, os.Args[1:])
if err != nil {
        if errors.Is(err, errPosArgSpecified) {
                fmt.Fprintln(os.Stdout, err)
```

```
        }
        os.Exit(1)
}
```

errors.Is()函数用于检查错误值 err 是否与错误值 errPosArgSpecified 匹配。仅当找到匹配项时才会显示错误。

1.4.2　自定义用例消息

如果将代码清单 1.5 与代码清单 1.1 进行比较，你会发现这里没有指定自定义的 usageString。这是因为 flag 包会根据 FlagSet 名称和定义的选项自动构造一个。但是，如果想自定义它，怎么办？可通过将 FlagSet 对象的 Usage 属性设置为函数来实现，如下所示：

```
fs.Usage = func() {
     var usageString = `
A greeter application which prints the name you entered a specified
number of times.

Usage of %s: `
      fmt.Fprintf(w, usageString, fs.Name())
      fmt.Fprintln(w)
      fs.PrintDefaults()
}
```

一旦将 FlagSet 对象的 Usage 属性设置为自定义函数，只要解析指定选项出现错误，就会调用它。请注意，前面的函数被定义为匿名函数，以便它可以访问指定的 Writer 对象 w，以显示自定义用例消息。在函数内部，使用 Name()方法访问 FlagSet 的名称。然后打印一个新行并调用 PrintDefaults()方法，该方法打印已定义的各种选项及其类型和默认值。更新后的 parseArgs()函数如下：

```
func parseArgs(w io.Writer, args []string) (config, error) {
func parseArgs(w io.Writer, args []string) (config, error) {
       c := config{}
       fs := flag.NewFlagSet("greeter", flag.ContinueOnError)
       fs.SetOutput(w)
       fs.Usage = func() {
             var usageString = `
A greeter application which prints the name you entered a specified
number of times.

Usage of %s: <options> [name]`
             fmt.Fprintf(w, usageString, fs.Name())
             fmt.Fprintln(w)
             fmt.Fprintln(w, "Options: ")
```

```
            fs.PrintDefaults()
        }
        fs.IntVar(&c.numTimes, "n", 0, "Number of times to greet")
        err := fs.Parse(args)
        if err != nil {
            return c, err
        }

        if fs.NArg()> 1 {
            return c, errInvalidPosArgSpecified
        }
        if fs.NArg() == 1 {
            c.name = fs.Arg(0)
        }
        return c, nil
}
```

接下来，将实施最终的改进。greeter 程序现在允许通过位置参数指定姓名。如果未指定，则将以交互方式询问姓名。

1.4.3 通过位置参数接收姓名

首先，将 config 结构更新为具有字符串类型的 name 字段，如下所示：

```
type config struct {
        numTimes int
        name string
}
```

然后更新 greetUser()函数，如下所示：

```
func greetUser(c config, w io.Writer) {
        msg := fmt.Sprintf("Nice to meet you %s\n", c.name)
        for i := 0; i < c.numTimes; i++ {
                fmt.Fprintf(w, msg)
        }
}
```

接下来更新自定义错误值，如下所示：

```
var errInvalidPosArgSpecified = errors.New("More than one
positional argument specified")
```

现在更新 parseArgs()函数以查找位置参数。如果找到，则适当地设置 config 对象的 name 属性：

```
    if fs.NArg() > 1 {
            return c, errInvalidPosArgSpecified
    }
    if fs.NArg() == 1 {
            c.name = fs.Arg(0)
}
```

runCmd()函数已经更新，以便仅在未指定字符串或指定空字符串时才要求用户以交互方式输入姓名：

```
func runCmd(rd io.Reader, w io.Writer, c config) error {
        var err error
        if len(c.name) == 0 {
                c.name, err = getName(rd, w)
                if err != nil {
                        return err
                }
        }
        greetUser(c, w)
        return nil
}
```

代码清单 1.7 显示了包含前面所有更改的完整程序。

代码清单 1.7：带有用户界面更新的 greeter 程序

```
// chap1/flag-improvements/main.go
package main
import (
        "bufio"
        "errors"
        "flag"
        "fmt"
        "io"
        "os"
)

type config struct {
        numTimes int
        name string
}

var errInvalidPosArgSpecified = errors.New("More than one
positional argument specified")
// TODO 插入代码清单 1.5 中定义的 getName()
// TODO 插入上面定义的 greetUser()
// TODO 插入上面定义的 runCmd()
```

```
// TODO 插入代码清单 1.5 中定义的 validateArgs()
// TODO 插入上面定义的 parseArgs()

func main() {
	c, err := parseArgs(os.Stderr, os.Args[1:])
	if err != nil {
		if errors.Is(err, errInvalidPosArgSpecified) {
			fmt.Fprintln(os.Stdout, err)
		}
		os.Exit(1)
	}
	err = validateArgs(c)
	if err != nil {
		fmt.Fprintln(os.Stdout, err)
		os.Exit(1)
	}
	err = runCmd(os.Stdin, os.Stdout, c)
	if err != nil {
		fmt.Fprintln(os.Stdout, err)
		os.Exit(1)
	}
}
```

创建一个新目录 chap1/flag-improvements/，并在其中初始化一个模块：

```
$ mkdir -p chap1/flag-improvements
$ cd chap1/flag-improvements
$ go mod init github.com/username/flag-improvements
```

接下来，将代码清单 1.7 保存为 main.go。按如下方式编译它：

```
$ go build -o application
```

使用-help 运行编译好的应用程序代码，你将看到自定义用例消息：

```
$ ./application -help

A greeter application which prints the name you entered a specified
number of times.

Usage of greeter: <options> [name]

Options:
  -n int
        Number of times to greet
```

现在，指定一个姓名作为位置参数：

```
$ ./application -n 1 "Jane Doe"
Nice to meet you Jane Doe
```

接下来，使用一个错误的输入——一个字符串作为-n 选项的值：

```
$ ./flag-improvements -n a "Jane Doe"
invalid value "a" for flag -n: parse error

A greeter application which prints the name you entered a specified
number of times.

Usage of greeter: <options> [name]

Options:
    -n int
        Number of times to greet
```

这里有两点值得注意：

- 错误现在只显示一次，而不是两次。
- 显示的是我们自定义的用例而不是默认用例。

在继续更新单元测试之前尝试一些输入组合。

1.5 更新单元测试

我们将通过更新修改过的函数的单元测试来结束本章。首先看一下 parseArgs()函数。我们将为测试用例定义一个新的匿名结构：

```
tests := []struct {
            args []string
            config
            output string
            err error
}{..}
```

字段如下。

- **args**：包含要解析的命令行参数的字符串切片。
- **config**：表示预期 config 对象值的嵌入字段。
- **output**：将存储预期的标准输出的字符串。
- **err**：将存储预期错误的错误值。

接下来，定义代表各种测试用例的测试用例切片。第一个如下：

```
{
                            args: []string{"-h"},
                            output: `
A greeter application which prints the name you entered a specified
number of times.

Usage of greeter: <options> [name]

Options:
-n int
            Number of times to greet
`,
                       err: errors.New("flag: help requested"),
                       config: config{numTimes: 0},
},
```

前面的测试用例测试使用-h 参数运行程序时的行为。换句话说，它将打印用例消息。然后使用两个测试 config 来测试 parseArgs()函数对于-n 选项中指定的不同值的行为。

```
{
        args: []string{"-n", "10"},
        err: nil,
        config: config{numTimes: 10},
},
{
        args: []string{"-n", "abc"},
        err: errors.New("invalid value \"abc\" for flag -n: parse
    error"),
        config: config{numTimes: 0},
},
```

最后两个 config 用来测试作为位置参数的姓名。

```
{
        args: []string{"-n", "1", "John Doe"},
        err: nil,
        config: config{numTimes: 1, name: "John Doe"},
},
{
        args: []string{"-n", "1", "John", "Doe"},
        err: errors.New("More than one positional argument
    specified"),
        config: config{numTimes: 1},
},
```

当使用引号输入"John Doe"时，则认为是有效的。但当输入的 John Doe 不带引号时，则解释为两个位置参数，因此函数返回错误。完整的测试在代码清单 1.8 中提供。

代码清单 1.8：测试 parseArgs()函数

```
// chap1/flag-improvements/parse_args_test.go
package main

import (
        "bufio"
        "bytes"
        "errors"
        "testing"
)
func TestParseArgs(t *testing.T) {
    // TODO 插入之前的测试 config
     tests := []struct {
                args []string
                config
                output string
                err error
     }{..}

     byteBuf := new(bytes.Buffer)
    for _, tc := range tests {
                c, err := parseArgs(byteBuf, tc.args)
                if tc.err == nil && err != nil {
                        t.Fatalf("Expected nil error, got: %v\n", err)
                }
                if tc.err != nil && err.Error() != tc.err.Error() {
                        t.Fatalf("Expected error to be: %v, got: %v\n",
            tc.err, err)
                }
                if c.numTimes != tc.numTimes {
                        t.Errorf("Expected numTimes to be: %v, got:
            %v\n", tc.numTimes, c.numTimes)
                }
                gotMsg := byteBuf.String()
                if len(tc.output) != 0 && gotMsg != tc.output {
                        t.Errorf("Expected stdout message to be: %#v,
            Got: %#v\n", tc.output, gotMsg)
                }
                byteBuf.Reset()
    }
}
```

将代码清单 1.8 保存到一个新文件 parse_args_test.go 中，该文件与保存代码清单 1.7 的目录相同。validateArgs()函数的测试与代码清单 1.3 相同，可在本书代码的 flag-improvements 子目录中的 validate_args_test.go 文件中找到。

runCmd()函数的单元测试与代码清单 1.4 中的单元测试基本相同(只是有一个新的测试配置)，其中姓名由用户通过位置参数指定。测试切片的定义如下：

```
tests := []struct {
                c       config
                input   string
                output  string
                err     error
    }{
                // 测试以交互方式输入空字符串作为输入时的行为
                {
                    c:      config{numTimes: 5},
                    input: "",
                    output: strings.Repeat("Your name please? Press
                the Enter key when done.\n", 1),
                    err:    errors.New("You didn't enter your
                            name"),
                },

            // 测试未指定位置参数并且要求用户输入时的行为
            {
                    c:     config{numTimes: 5},
                    input: "Bill Bryson",
                    output: "Your name please? Press the Enter key when
                done.\n" + strings.Repeat("Nice to meet you Bill
                Bryson\n", 5),
            },
            // 测试用户输入他们的名字作为位置参数的新行为
            {
                c:     config{numTimes: 5, name: "Bill Bryson"},
                input: "",
                output: strings.Repeat("Nice to meet you Bill
            Bryson\n", 5),
        },
}
```

完整的测试如代码清单 1.9 所示。

代码清单 1.9：测试 runCmd()函数

```
// chap1/flag-improvements/run_cmd_test.go
package main
```

```
import (
        "bytes"
        "errors"
        "strings"
        "testing"
)

func TestRunCmd(t *testing.T) {

       // TODO 插入上面的测试用例
       tests := []struct{..}

       byteBuf := new(bytes.Buffer)
       for _, tc := range tests {
               r := strings.NewReader(tc.input)
               err := runCmd(r, byteBuf, tc.c)
               if err != nil && tc.err == nil {
                    t.Fatalf("Expected nil error, got: %v\n", err)
               }
               if tc.err != nil && err.Error() != tc.err.Error() {
                    t.Fatalf("Expected error: %v, Got error: %v\n",
           tc.err.Error(), err.Error())
               }
               gotMsg := byteBuf.String()
               if gotMsg != tc.output {
                    t.Errorf("Expected stdout message to be: %v, Got:
           %v\n", tc.output, gotMsg)
               }
               byteBuf.Reset()
       }
}
```

将代码清单 1.9 中的代码保存到一个新文件 run_cmd_test.go，与代码清单 1.8 位于同一目录中。

现在，运行所有测试：

```
$ go test -v
=== RUN TestParseArgs
--- PASS: TestParseArgs (0.00s)
=== RUN TestRunCmd
--- PASS: TestRunCmd (0.00s)
=== RUN TestValidateArgs
--- PASS: TestValidateArgs (0.00s)
PASS
ok   github.com/practicalgo/code/chap1/flag-improvements  0.376s
```

1.6 小结

我们在这一章通过直接解析命令行参数实现了一个基本的命令行界面。然后，我们学习了如何使用 flag 包来定义标准命令行界面。我们没有自己实现解析和验证参数，而是学会了使用 flag 包中对用户指定参数和数据类型验证的内置支持。在本章编写了封装良好的函数，以简化单元测试。

在下一章，将通过学习使用子命令实现命令行应用程序，将健壮性引入应用程序等，继续我们的 flag 包学习之旅。

第 2 章 高级命令行应用程序

我们将在本章学习如何使用 flag 包实现带有子命令的命令行应用程序。然后，将了解如何使用上下文在命令行应用程序中强制执行可预测的行为。最后，我们将学习如何在应用程序中组合上下文和处理操作系统信号。

2.1 实现子命令

子命令是将命令行应用程序的功能拆分为逻辑上独立的命令的一种方法，这些命令具有自己的选项和参数。在应用程序中有一个顶级命令，然后有一组子命令，每个子命令都有自己的选项和参数。例如，Go 工具链作为单个应用程序分发，go 是顶级命令。作为 Go 开发人员，我们将通过专用的子命令(例如 build、fmt 和 test)与其各种功能进行交互。

你会记得在第 1 章中，要创建命令行应用程序，首先需要创建一个 FlagSet 对象。要使用子命令创建应用程序，我们将为每个子命令创建一个 FlagSet 对象。然后，根据指定的子命令，相应的 FlagSet 对象用于解析剩余的命令行参数(见图 2.1)。

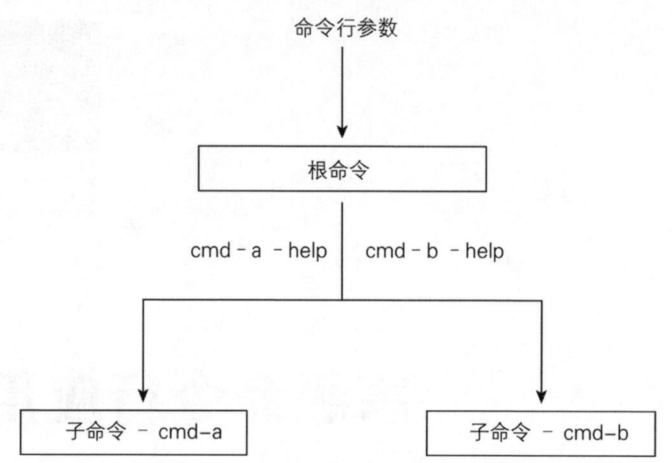

图 2.1 主应用程序查看命令行参数并在可能的情况下调用适当的子命令处理程序

考虑具有两个子命令的应用程序的 main()函数，cmd-a 和 cmd-b：

```
func main() {
	var err error
	if len(os.Args) < 2 {
		printUsage(os.Stdout)
		os.Exit(1)
	}
	switch os.Args[1] {
	case "cmd-a":
		err = handleCmdA(os.Stdout, os.Args[2:])
	case "cmd-b":
		err = handleCmdB(os.Stdout, os.Args[2:])
	default:
		printUsage(os.Stdout)
	}

	if err != nil {
		fmt.Println(err)
	}
	os.Exit(1)
}
```

os.Args 切片包含调用应用程序的命令行参数。我们将处理三种输入情况：

(1) 如果第二个参数是 cmd-a，则调用 handleCmdA()函数。

(2) 如果第二个参数是 cmd-b，则调用 handleCmdB()函数。

(3) 如果在没有任何子命令的情况下调用应用程序，或者在上面的情况 1 或情况 2 中都没有列出，则调用 printUsage()函数以打印帮助消息并退出。

handleCmdA()函数的实现如下：

```
func handleCmdA(w io.Writer, args []string) error {
        var v string
        fs := flag.NewFlagSet("cmd-a", flag.ContinueOnError)
        fs.SetOutput(w)
        fs.StringVar(&v, "verb", "argument-value", "Argument 1")
        err := fs.Parse(args)
        if err != nil {
              return err
        }
        fmt.Fprintf(w, "Executing command A")
        return nil
}
```

上面的函数看起来与我们之前在第 1 章中作为 greeter 应用程序的一部分实现的 parseArgs()函数非常相似。它创建一个新的 FlagSet 对象，执行各种选项的设置，并解析特定的参数切片。handleCmdB()函数将为 cmd-b 子命令执行自己的设置。

printUsage()函数的定义如下：

```
func printUsage(w io.Writer) {
        fmt.Fprintf(w, "Usage: %s [cmd-a|cmd-b] -h\n", os.Args[0])
        handleCmdA(w, []string{"-h"})
        handleCmdB(w, []string{"-h"})
}
```

首先通过 fmt.Fprintf()函数为应用程序打印一行用例消息，然后使用-h 作为参数切片中的唯一元素调用各个子命令处理函数。这会导致这些子命令显示它们自己的帮助消息。

完整的程序如代码清单 2.1 所示。

代码清单 2.1：在命令行应用程序中实现子命令

```
// chap2/sub-cmd-example/main.go
package main

import (
      "flag"
      "fmt"
      "io"
      "os"
)

// TODO 插入之前的 handleCmdaA()实现

func handleCmdB(w io.Writer, args []string) error {
      var v string
      fs := flag.NewFlagSet("cmd-b", flag.ContinueOnError)
```

```
        fs.SetOutput(w)
        fs.StringVar(&v, "verb", "argument-value", "Argument 1")
        err := fs.Parse(args)
        if err != nil {
                return err
        }
        fmt.Fprintf(w, "Executing command B")
        return nil
}

// TODO 插入之前的printUsage()实现

func main() {
        var err error
        if len(os.Args) < 2 {
              printUsage(os.Stdout)
              os.Exit(1)
        }
        switch os.Args[1] {
        case "cmd-a":
               err = handleCmdA(os.Stdout, os.Args[2:])
        case "cmd-b":
               err = handleCmdB(os.Stdout, os.Args[2:])
        default:
               printUsage(os.Stdout)
        }
        if err != nil {
            fmt.Fprintln(os.Stdout, err)
            os.Exit(1)
        }
}
```

创建一个新目录 chap2/sub-cmd-example/，并在其中初始化一个模块：

```
$ mkdir -p chap2/sub-cmd-example
$ cd chap2/sub-cmd-example
$ go mod init github.com/username/sub-cmd-example
```

接下来，将代码清单 2.1 作为文件 main.go 保存在新目录中。不带任何参数编译并运行应用程序：

```
$ go build -o application

$ ./application
Usage: ./application [cmd-a|cmd-b] -h
Usage of cmd-a:
  -verb string
```

```
            Argument 1 (default "argument-value")
Usage of cmd-b:
  -verb string
            Argument 1 (default "argument-value")
```

尝试执行任何子命令：

```
$ ./application cmd-a
Executing command A

$ ./application cmd-b
Executing command B
```

你现在已经看到了如何通过创建多个 FlagSet 对象来使用子命令实现命令行应用程序的示例。每个子命令都像一个独立的命令行应用程序一样构建。因此，实现子命令是分离应用程序不相关功能的好方法。例如，go build 子命令提供与编译相关的所有功能，而 go test 子命令为 Go 项目提供与测试相关的所有功能。

让我们继续探索，讨论一种使其可扩展的策略。

2.1.1　子命令驱动的应用程序架构

在开发命令行应用程序时，保持 main 包精简并为子命令实现创建一个或多个单独的包是一个好主意。你的 main 包将解析命令行参数并调用相关的子命令处理函数。如果提供的参数无法识别，则会显示一条帮助消息，其中包含所有已识别子命令的用例消息(参见图 2.2)。

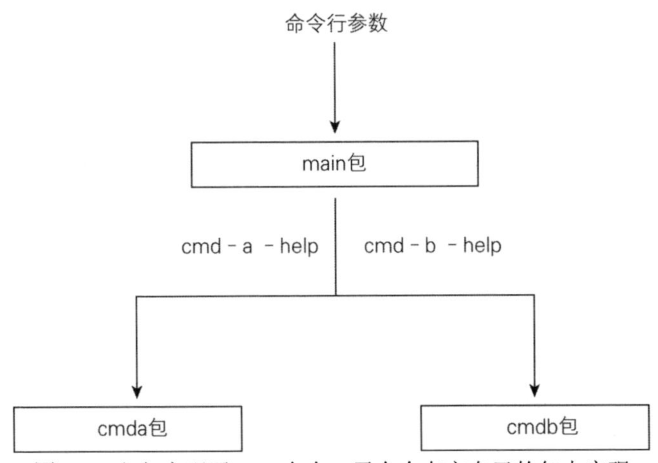

图 2.2　主包实现了 root 命令。子命令在它自己的包中实现

我们奠定了通用命令行网络客户端的基础，将在后续章节中构建它。我们将这个程序称为 mync(my network client 的简称)。现在，我们将忽略子命令的实现，并在后续章节中添加实现时再回来讨论。

我们先来看看 main 包的实现。这里仅有一个文件 main.go(见代码清单 2.2)。

代码清单 2.2：main 包的实现

```
// chap2/sub-cmd-arch/main.go
package main

import (
        "errors"
        "fmt"
        "github.com/username/chap2/sub-cmd-arch/cmd"
        "io"
        "os"
)

var errInvalidSubCommand = errors.New("Invalid sub-command
specified")

func printUsage(w io.Writer) {
        fmt.Fprintf(w, "Usage: mync [http|grpc] -h\n")
        cmd.HandleHttp(w, []string{"-h"})
        cmd.HandleGrpc(w, []string{"-h"})
}

func handleCommand(w io.Writer, args []string) error {
      var err error

      if len(args) < 1 {
           err = errInvalidSubCommand
      } else {
           switch args[0] {
           case "http":
                   err = cmd.HandleHttp(w, args[1:])
           case "grpc":
                   err = cmd.HandleGrpc(w, args[1:])
           case "-h":
                   printUsage(w)
           case "-help":
                   printUsage(w)
           default:
                   err = errInvalidSubCommand
           }
      }
      if errors.Is(err, cmd.ErrNoServerSpecified) || errors.Is(err,
      errInvalidSubCommand) {
            fmt.Fprintln(w, err)
            printUsage(w)
```

```
        }
        return err
}

func main() {
        err := handleCommand(os.Stdout, os.Args[1:])
        if err != nil {
                os.Exit(1)
        }
}
```

我们在代码的顶部导入 cmd 包，这是一个包含子命令实现的子包。由于我们将为应用程序初始化一个模块，因此为 cmd 包指定了绝对导入路径。main()函数使用从第二个参数开始的所有参数调用 handleCommand()函数：

```
err := handleCommand(os.Args[1:])
```

如果 handleCommand()函数发现它收到了一个空切片，就意味着没有指定命令行参数，它会返回一个自定义错误值：

```
if len(args) < 1 {
    err = errInvalidSubCommand
}
```

如果指定了命令行参数，则定义 switch...case 构造以根据 args 切片的第一个元素调用适当的命令处理程序(handler)：

(1) 如果这个元素是 http 或 grpc，则调用相应的处理程序函数。

(2) 如果第一个元素是-h 或-help，则调用 printUsage()函数。

(3) 如果不符合上述任何条件，则调用 printUsage()函数并返回自定义的错误值。

printUsage()函数首先使用 fmt.Fprintf(w, "Usage: mync [http|grpc] -h\n")打印一条消息，然后使用仅包含"-h"的参数切片调用子命令实现。

创建一个新目录 chap2/sub-cmd-arch，并在其中初始化一个模块：

```
$ mkdir -p chap2/sub-cmd-arch
$ cd chap2/sub-cmd-arch
$ go mod init github.com/username/chap2/sub-cmd-arch/
```

将代码清单 2.2 保存为上述目录中的 main.go。

接下来分析 HandleHttp()函数，该函数处理 http 子命令(见代码清单 2.3)。

代码清单 2.3：HandleHttp()函数的实现

```
// chap2/sub-cmd-arch/cmd/httpCmd.go
package cmd
```

```
import (
	"flag"
	"fmt"
	"io"
)

type httpConfig struct {
	url string
	verb string
}

func HandleHttp(w io.Writer, args []string) error {
	var v string
	fs := flag.NewFlagSet("http", flag.ContinueOnError)
	fs.SetOutput(w)
	fs.StringVar(&v, "verb", "GET", "HTTP method")

	fs.Usage = func() {
		var usageString = `
http: A HTTP client.

http: <options> server`
		fmt.Fprintf(w, usageString)

		fmt.Fprintln(w)
		fmt.Fprintln(w)
		fmt.Fprintln(w, "Options: ")
		fs.PrintDefaults()
	}

	err := fs.Parse(args)
	if err != nil {
		return err
	}

	if fs.NArg() != 1 {
		return ErrNoServerSpecified
	}

	c := httpConfig{verb: v}
	c.url = fs.Arg(0)
	fmt.Fprintln(w, "Executing http command")
	return nil
}
```

HandleHttp()函数创建一个 FlagSet 对象并使用选项、自定义用例和其他错误处理对其进行配置。

在之前创建的目录中创建一个新的子目录 cmd，并将代码清单 2.3 保存为 httpCmd.go。

HandleGrpc()函数以类似的方式实现(见代码清单 2.4)。

代码清单 2.4：HandleGrpc()函数的实现

```
// chap2/sub-cmd-arch/cmd/grpcCmd.go
package cmd

import (
        "flag"
        "fmt"
        "io"
)

type grpcConfig struct {
        server string
        method string
        body string
}

func HandleGrpc(w io.Writer, args []string) error {
        c := grpcConfig{}
        fs := flag.NewFlagSet("grpc", flag.ContinueOnError)
        fs.SetOutput(w)
        fs.StringVar(&c.method, "method", "", "Method to call")
        fs.StringVar(&c.body, "body", "", "Body of request")
        fs.Usage = func() {
                var usageString = `
grpc: A gRPC client.

grpc: <options> server`
                fmt.Fprintf(w, usageString)
                fmt.Fprintln(w)
                fmt.Fprintln(w)
                fmt.Fprintln(w, "Options: ")
                fs.PrintDefaults()
    }

    err := fs.Parse(args)
    if err != nil {
            return err
    }
    if fs.NArg() != 1 {
            return ErrNoServerSpecified
```

```
    }
    c.server = fs.Arg(0)
    fmt.Fprintln(w, "Executing grpc command")
    return nil
}
```

将代码清单 2.4 保存为 cmd 子目录中的 grpcCmd.go。

自定义错误值 ErrNoServerSpecified 在 cmd 包的一个单独文件中创建，如代码清单 2.5 所示。

代码清单 2.5：自定义错误值

```
// chap2/sub-cmd-arch/cmd/errors.go
package cmd

import "errors"

var ErrNoServerSpecified = errors.New("You have to specify the
  remote server.")
```

在 cmd 子目录中，将代码清单 2.5 保存为 errors.go。你最终会得到如下所示的源代码树结构：

```
.
|____cmd
| |____grpcCmd.go
| |____httpCmd.go
| |____errors.go
|____go.mod
|____main.go
```

从模块的根目录编译应用程序：

```
$ go build -o application
```

尝试使用不同的参数运行应用程序，从-help 或-h 开始：

```
$ ./application --help
Usage: mync [http|grpc] -h

http: A HTTP client.

http: <options> server

Options:
    -verb string
            HTTP method (default "GET")
```

```
grpc: A gRPC client.

grpc: <options> server

Options:
-body string
        Body of request
-method string
        Method to call
```

在我们继续之前，需要确保对 main 和 cmd 包实现的功能进行了单元测试。

2.1.2　测试 main 包

首先，为 main 包编写单元测试。handleCommand()是关键函数，它也调用包中的其他函数。声明如下：

```
err := handleCommand(w io.Writer, args []string)
```

在测试中，将使用一段字符串调用函数，其中包含程序可能调用的参数，并验证预期行为。让我们看看测试配置：

```
testConfigs := []struct {
               args []string
               output string
               err error
}{
      // 测试没有为应用程序指定参数时的行为
      {
            args: []string{},
            err: errInvalidSubCommand,
            output: "Invalid sub-command specified\n" +
        usageMessage,
      },
      // 当"-h"被指定为应用程序的参数时测试行为
      {
            args: []string{"-h"},
            err: nil,
            output: usageMessage,
      },
      // 当无法识别的子命令发送到应用程序时测试行为
      {
            args: []string{"foo"},
            err: errInvalidSubCommand,
            output: "Invalid sub-command specified\n" +
        usageMessage,
```

```
        },
}
```

完整的测试如代码清单 2.6 所示。

代码清单 2.6：main 包的单元测试

```
// chap2/sub-cmd-arch/handle_command_test.go
package main

import (
        "bytes"
        "testing"
)

func TestHandleCommand(t *testing.T) {
        usageMessage := `Usage: mync [http|grpc] -h

http: A HTTP client.

http: <options> server

Options:
  -verb string
          HTTP method (default "GET")

grpc: A gRPC client.

grpc: <options> server

Options:
  -body string
          Body of request
  -method string
          Method to call
`
        // TODO 插入之前的 testConfigs
        byteBuf := new(bytes.Buffer)
        for _, tc := range testConfigs {
                err := handleCommand(byteBuf, tc.args)
                if tc.err == nil && err != nil {
                        t.Fatalf("Expected nil error, got %v", err)
                }

                if tc.err != nil && err.Error() != tc.err.Error() {
                        t.Fatalf("Expected error %v, got %v", tc.err,
              err)
```

```
            }

            if len(tc.output) != 0 {
                    gotOutput := byteBuf.String()
                    if tc.output != gotOutput {
                            t.Errorf("Expected output to be: %#v,
        Got: %#v", tc.output, gotOutput)
                    }
            }
            byteBuf.Reset()
        }
}
```

将代码清单 2.6 作为 handle_command_test.go 与 main 包保存在同一目录中(参见代码清单 2.2)。

我们尚未编写测试的一种行为是，当指定了有效的子命令时，main 包会从 cmd 包中调用正确的函数。练习 2.1 为你提供了这样做的机会。

练习 2.1：测试子命令调用

更新 handleCommand()函数的测试，以验证在指定有效子命令时调用了正确的子命令实现。你会发现为练习 1.1 的解决方案建议的方法在这里也很有用。

2.1.3　测试 cmd 包

要测试 cmd 包，需要定义类似的测试用例。以下是 TestHandleHttp()函数的测试用例：

```
testConfigs := []struct {
        args []string
        output string
        err error
}{
        // 在未指定位置参数的情况下调用 http 子命令时的测试行为
        {
              args: []string{},
              err: ErrNoServerSpecified,
        },
        // 使用"-h"调用 http 子命令时的测试行为
        {
              args: []string{"-h"},
              err: errors.New("flag: help requested"),
              output: usageMessage,
        },
        // 使用指定服务器 URL 的位置参数调用 http 子命令时的测试行为
        {
```

```
                args: []string{"http://localhost"},
                err: nil,
                output: "Executing http command\n",
        },
}
```

可在 chap2/sub-cmd-arch/cmd/handle_http_test.go 中找到完整的测试。

TestHandleGrpc()函数的测试配置如下：

```
testConfigs := []struct {
            args []string
            err error
            output string
     }{
            // 在不指定位置参数的情况下调用 grpc 子命令时的测试行为

            {
                  args: []string{},
                  err: ErrNoServerSpecified,
            },
            // 使用"-h"调用 grpc 子命令时的测试行为
            {
                  args: []string{"-h"},
                  err: errors.New("flag: help requested"),
                  output: usageMessage,
            },
            // 使用指定服务器 URL 的位置参数调用 http 子命令时的测试行为
            {
                  args: []string{"-method",
                  "service.host.local/method", "-body", "{}",
              "http://localhost"},
                  err: nil,
                  output: "Executing grpc command\n",
            },
}
```

可在 chap2/sub-cmd-arch/cmd/handle_grpc_test.go 中找到完整的测试。

应用程序的源代码树现在应如下所示：

```
.
|____cmd
| |____grpcCmd.go
| |____handle_grpc_test.go
| |____handle_http_test.go
| |____httpCmd.go
| |____errors.go
|____handle_command_test.go
```

```
|____go.mod
|____main.go
```

从模块的根目录运行所有测试：

```
$ go test -v ./...
=== RUN TestHandleCommand
--- PASS: TestHandleCommand (0.00s)
PASS
ok   github.com/practicalgo/code/chap2/sub-cmd-arch      0.456s
=== RUN TestHandleGrpc
--- PASS: TestHandleGrpc (0.00s)
=== RUN TestHandleHttp
--- PASS: TestHandleHttp (0.00s)
PASS
ok   github.com/practicalgo/code/chap2/sub-cmd-arch/cmd   0.720s
```

我们现在有两个包的单元测试。我们编写了一个测试来验证 main 包，从而在提供空或无效子命令时显示错误，并在提供有效子命令时调用正确的子命令。还为 cmd 包编写了一个测试，以验证子命令实现的行为是否符合预期。

在练习 2.2 中，需要向 http 子命令添加验证以仅允许三种 HTTP 方法：GET、POST 和 HEAD。

练习 2.2：HTTP 方法验证器

在本练习中，需要向 http 子命令添加验证以确保方法选项只允许三个值：GET(默认值)、POST 和 HEAD。

如果该方法生成除这些值之外的任何值，程序应以非零退出代码退出并打印错误“Invalid HTTP method”。编写测试以进行验证。

在本节中，我们学习了如何使用子命令编写命令行应用程序。在编写大型命令行应用程序时，将功能组织到单独的子命令中可以改善用户体验。接下来，我们将学习如何在命令行应用程序中实现一定程度的可预测性和健壮性。

2.2 使应用程序更健壮

健壮的应用程序的一个标志是对其运行时行为强制执行一定级别的控制。例如，当程序发出 HTTP 请求时，你可能希望它在用户指定的秒数内完成；如果没有，则退出并显示错误消息。当这些措施被强制执行时，程序的行为对用户来说更容易预测。标准库中的 context 包允许应用程序强制执行此类控制。它定义了一个 Context 结构类型和三个函数——withDeadline()、withCancel()和

withTimeout()——以在代码执行时强制执行某些运行时保证。你会发现需要将 context 对象作为第一个参数传递的各种标准库包，例如 net、net/http 和 os/exec 包中的函数。尽管在与外部资源通信时使用 context 是最常见的，但它们同样适用于可能存在不可预测行为的任何其他功能。

2.2.1 带有超时的用户输入

让我们考虑一种情况，程序要求用户必须输入内容并在 5 秒内按 Enter(回车)键，否则它将以默认名字继续。这虽然是一个人为的设想，但说明了如何对应用程序中的任何自定义代码强制执行超时。

我们先看看 main()函数：

```
func main() {
	allowedDuration := totalDuration * time.Second

	ctx, cancel := context.WithTimeout(context.Background(),
allowedDuration)
	defer cancel()

	name, err := getNameContext(ctx)

	if err != nil && !errors.Is(err, context.DeadlineExceeded) {
		fmt.Fprintf(os.Stdout, "%v\n", err)
		os.Exit(1)
	}
	fmt.Fprintln(os.Stdout, name)
}
```

该函数使用 context.WithTimeout()函数创建一个新的 context。context.WithTimeout()函数接收两个参数：第一个是父 Context 对象，第二个是 time.Duration 对象，指定时间(以毫秒、秒或分钟为单位)，在此之后 context 将过期。这里将超时设置为 5 秒：

```
allowedDuration := totalDuration * time.Second
```

接下来创建 context 对象：

```
ctx, cancel := context.WithTimeout(context.Background(),
  allowedDuration)defer cancel()
```

因为我们没有另一个 context 来扮演父 context 的角色，所以使用 context.Background()创建一个新的空 context。WithTimeout()函数返回两个值：创建的 context(ctx)和取消函数 cancel。有必要在延迟语句中调用取消函数，以便始终在函数返回之前调用它。然后调用 getNameContext()函数，如下所示：

```
name, err := getNameContext(ctx)
```

如果返回的错误是预期的 context.DeadlineExceeded，则不向用户显示错误，只显示名字；否则显示错误并以非零退出代码退出：

```
if err != nil && !errors.Is(err, context.DeadlineExceeded) {
        fmt.Fprintf(os.Stdout, "%v\n", err)
        os.Exit(1)
}
fmt.Fprintln(os.Stdout, name)
```

现在看看 getNameContext()函数：

```
func getNameContext(ctx context.Context) (string, error) {
        var err error
        name := "Default Name"
        c := make(chan error, 1)

        go func() {
                name, err = getName(os.Stdin, os.Stdout)
                c <- err
        }()

        select {
        case <-ctx.Done():
                return name, ctx.Err()
        case err := <-c:
                return name, err
        }
}
```

该函数实现的总体思路如下。

(1) 在协程(goroutine)中执行 getName()函数。

(2) 函数返回后，将错误值写入通道。

(3) 创建一个 select...case 块以等待两个通道上的读取操作：

  a. 由 ctx.Done()函数写入的通道

  b. getName()函数返回时写入的通道

(4) 根据上面的步骤 a 或 b 中的哪一个先完成，要么返回 context 超时错误以及默认名字，要么返回 getName()函数返回的值。

完整代码如代码清单 2.7 所示。

代码清单 2.7：实现用户输入超时

```
// chap2/user-input-timeout/main.go
package main

import (
        "bufio"
        "context"
        "errors"
        "fmt"
        "io"
        "os"
        "time"
)

var totalDuration time.Duration = 5

func getName(r io.Reader, w io.Writer) (string, error) {
      scanner := bufio.NewScanner(r)
      msg := "Your name please? Press the Enter key when done"
      fmt.Fprintln(w, msg)

      scanner.Scan()
      if err := scanner.Err(); err != nil {
              return "", err
      }
      name := scanner.Text()
      if len(name) == 0 {
              return "", errors.New("You entered an empty name")
      }
      return name, nil
}

// TODO 插入上面定义的 getNameContext()

// TODO 插入上面定义的 main()
```

创建一个新目录 chap2/user-input-timeout，并在其中初始化一个模块：

```
$ mkdir -p chap2/user-input-timeout
$ cd chap2/user-input-timeout
$ go mod init github.com/username/user-input-timeout
```

接下来，将代码清单 2.7 保存为 main.go。按如下方式编译它：

```
$ go build -o application
```

运行程序，如果你在 5 秒内没有输入任何内容，将看到如下信息：

```
$ ./application
Your name please? Press the Enter key when done
Default Name
```

但是，如果你输入了名称并在 5 秒内按回车键，将看到输入的内容：

```
$ ./application
Your name please? Press the Enter key when done
```

John C

```
John C
```

我们学习了使用 WithTimeout()函数创建一个 context，它允许我们强制执行与当前时间相关的限制。另一方面，WithDeadline()函数在我们想要强制执行现实世界的超时时间时很有用。例如，如果你想确保某个函数必须在 6 月 28 日上午 10:00 之前执行，你可以使用通过 WithDeadline()创建的 context。

接下来，你将学习在应用程序中测试此类超时行为(练习 2.3)。

练习 2.3：单元测试超时行为

编写一个测试来验证超时行为。一种直接的方法是在测试中根本不提供任何输入，以便实现超时。当然，你也应该测试在规定时间之内提供输入。建议使用较短的超时时间——大约 100 毫秒，以避免测试耗时。

2.2.2 处理用户信号

我们谈到了一些标准库函数接收 context 作为参数这一事实。让我们看看它是如何使用 os/exec 包的 execCommandContext()函数工作的。当你想要强制执行这些命令的最长执行时间时，这一点变得非常有用。同样，这也可以使用通过 WithTimeout()函数创建的 context 来实现：

```
package main

import (
	"context"
	"fmt"
	"os"
	"os/exec"
	"time"
)

func main() {
	ctx, cancel := context.WithTimeout(context.Background(),
```

```
10*time.Second)
    defer cancel()
    if err := exec.CommandContext(ctx, "sleep", "20").Run();
    err != nil {fmt.Fprintln(os.Stdout, err)
    }
          }
```

在 Linux/macOS 上运行时，上面的代码片段将产生以下错误：

```
signal: killed
```

CommandContext()函数会在 context 过期时强制终止外部程序。在上面的代码中，我们设置了一个会在 10 秒后取消的 context。然后使用 context 执行命令"sleep", "20"，它将休眠 20 秒。因此，命令被终止。所以，如果你希望应用程序执行外部命令，但希望确保命令必须在一定时间内完成执行，则可以使用上述技术来实现。

接下来让我们看看在程序中引入另一个控制点——用户。用户信号是用户中断程序正常工作流程的一种方式。Linux 和 macOS 上的两个常见用户信号是按下 Ctrl+C 组合键时的 SIGINT 和执行 kill 命令时的 SIGTERM。在超时时间尚未到期之前，我们希望允许用户在任何时间点使用 SIGINT 或 SIGTERM 信号取消此外部程序。

以下是执行此操作所涉及的步骤。

(1) 使用 WithTimeout()函数创建 context。

(2) 设置一个信号处理程序，该处理程序将为 SIGINT 和 SIGTERM 信号创建一个处理程序。当接收到其中一个信号时，信号处理代码将手动调用步骤(1)中返回的 context 函数。

(3) 使用在步骤(1)中创建的 context，通过 CommandContext()函数执行外部程序。

步骤(1)在函数 createContextWithTimeout()中实现：

```
func createContextWithTimeout(d time.Duration) (context.Context,
context.CancelFunc) {
      ctx, cancel := context.WithTimeout(context.Background(), d)
      return ctx, cancel
}
```

调用 context 包中的 WithTimeout()函数来创建一个 context，它在指定的时间单位 d 到期时被取消。第一个参数是通过调用 context.Background()函数创建的一个空的非 nil 的 context。返回 context(ctx)和取消函数 cancel。我们在这里不调用取消函数，原因在于需要 context 在程序的生命周期内一直存在。

步骤(2)在 setupSignalHandler()函数中实现：

```
func setupSignalHandler(w io.Writer, cancelFunc context.CancelFunc)
```

```
{
        c := make(chan os.Signal, 1)
        signal.Notify(c, syscall.SIGINT, syscall.SIGTERM)
        go func() {
                s := <-c
                fmt.Fprintf(w, "Got signal:%v\n", s)
                cancelFunc()
        }()
    }
```

该函数构造了一种处理 SIGINT 和 SIGTERM 信号的方法。使用 Signal 类型(在 os 包中定义)创建容量为 1 的通道。然后从信号包中调用 Notify()函数，本质上是为 syscall.SIGINT 和 syscall.SIGTERM 信号设置侦听通道。我们设置了一个协程来等待这个信号。当得到一个信号时，调用 cancelFunc()函数，它是上面创建的 ctx 对应的 context 取消函数。当调用这个函数时，os.exec.CommandContext()的实现会意识到这一点并最终强制终止命令。

当然，如果没有收到 SIGINT 或 SIGTERM 信号，则允许命令根据定义的 context(ctx)正常执行。

步骤(3)由以下函数实现：

```
func executeCommand(ctx context.Context, command string, arg string)
error {
        return exec.CommandContext(ctx, command, arg).Run()
}
```

完整的程序如代码清单 2.8 所示。

代码清单 2.8：处理用户信号

```
// chap2/user-signal/main.go
package main

import (
        "context"
        "fmt"
        "io"
        "os"
        "os/exec"
        "os/signal"
        "time"
)

// TODO 插入之前定义的 createContextWithTimeout()
// TODO 插入之前定义的 setupSignalHandler()
// TODO 插入之前定义的 executeCommand()
```

```
func main() {
      if len(os.Args) != 3 {
            fmt.Fprintf(os.Stdout, "Usage: %s <command>
        <argument>\n", os.Args[0])
            os.Exit(1)
      }
      command := os.Args[1]
      arg := os.Args[2]

      // 实现步骤(1)
      cmdTimeout := 30 * time.Second
        ctx, cancel := createContextWithTimeout(cmdTimeout)
        defer cancel()

      // 实现步骤(2)
        setupSignalHandler(os.Stdout, cancel)

      // 实现步骤(3)
        err := executeCommand(ctx, command, arg)
        if err != nil {
              fmt.Fprintln(os.Stdout, err)
              os.Exit(1)
      }
}
```

main()函数首先检查是否提供了预期数量的参数。这里实现了一个基本的用户界面，并期望应用程序执行方式是./application sleep 60，其中 sleep 是要执行的命令，60 是命令的参数。然后我们将要执行的命令和它的参数存储在两个字符串变量中：command 和 arg。然后使用指定 30 秒超时的持续时间对象调用 createContextWithTimeout()函数。该函数返回一个 context(ctx)和一个 context 取消函数 cancel。在下一个语句中，我们在延迟调用中调用该函数。

然后调用 setupSignalHandler()函数，向它传递两个参数：os.Stdout 和 context 的取消函数 cancel。

最后，我们使用创建的 context 对象 ctx、要执行的命令 command 以及其参数 arg 调用 executeCommand()函数。如果返回错误，则打印该错误。

创建一个新目录 chap2/user-signal，并在其中初始化一个模块：

```
$ mkdir -p chap2/user-signal
$ cd chap2/user-signal
$ go mod init github.com/username/user-signal
```

接下来，将代码清单 2.8 保存为一个新文件 main.go，并编译它：

```
$ go build -o application
```

考虑到超时设置为 30 秒，让我们尝试使用休眠时间值执行 sleep 命令：

```
% ./application sleep 60
^CGot signal:interrupt
signal: interrupt
```

我们要求 sleep 命令休眠 60 秒，但通过按 Ctrl+C 组合键手动中止它。错误消息告诉我们命令是如何中止的。

接下来，休眠 10 秒：

```
% ./application sleep 10
```

由于 10 秒少于 30 秒的 context 超时时间，因此它正常地退出。最后让 sleep 命令执行 31 秒：

```
% ./listing7 sleep 31
signal: killed
```

现在可以看到超时 context 终止了进程。

2.3　小结

在本章中，我们了解了实现可扩展命令行应用程序的模式。学习了如何为应用程序实现基于子命令的接口，并在此基础上为具有子命令的应用程序设计可扩展的架构。然后学习了使用 context 包来实现对应用程序运行时行为的特定控制。最后，使用协程和通道来允许用户使用 context 和信号中断应用程序。

在下一章中，当我们学习编写 HTTP 客户端时，将继续探索编写命令行应用程序的世界。我们在构建本章中的 HTTP 客户端实现时奠定了基础。

第 3 章 编写 HTTP 客户端

我们将在本章学习编写可测试 HTTP 客户端的构建块。你将熟悉发送和接收数据、序列化和反序列化以及处理二进制数据等关键概念。一旦掌握了这些概念，你将能够为服务的 HTTP API 编写独立的客户端应用程序和 Go 客户端，并将 HTTP API 调用作为服务到服务通信架构的一部分。随着本章的进展，你将通过实现这些功能和技术来增强 mync http 子命令。

3.1 下载数据

你可能熟悉 wget 和 curl 等命令行程序，它们适用于通过 HTTP 下载数据。让我们看看如何使用 net/http 包中定义的函数和类型来编写一个。首先，让我们编写一个函数，它接收一个 HTTP URL 作为参数，并返回一个包含 URL 内容和错误值的字节切片：

```
func fetchRemoteResource(url string) ([]byte, error) {
        r, err := http.Get(url)
        if err != nil {
                return nil, err
        }
        defer r.Body.Close()
        return io.ReadAll(r.Body)
}
```

net/http 包中定义的 Get()函数向指定的 url 发出 HTTP GET 请求，并返回一个 Response 类型的对象和一个错误值。Response 对象 r 有多个字段，其中之一是 Body 字段(io.ReadCloser 类型)，其中包含响应正文。我们使用 defer 语句通过在函数返回之前调用 Close()方法来关闭正文(body)。然后使用 io 包中的 ReadAll()函数读取正文(r.Body)的内容并返回我们从中获取的两个值——一个字节切片和一个错误值。让我们定义一个 main()函数来编写一个可编译的应用程序。完整的代码如代码清单 3.1 所示。

代码清单 3.1：一个基本的数据下载器

```
// chap3/data-downloader/main.go
package main

import (
   "fmt"
   "io"
   "net/http"
   "os"
)

func fetchRemoteResource(url string) ([]byte, error) {
        r, err := http.Get(url)
        if err != nil {
                return nil, err
        }
        defer r.Body.Close()
        return io.ReadAll(r.Body)
}

func main() {
    if len(os.Args) != 2 {
          fmt.Fprintf(os.Stdout, "Must specify a HTTP URL to get data
from")
          os.Exit(1)
    }
    body, err := fetchRemoteResource(os.Args[1])
    if err != nil {
           fmt.Fprintf(os.Stdout, "%v\n", err)
           os.Exit(1)
    }
    fmt.Fprintf(os.Stdout, "%s\n", body)
}
```

main()函数需要将 URL 指定为命令行参数并实现一些基本的错误处理。创建一个新目录 chap3/data-downloader，并在其中初始化一个模块：

```
$ mkdir -p chap3/data-downloader
$ cd chap3/data-downloader
$ go mod init github.com/username/data-downloader
```

接下来，将代码清单 3.1 保存到一个新文件 main.go 中。编译并运行应用程序：

```
$ go build -o application
$./application https://golang.org/pkg/net/http/
```

你会看到一堆 HTML 显示在你的终端上。事实上，如果你指定引用图像的 URL，也会在屏幕上看到转储的图像数据。我们很快就会改善这种情况，但首先让我们看看如何测试这个数据下载器。

测试数据下载器

对于这个数据下载器应用程序，测试需要验证 fetchRemoteResource()函数是否可以成功返回指定 URL 上可用的数据。如果 URL 无效或不可访问，则应返回错误值。我们如何设置一个测试 HTTP 服务器来提供一些测试内容呢？net/http/httptest 包中的 NewServer()函数可以帮助我们。以下代码片段定义了一个函数 startTestHTTPServer()，它将启动一个 HTTP 服务器，该服务器将对任何请求返回响应"Hello World"：

```
func startTestHTTPServer() *httptest.startTestHTTPServer {
    ts := httptest.NewServer(
        http.HandlerFunc(
                func(w http.ResponseWriter, r *http.Request) {
                        fmt.Fprint(w, "Hello World")
                }))
    return ts
}
```

httptest.NewServer()函数返回一个 httptest.Server 对象，其中包含代表创建的服务器的各种字段。该函数的唯一参数是一个类型为 http.Handler 的对象(你将在第 6 章中了解更多相关内容)。这个对象允许我们为测试服务器设置所需的处理程序。这种情况下，我们创建了一个包罗万象的处理程序，它将向任何 HTTP 请求返回字符串"Hello World"——而不仅仅是 GET 请求。隐式地，对该服务器的所有请求都将收到成功的 HTTP 200 状态。

使用上面的函数，现在可以编写测试函数，如代码清单 3.2 所示。

代码清单 3.2：测试 fetchRemoteResource()函数

```
// chap3/data-downloader/fetch_remote_resource_test.go
package main

import (
    "fmt"
    "net/http"
    "net/http/httptest"
    "testing"
)

// TODO 插入之前定义的 startTestHTTPServer()

func TestFetchRemoteResource(t *testing.T) {
      ts := startTestHTTPServer()
      defer ts.Close()

      expected := "Hello World"

      data, err := fetchRemoteResource(ts.URL)
      if err != nil {
              t.Fatal(err)
      }
      if expected != string(data) {
             t.Errorf("Expected to be: %s, Got: %s", expected, data)
      }
}
```

测试函数首先调用 startTestHTTPServer()来创建测试服务器。返回的对象 ts 包含与启动的测试服务器相关的数据。在延迟语句中调用 Close()方法可确保在测试完成时停止服务器。返回的 ts 对象中的 URL 字段包含一个字符串值，表示服务器的 IP 地址和端口组合。这作为参数传递给 fetchRemoteResource()函数。然后测试的其余部分验证返回的数据是否与预期的字符串"Hello World"匹配。将代码清单 3.2 保存到一个新文件 fetch_remote_resource_test.go，与代码清单 3.1 位于同一目录中。使用 go test 运行测试：

```
$ go test -v
=== RUN TestFetchRemoteResource
--- PASS: TestFetchRemoteResource (0.00s)
PASS
ok    github.com/practicalgo/code/chap3/data-downloader  0.872s
```

我们已经通过 HTTP 实现了一个基本的数据下载器，并且通过从远程 URL 下载数据以及为其编写测试来确保它能正常工作。

在本章的练习 3.1 中，需要通过添加此功能来增强 mync 命令行应用程序。

练习 3.1：增强 HTTP 子命令以允许数据下载

在上一章中，我们实现了一个命令行应用程序 mync，它有两个子命令 http 和 grpc。但是，我们没有为这些命令实现任何功能。在本练习中，你可以使用练习 2.2 的解决方案作为起点来实现 http GET 子命令的功能。

3.2　反序列化接收到的数据

我们编写的 fetchRemoteResource()函数只是将下载的数据显示到终端。这可能对应用程序的用户没有任何用处；对于某些类型的数据，例如图像和非文本文件，它只是作为垃圾出现。大多数情况下，你可能希望对数据进行某种处理。这种处理通常称为反序列化数据，它涉及将数据字节转换为应用程序可以理解的数据结构。然后，你可以在应用程序中对该数据结构执行任何操作，而不必查询或解析原始字节。逆向操作是序列化，它是将数据结构转换为数据格式的有效方法，然后可以通过网络存储或传输。我们在本节中将专注于反序列化数据。在下一节中，我们将把注意力转向数据的序列化。

可以将某些字节的数据反序列化成的数据结构与数据的性质紧密耦合。例如，将 JSON 数据反序列化为结构(struct)类型的切片是一种常见操作。类似地，将 Go 特定的 gob(由 encoding/gob 包定义)字节反序列化为结构类型是另一种反序列化操作。根据字节的数据格式，反序列化操作会有所不同。encoding 包及其子包支持反序列化(和序列化)流行的数据格式，如 JSON、XML、CSV、gob 等。

让我们研究一个示例，说明如何将 JSON 格式的 HTTP 响应反序列化为映射(map)数据结构。如果响应不是 JSON 格式，将不会执行反序列化操作。由 json.Unmarshal()函数实现的反序列化操作要求指定希望将数据反序列化到的对象类型。因此，要编写如下的客户端：

(1) 需要检查将要反序列化的 JSON 数据。

(2) 需要创建一个能够表示数据的映射数据结构。

为了保持简单和独立，请考虑一个托管某些软件包的虚构 HTTP 服务器。它有一个 API，返回一个 JSON 字符串，其中包含所有可用的包名称及其最新版本，如下所示：

```
[
    {"name": "package1", "version": "1.1"},
    {"name": "package2", "version": "1.2"}
]
```

让我们看看需要定义什么类型用来反序列化 JSON 数据。我们将调用 pkgData 类型，这是一种用来表示单个包数据的结构类型：

```
type pkgData struct {
      Name string `json:"name"`
      Version string `json:"version"`
}
```

该结构有两个字符串字段：Name 和 Version。结构标签 json:"name"和"json:"version"表示 JSON 数据中对应字段的键标识符。现在我们已经定义了数据结构，可以将包的 JSON 数据反序列化为一个 pkgData 对象的切片。

fetchPackageData()函数向 package 服务器 url 发送 GET 请求，并返回 pkgData 结构对象的切片和错误值。如果出现错误，或者数据无法反序列化，则返回一个空切片以及一个错误值，如下所示：

```
func fetchPackageData(url string) ([]pkgData, error) {
        var packages []pkgData
        r, err := http.Get(url)
        if err != nil {
                return nil, err
        }
        defer r.Body.Close()
        if r.Header.Get("Content-Type") != "application/json" {
                return packages, nil
        }
        data, err := io.ReadAll(r.Body)
        if err != nil {
                return packages, err
        }
        err = json.Unmarshal(data, packages)
        return packages, nil
}
```

我们虚构的包服务器还有一个 Web 后端，通过它可以将包数据作为可通过浏览器查看的 HTML 页面提供。因此，在客户端代码中，如果响应正文被识别为 JSON 数据，我们只会尝试反序列化响应正文。Content-Type HTTP 标头用于检测响应正文是否为 application/json。

响应标头可通过标头字段获得，标头字段是响应对象中类型为[string][]string 的映射。因此，我们使用 Get()方法将标头键作为参数来获取特定标头的值。

如果 Content-Type 的值不是 application/json，则返回空切片并返回 nil 错误。当然，你可将应用程序设计为在此处返回错误。如果 Content-Type 的值是 application/json，则使用 io.ReadAll()函数读取正文。在一些标准错误处理之后，我们调用 json.Unmarshal()函数(指定要反序列化的数据和接收对象)。

代码清单 3.3 显示了 pkgquery 包的完整实现。

代码清单 3.3：从包服务器查询数据

```
// chap3/pkgquery/pkgquery.go

package main

import (
	"encoding/json"
	"io"
	"net/http"
)

type pkgData struct {
		Name    string `json:name`
		Version string `json:version`
}

// TODO 插入之前定义的 fetchPackageData()
```

创建一个新目录 chap3/pkgquery，并在其中初始化一个模块：

```
$ mkdir -p chap3/pkgquery
$ cd chap3/pkgquery
$ go mod init github.com/username/pkgquery
```

将代码清单 3.3 保存为文件 pkgquery.go。

我们应该如何测试 pkgquery 包的功能？可以实现一个 main 包并向虚构的包服务器进行查询。或者，可以实现一个测试 HTTP 服务器，它返回 JSON 格式的数据，如前所述。函数 startTestPackageServer()实现了这样一个服务器：

```
func startTestPackageServer() *httptest.Server {
		pkgData := `[
{"name":"package1", "version":"1.1"},
{"name":"package2", "version":"1.0"}
]`
	ts := httptest.NewServer(
		http.HandlerFunc(
			func(w http.ResponseWriter, r *http.Request) {
				w.Header().Set("Content-Type",
				"application/json")
				fmt.Fprint(w, pkgData)
			}))
	return ts
}
```

代码清单 3.4 显示了完整的测试代码。

代码清单 3.4：测试 pkgquery

```
// chap3/pkgquery/pkgquery_test.go

package pkgquery

import (
        "fmt"
        "net/http"
        "net/http/httptest"
)

// TODO 插入之前定义的 startTestPackageServer()

func TestFetchPackageData(t *testing.T) {
      ts := startTestPackageServer()
      defer ts.Close()
      packages, err := fetchPackageData(ts.URL)
      if err != nil {
              t.Fatal(err)
      }
      if len(packages) != 2 {
              t.Fatalf("Expected 2 packages, Got back: %d",
  len(packages))
      }
}
```

通过调用 startTestPackageServer()函数来启动 HTTP 测试服务器。然后调用 fetchPackageData()函数，将要请求的 URL 作为参数传递给它。

服务器将返回 JSON 格式的包数据，然后我们断言返回了一个 nil 错误。我们获得了一个包含两个元素的切片，这些元素对应于两个 pkgData 对象。

将代码清单 3.4 保存到一个新文件 pkgquery_test.go 中，该文件与 pkgquery.go 位于同一目录中。然后运行测试：

```
$ go test -v
=== RUN TestFetchPackageData
--- PASS: TestFetchPackageData (0.00s)
PASS
ok      github.com/practicalgo/code/chap3/pkgquery/       0.511s
```

正如预期的那样，测试通过了。在更实际的场景中，你可能会编写一个 HTTP 客户端用于使用来自其他服务器的数据。因此，必须执行以下关键步骤：

(1) 查找第三方服务器的 JSON API 模式。

(2) 构造数据结构以将响应数据反序列化。

(3) 使用步骤(1)实现测试服务器，以便可以实现完全可测试的 HTTP 客户端。

我们学习了如何使用 Content-Type 标头来决定是反序列化数据还是忽略它。还可以使用它决定数据在终端中是否可读，或者是否需要使用专用软件(例如图像查看器或 PDF 阅读器)来读取数据。在练习 3.2 中，需要在 http 子命令中允许用户将下载的数据写入文件。

练习 3.2：将下载的数据写入文件

为 http 子命令实现一个新选项 -output，它将采用文件路径作为选项。当指定该选项时，下载的数据将写入文件而不是显示在终端上。

3.3 发送数据

让我们再看看包服务器。我们已经了解了如何通过发出 HTTP GET 请求来查看现有的包数据。现在假设要向服务器添加新的包数据。创建或注册新包到服务器涉及发送包本身(.tar.gz 文件)和一些元数据(名称和版本)。为简单起见，假设包服务器没有任何状态管理，如果包含正确格式的预期数据，它会成功响应所有请求。遵循 REST 规范的 HTTP 协议允许我们使用 POST、PUT 或 PATCH 请求将数据发送到服务器。POST 方法通常是用于创建新资源的方法。要使用 POST 方法注册新包，我们将执行以下操作。

(1) 使用 net/http 包中定义的 http.Post(url, contentType, packagePayload)函数发出一个 HTTP POST 请求。url 是发送 POST 请求的 URL，contentType 是一个字符串，其中包含用于标识请求的 Content-Type 标头的值。最后，packagePayload 是一个 io.Reader 类型的对象，其中包含我们想要发送的请求正文。

(2) 这里的关键步骤是在单个请求正文中发送二进制包数据和元数据。HTTP Content-Type 标头 multipart/form-data 将在这里派上用场。

首先，让我们看看如何发送只包含元数据作为 JSON 正文的 POST 请求。然后，我们将进一步开发，以 multipart/form-data 请求的形式发送包数据和元数据。

回顾一下我们用来描述包的 JSON 格式：

```
{"name": "package1", "version": "1.1"}
```

在注册新包时，我们将使用相同的 JSON 格式来描述元数据。包注册的结果也以 JSON 格式的正文发送回来，如下所示：

```
{"id":"package1-1.1"}
```

相应的结构类型将是：

```
type pkgRegisterResult struct {
    ID string `json:"id"`
}
```

首先，让我们看看如何使用 HTTP POST 请求发送 JSON 正文：

```
func registerPackageData(url string, data pkgData)
(pkgRegisterResult, error) {
        p := pkgRegisterResult{}
        b, err := json.Marshal(data)
        if err != nil {
         return p, err
        }
        reader := bytes.NewReader(b)
        r, err := client.Post(url, "application/json", reader)
        if err != nil {
         return p, err
        }
        defer r.Body.Close()
        // TODO 操作来自服务器的响应
        ...
}
```

该函数有两个参数——url 是将请求发送到 HTTP 服务器的目标 URL，data 是 pkgData 类型的对象，我们将序列化为 JSON 并作为请求正文发送。

我们创建了一个 pkgRegisterResult 类型的对象 p，当包注册成功时，它将被填充并作为响应返回。

我们在函数中首先使用 encoding/json 包中定义的 Marshal()函数将 pkgData 对象转换为字节切片——将作为请求正文发送的 JSON 对象。我们之前定义的结构标签将用作 JSON 对象键。给定一个 pkgData 对象{"Name":"package1", "Version": "1.0"}，Marshal()函数会自动将其转换为对应于 JSON 编码字符串的字节切片：{"name":"package1 ","version":"1.0"}。然后，我们将使用 bytes 包中的 NewReader()函数为此字节切片创建一个 io.Reader 对象。一旦创建了 io.Reader 对象 reader，将调用函数 http.Post(url, "application/json", reader)。

如果我们得到一个非 nil 错误，将返回空的 pkgRegisterResult 对象和 error 对象 err。如果得到服务器的成功响应，我们将读取正文，并将正文反序列化到 pkgRegisterResult 响应对象中：

```
func registerPackageData(url string, data pkgData)
(pkgRegisterResult,
    error) {
        // 像之前一样将请求发送到服务器
        respData, err := io.ReadAll(r.Body)
```

```
        if err != nil {
                return p, err
        }
        if r.StatusCode != http.StatusOK {
                return p, errors.New(string(respData))
        }
        err = json.Unmarshal(respData, &p)
          return p, err
}
```

如果没有收到由 HTTP 200 状态码指示的成功响应，将返回一个包含响应正文的错误对象。否则，反序列化响应并返回 pkgRegisterResult 对象 p 和任何反序列化错误 err。

我们将为包注册代码创建一个新包——pkgregister。代码清单 3.5 显示了完整的代码。

代码清单 3.5：注册一个新包

```
// chap3/pkgregister/pkgregister.go
package pkgregister

import (
        "bytes"
        "encoding/json"
        "errors"
        "io"
        "net/http"
)

type pkgData struct {
        Name    string `json:"name"`
        Version string `json:"version"`
}

type pkgRegisterResult struct {
         Id string `json:"id"`
}

func registerPackageData(url string, data pkgData)
(pkgRegisterResult, error) {
        p := pkgRegisterResult{}
        b, err := json.Marshal(data)
        if err != nil {
                return p, err
        }
        reader := bytes.NewReader(b)
```

```
        r, err := http.Post(url, "application/json", reader)
        if err != nil {
              return p, err
        }
        defer r.Body.Close()
        respData, err := io.ReadAll(r.Body)
        if err != nil {
              return p, err
        }
        if r.StatusCode != http.StatusOK {
              return p, errors.New(string(respData))
        }
        err = json.Unmarshal(respData, &p)
        return p, err
}
```

创建一个新目录 chap3/pkgregister，并在其中初始化一个模块：

```
$ mkdir -p chap3/pkgregister
$ cd chap3/pkgregister
$ go mod init github.com/username/pkgregister
```

将代码清单 3.5 保存为新文件 pkgregister.go。如何测试这一切是否有效呢？我们将采用类似于在上一节中使用的方法，并实现一个行为类似于真正的包服务器的测试服务器。

(1) 实现一个 HTTP 处理函数来处理 POST 请求。

(2) 执行反序列化操作以将传入的 JSON 正文转换为 pkgData 对象。

(3) 如果反序列化操作出错，或者 pkgData 对象的 Name 或 Version 为空，则会向客户端返回 HTTP 400 错误。

(4) 通过 Name 和 Version 连接在一起，并用-分隔它们来构造一个人工包 ID。

(5) 创建一个 pkgRegisterResult 对象，指定在上一步中构造的 ID。

(6) 序列化对象，将内容标头设置为 application/json，并将序列化后的结果作为字符串进行响应。

接下来，可将上述步骤的实现视为单独的处理函数，如下所示(你将在第 5 章了解有关处理函数的更多信息)。

```
func packageRegHander(w http.ResponseWriter, r *http.Request) {
      if r.Method == "POST" {
            // 提交过来的包数据
            p := pkgData{}

            // 包注册响应
            d := pkgRegisterResult{}
            defer r.Body.Close()
```

```
			data, err := io.ReadAll(r.Body)
			if err != nil {
				http.Error(w, err.Error(),
		http.StatusInternalServerError)
				return
			}
			err = json.Unmarshal(data, &p)
			if err != nil || len(p.Name) == 0 || len(p.Version)
		== 0 {
			 return
			}
			d.Id = p.Name + "-" + p.Version
			jsonData, err := json.Marshal(d)
			if err != nil {
				http.Error(w, err.Error(),
		http.StatusInternalServerError)
				return
			}
			w.Header().Set("Content-Type", "application/json")
			fmt.Fprint(w, string(jsonData))
	} else {
			http.Error(w, "Invalid HTTP method specified",
			http.StatusMethodNotAllowed)
			return
		}
}
```

可在代码清单 3.6 中找到测试函数的实现。我们有两个测试——一个是通过将预期的包注册数据发送到包服务器来测试主逻辑，另一个是发送空的 JSON 正文。

代码清单 3.6：注册新包的测试

```
// chap3/pkgregister/pkgregister_test.go
package pkgregister

// TODO 插入之前定义的 packageRegHandler()
func startTestPackageServer() *httptest.Server {
	ts :=
    httptest.NewServer(http.HandlerFunc(packageRegHander))
	return ts
}

func TestRegisterPackageData(t *testing.T) {
	ts := startTestPackageServer()
	defer ts.Close()
```

```
        p := pkgData{
                Name:    "mypackage",
                Version: "0.1",
        }
        resp, err := registerPackageData(ts.URL, p)
        if err != nil {
                t.Fatal(err)
        }
        if resp.Id != "mypackage-0.1" {
                t.Errorf("Expected package id to be mypackage-0.1,
    Got: %s", resp.Id)
        }
}

func TestRegisterEmptyPackageData(t *testing.T) {
        ts := startTestPackageServer()
        defer ts.Close()
        p := pkgData{}
        resp, err := registerPackageData(ts.URL, p)
        if err == nil {
                t.Fatal("Expected error to be non-nil, got nil")
        }
        if len(resp.Id) != 0 {
                t.Errorf("Expected package ID to be empty, got: %s",
  resp.Id)
        }
}
```

将代码清单 3.6 保存为新文件 pkgregister_test.go，与代码清单 3.5 放在同一个目录中，运行测试：

```
% go test -v
=== RUN TestRegisterPackageData
--- PASS: TestRegisterPackageData (0.00s)
=== RUN TestRegisterEmptyPackageData
--- PASS: TestRegisterEmptyPackageData (0.00s)
PASS
ok      github.com/practicalgo/code/chap3/pkgregister      0.540s
```

练习 3.3：增强 http 子命令以使用 JSON 正文发送 POST 请求

http 子命令只支持 GET 方法。你在本练习中的任务是增强功能，使其能发出 POST 请求并通过-body 选项从命令行以字符串形式接收 JSON 正文，或通过-body-file 选项用文件接收 JSON 正文。对于测试，你可以像在本节中所做的那样实现一个测试 HTTP 服务器。

我们在本节中学习的处理 JSON 数据的技术也适用于另一种流行的数据格式 XML，它通过 encoding/xml 包支持。回到注册新包的过程，我们已经了解了如何将包名称和版本作为 JSON 格式的正文发送。但是，还没有看到如何同时发送包数据。下面来看如何使用 multipart/form-data 内容类型。

3.4 使用二进制数据

multi-part/formdata 内容类型允许你发送包含键值对(例如 name=package1 和 version=1.1)的正文以及其他数据(例如文件内容)作为 HTTP 请求的一部分。可以想象，在将其发送到服务器之前，创建此正文需要做大量工作。

在我们学习如何创建 multipart/form-data 消息之前，让我们看看这样的消息是什么样的：

```
--91f7de347fb9749c83cea1d596e52849fb0a95f6698459e2baab1e6c1e22
Content-Disposition: form-data; name="name"

mypackage
--91f7de347fb9749c83cea1d596e52849fb0a95f6698459e2baab1e6c1e22
Content-Disposition: form-data; name="version"

0.1
--91f7de347fb9749c83cea1d596e52849fb0a95f6698459e2baab1e6c1e22
Content-Disposition: form-data; name="filedata";
filename="mypackage-0.1.tar.gz"
Content-Type: application/octet-stream

data
--91f7de347fb9749c83cea1d596e52849fb0a95f6698459e2baab1e6c1e22—
```

上面的消息包含三个部分。每个部分由随机生成的边界字符串分隔。这里的边界字符串是以 91f.... 开头的行。破折号是 HTTP/1.1 规范的要求。

消息的第一部分包含一个名为 name，值为 mypackage 的表单字段。

第二部分包含一个名为 version，值为 0.1 的字段。

消息的第三部分包含一个名为 filedata 的字段，filename 值为 mypackage-0.1.tar.gz，字段本身的值为 data。第三部分还包含一个 Content-Type 规范，指定内容为 application/octet-stream，表示非明文数据。当然，字符串数据是真正的非纯文本数据(如图像或 PDF 文件)的占位符。

标准库的 mime/multipart 包定义了读取和写入 multipart 正文需要的所有类型和方法。让我们看看如何创建一个包含包和元数据的 multipart 正文：

(1) 使用字节缓冲区初始化 multipart.NewWriter()类型的对象 mw。

(2) 使用方法 mw.CreateFormField("name")创建一个表单字段对象 fw，字段名为"name"。

(3) 使用 fmt.Fprintf()方法将表示字段值的字节写入 mw(Writer)。

(4) 对要创建的每个表单字段重复步骤(2)和(3)。

(5) 使用方法 mw.CreateFormFile("filedata", "filename.ext")创建一个字段 fw，字段名为 filedata 以存储文件的内容，文件的名称由"filename.ext"提供。

(6) 使用 io.Copy()方法将字节从文件复制到 mw(Writer)。

(7) 如果要发送多个文件，请使用相同的字段名称("filedata")，但使用不同的文件名。

(8) 最后，调用 mw.Close()方法。

让我们看看它在实际实现中的样子。首先，将更新 pkgData 结构以说明包内容：

```
type pkgData struct {
        Name string
        Version string
        Filename string
        Bytes io.Reader
}
```

Filename 字段将存储包的文件名，Bytes 字段是一个 io.Reader 指向打开的文件。

给定一个 pkgData 类型的对象，我们可以创建一个如代码清单 3.7 所示的 multipart 消息来“打包”数据。

代码清单 3.7：创建 multipart 消息

```
// chap3/pkgregister-data/form_body.go
package pkgregister

import (
      "bytes"
      "fmt"
      "io"
      "mime/multipart"
)

func createMultipartMessage(data pkgData) ([]byte, string, error)
{
    var b bytes.Buffer
    var err error
    var fw io.Writer
```

```
    mw := multipart.NewWriter(&b)

    fw, err = mw.CreateFormField("name")
    if err != nil {
            return nil, "", err
    }
    fmt.Fprintf(fw, data.Name)

    fw, err = mw.CreateFormField("version")
    if err != nil {
            return nil, "", err
    }
    fmt.Fprintf(fw, data.Version)

    fw, err = mw.CreateFormFile("filedata", data.Filename)
    if err != nil {
            return nil, "", err
    }
    _, err = io.Copy(fw, data.Bytes)
    err = mw.Close()
    if err != nil {
            return nil, "", err
    }

    contentType := mw.FormDataContentType()
    return b.Bytes(), contentType, nil
}
```

使用新的 bytes.Buffer 对象 b 调用 multipart.NewWriter()方法以创建新的 multipart.Writer 对象 mw。然后，两次调用 CreateFormField()方法来创建 name 和 version 字段。接下来调用 CreateFormFile()方法来插入文件内容。最后通过调用 b.Bytes()方法检索对应的 multipart/form-data 消息的相关字节并返回。还返回另外两个值，即通过 multipart.Writer 对象的 FormDataContentType()方法获得的内容类型和一个 nil 错误对象。

创建一个新目录 chap3/pkgregister-data，并在其中初始化一个模块：

```
$ mkdir -p chap3/pkgregister-data
$ cd chap3/pkgregister-data
$ go mod init github.com/username/pkgregister-data
```

接下来，将代码清单 3.7 保存为一个新文件 form_body.go。

然后我们看一下 registerPackageData()函数，它会调用 createMultiPartMessage()函数来创建 multipart/form-data 的内容：

```
    type pkgRegisterResult struct {
            ID       string `json:"id"`
            Filename string `json:"filename"`
            Size     int64  `json:"size"`
    }

    func registerPackageData(url string, data pkgData)
(pkgRegisterResult, error) {
            p := pkgRegisterResult{}
            payload, contentType, err := createMultiPartMessage(data)
            if err != nil {
                    return p, err
            }
            reader := bytes.NewReader(payload)
            r, err := http.Post(url, contentType, reader)
            if err != nil {
                    return p, err
            }
            defer r.Body.Close()
            respData, err := io.ReadAll(r.Body)
            if err != nil {
                    return p, err
            }
            err = json.Unmarshal(respData, &p)
            return p, err
    }
```

调用 createMultiPartMessage()函数，这提供了 multipart 数据 payload(内容)和内容类型 contentType。然后构造一个 io.Reader 对象从有效载荷中读取数据并通过调用 http.Post()函数发送 HTTP POST 请求。之后，读取响应并将其反序列化到 pkgRegisterResult 对象 p。注意，在 pkgRegisterResult 结构中添加了两个新字段，以表示包的文件名和发送的文件的大小。这将允许我们验证服务器端是否成功读取数据。

代码清单 3.8 显示了 pkgregister 包使用 createMultiPartMessage()函数的完整实现。

代码清单 3.8：使用 multipart 消息的包注册

```
// chap3/pkgregister-data/pkgregister.go
package pkgregister

import (
        "bytes"
        "encoding/json"
        "io"
```

```
	"net/http"
)

type pkgData struct {
	Name     string
	Version  string
	Filename string
	Bytes    io.Reader
}

type pkgRegisterResult struct {
	ID       string `json:"id"`
	Filename string `json:"filename"`
	Size     int64  `json:"size"`
}

// TODO 插入之前定义的 registerPackageData()

func createHTTPClientWithTimeout(d time.Duration) *http.Client {
	client := http.Client{Timeout: d}
	return &client
}
```

将代码清单 3.8 保存为新文件 pkgregister.go，与代码清单 3.7 位于同一目录中。为测试这个包，我们将实现一个测试服务器，它接收在 multipart/form-data 消息中发送的包注册数据，并返回一个使用 JSON 编码的响应。该测试服务器的关键功能将由为 http.Request 对象定义的 ParseMultipartForm()方法实现。此方法将解析已编码为 multipart/form-data 消息的请求正文，并通过 mime/multipart 包中定义的 multipart.Form 类型的对象自动使嵌入的数据可用。该类型的定义如下：

```
type Form struct {
      Value map[string][]string
      File  map[string][]*FileHeader
}
```

Value 字段是一个映射(map)对象，其中包含作为键的表单字段名称和作为字符串切片的值。一个表单的字段名可以有多个值。File 字段也是一个映射(map)，其键由字段名(如 filedata)组成，对象切片将每个文件的数据表示为 FileHeader 对象。FileHeader 类型在同一个包中定义，如下所示：

```
type FileHeader struct {
      Filename  string
      Header    textproto.MIMEHeader
      Size      int64
}
```

字段的含义不言自明。因此，这种类型的示例对象如下：

```
    {"Filename": "package1.tar.gz", "Header":
map[string]string{"Content-
    Type": "application/octet-stream"}, "Size": "200"}
```

那我们如何获取文件数据呢？FileHeader 对象定义了 Open()方法，该方法返回一个 File 对象。然后可以使用它来读取存储在文件中的数据。让我们看看服务器处理函数：

```
func packageRegHandler(w http.ResponseWriter, r *http.Request) {
	if r.Method == "POST" {
		d := pkgRegisterResult{}
		err := r.ParseMultipartForm(5000)
		if err != nil {
			http.Error(
				w, err.Error(), http.StatusBadRequest,
			)
			return
		}
		mForm := r.MultipartForm
		f := mForm.File["filedata"][0]
		d.ID = fmt.Sprintf(
			"%s-%s", mForm.Value["name"][0],
			mForm.Value["version"][0],
		)
		d.Filename = f.Filename
		d.Size = f.Size
		jsonData, err := json.Marshal(d)
		if err != nil {
			http.Error(w, err.Error(),
			http.StatusInternalServerError)
			return
		}
		w.Header().Set("Content-Type", "application/json")
		fmt.Fprint(w, string(jsonData))
	} else {
		http.Error(
			w, "Invalid HTTP method specified",
			http.StatusMethodNotAllowed,
		)
		return
	}
}
```

我们可以看到对关键函数的调用：err := r.ParseMultipartForm(5000)，其中 5000

是内存中缓存的最大字节数。如果得到一个非 nil 错误，会返回一个 HTTP 400 Bad Request 错误。如果没有，继续访问请求的 MultipartForm 属性中的已解析表单数据。随后访问表单的键值对和文件数据，构造包 ID，设置 Filename 和 Size 属性，将数据序列化为 JSON 对象，并将其作为响应发送。让我们来看看测试函数，这样就可以测试代码了。代码清单 3.9 显示了测试函数。

代码清单 3.9：使用 multipart 消息测试包注册

```
// chap3/pkgregister-data/pkgregister_test.go
package pkgregister
import (
        "encoding/json"
        "fmt"
        "net/http"
        "net/http/httptest"
        "strings"
        "testing"
)

// TODO 插入之前定义的 packageRegHandler()

func startTestPackageServer() *httptest.Server {
        ts :=
    httptest.NewServer(http.HandlerFunc(packageRegHandler))
        return ts
}

func TestRegisterPackageData(t *testing.T) {
      ts := startTestPackageServer()
      defer ts.Close()
      p := pkgData{
             Name:     "mypackage",
             Version:  "0.1",
             Filename: "mypackage-0.1.tar.gz",
             Bytes:    strings.NewReader("data"),
      }
      pResult, err := registerPackageData(ts.URL, p)
      if err != nil {
             t.Fatal(err)
      }

      if pResult.ID != fmt.Sprintf("%s-%s", p.Name, p.Version) {
           t.Errorf("Expected package ID to be %s-%s, Got: %s",
           p.Name, p.Version, pResult.ID)
            }
```

```
        if pResult.Filename != p.Filename {
                t.Errorf("Expected package filename to be %s, Got: %s",
                p.Filename, pResult.Filename)
        }
        if pResult.Size != 4 {
             t.Errorf("Expected package size to be 4, Got: %d",
    pResult.Size)
        }
}
```

将代码清单 3.9 保存为新文件 pkgregister_test.go。将该文件与代码清单 3.8 放在同一目录中，并运行测试：

```
$ go test -v
=== RUN TestRegisterPackageData
--- PASS: TestRegisterPackageData (0.00s)
PASS
ok    github.com/practicalgo/code/chap3/pkgregister-data   0.728s
```

mime/multipart 包含 HTTP 请求正文中读取和写入二进制数据所需的一切。我们学习了如何使用它从客户端应用程序发送文件。在最后一个练习中，你需要在 mync 命令行应用程序中实现对发送文件的支持。

练习 3.4：增强 HTTP 子命令以通过表单上传选项来发送 POST 请求

增强 http 子命令以实现一个新选项-upload，这将允许将文件作为 POST 请求的一部分发送，无论是否包含任何其他数据。选项-form-data 可用于指定要与文件一起发送的其他任何参数。示例调用如下：

```
$ mync http POST -upload /path/to/file.pdf -form-data name=Package1-
form-data version=1.0
```

3.5 小结

本章从学习如何从 HTTP URL 下载数据开始。然后，学习了如何通过将响应中的数据字节反序列化为程序可识别的数据结构来处理它们。接下来，我们学习了如何执行反向操作并将数据结构序列化为要作为 HTTP 请求正文发送的字节。最后，学习了如何使用 multipart/form-data 消息以 HTTP 请求正文的形式发送和接收任意文件。自始至终，我们都编写了测试来验证客户端的行为。

在下一章中，我们将学习在构建生产级 HTTP 客户端时会用到的一些高级技术。

第 4 章 高级 HTTP 客户端

在本章中，将深入探讨编写 HTTP 客户端。上一章重点介绍了通过 HTTP 执行各种操作。本章将重点介绍用于编写健壮且可扩展的 HTTP 客户端的技术。我们将学习在客户端中强制超时、创建客户端中间件，并探索连接池。

4.1 使用自定义 HTTP 客户端

让我们看一下在上一章中编写的数据下载器应用程序。与我们通信的服务器很少总是按预期运行。事实上，不仅仅是服务器，应用程序请求通过的其他任何网络设备都可能表现不佳。那么客户端会怎样呢？让我们来了解一下。

4.1.1 从过载的服务器下载

让我们考虑以下函数，它将创建一个始终过载的测试 HTTP 服务器，其中每个响应延迟 60 秒：

```
func startBadTestHTTPServer() *httptest.Server {
	ts := httptest.NewServer(
		http.HandlerFunc(
			func(w http.ResponseWriter, r *http.Request) {
				time.Sleep(60 * time.Second)
				fmt.Fprint(w, "Hello World")
```

```
            }))
        return ts
}
```

请注意从 time 包中对 Sleep()函数的调用。这将在向客户端发送响应之前引入 60 秒的延迟。代码清单 4.1 显示了一个测试函数，它向有问题的测试服务器发送一个 HTTP GET 请求。

代码清单 4.1：用有问题的服务器测试 fetchRemoteResource()函数

```
// chap4/data-downloader/fetch_remote_resource_bad_server_
test.go package main

import (
      "fmt"
      "net/http"
      "net/http/httptest"
      "testing"
      "time"
)

// TODO: 插入之前定义的 startBadTestHTTPServer()

func TestFetchBadRemoteResource(t *testing.T) {
        ts := startBadTestHTTPServer()
        defer ts.Close()

        data, err := fetchRemoteResource(ts.URL)
          if err != nil {
           t.Fatal(err)
          }

          expected := "Hello World"
          got := string(data)

          if expected != got {
          t.Errorf("Expected response to be: %s, Got: %s", expected,
      got)
    }
}
```

创建一个新目录 chap4/data-downloader。从 chap3/data-downloader 复制所有文件。更新 go.mod 文件，如下所示：

```
module github.com/username/chap4/data-downloader
```

```
go 1.16
```

接下来，将代码清单 4.1 保存到一个新文件 fetch_remote_resource_bad_server_test.go 中，然后运行测试：

```
$ go test -v
=== RUN TestFetchBadRemoteResource
--- PASS: TestFetchBadRemoteResource (60.00s)
=== RUN TestFetchRemoteResource
--- PASS: TestFetchRemoteResource (0.00s)
PASS
ok    github.com/practicalgo/code/chap4/data-downloader   60.142s
```

如你所见，TestFetchBadRemoteResource 测试现在需要 60 秒才能运行。事实上，如果有问题的服务器在它发回响应之前休眠 600 秒，我们在 fetchRemoteResource()中的客户端代码(代码清单 3.1)将等待相同的时间。可以想象，这将导致非常糟糕的用户体验。

第 2 章中谈到了在应用程序中引入健壮性的内容。接下来，让我们看看如何改进数据下载器的功能，以便在服务器花费超过指定持续时间时不会等待响应。

让数据下载器只等待指定的最长时间的解决方法是使用自定义 HTTP 客户端。当使用 http.Get()函数时，我们隐式使用了 net/http 包中定义的默认 HTTP 客户端。默认客户端通过变量 DefaultClient 提供，该变量创建为 var DefaultClient = &Client{}。这里的 Client 结构是在 net/http 包中定义的，可以在它的字段中配置 HTTP 客户端的各种属性。我们现在要看的是 Timeout 字段。稍后将研究另一个字段——Transport。

Timeout 的值是一个 time.Duration 对象，它本质上指定允许客户端连接到服务器、发出请求和读取响应的最大持续时间。如果未指定，则没有强制执行最大持续时间，因此客户端将简单地等待服务器回复或客户端/服务器终止连接。

例如，使用以下语句创建一个超时时间为 100 毫秒的 HTTP 客户端：

```
client := http.Client{Timeout: 100 * time.Millisecond}
```

该语句最多允许通过客户端发出的 HTTP 请求在 100 毫秒内完成。使用自定义客户端，fetchRemoteResource()函数现在将如下所示：

```
func fetchRemoteResource(client *http.Client, url string) ([]byte,
error) {
        r, err := client.Get(url)
        if err != nil {
                return nil, err
        }
        defer r.Body.Close()
```

```
    return io.ReadAll(r.Body)
}
```

请注意，我们调用传递给 fetchRemoteResource()函数的 http.Client 对象的 Get()方法，而不是调用 http.Get()函数。代码清单 4.2 显示了完整的应用程序代码。

代码清单 4.2：带有超时的自定义 HTTP 客户端的数据下载器应用程序

```
// chap4/data-downloader-timeout/main.go
package main

import (
        "fmt"
        "io"
        "net/http"
        "os"
        "time"
)

//TODO 插入之前定义的 fetchRemoteResource()

func createHTTPClientWithTimeout(d time.Duration) *http.Client {
      client := http.Client{Timeout: d}
      return &client
}

func main() {
      if len(os.Args) != 2 {
              fmt.Fprintf(os.Stdout, "Must specify a HTTP URL to get
  data from")
              os.Exit(1)
      }
      client := createHTTPClientWithTimeout(15 * time.Second)
      body, err := fetchRemoteResource(client, os.Args[1])
      if err != nil {
              fmt.Fprintf(os.Stdout, "%v\n", err)
              os.Exit(1)
      }
      fmt.Fprintf(os.Stdout, "%s\n", body)
}
```

我们定义了一个新函数 createHTTPClientWithTimeout()来创建一个具有指定超时时间的自定义 HTTP 客户端，持续时间类型为 time.Duration。在 main()函数中，我们创建一个自定义客户端，将 15 秒作为配置的超时时间，然后调用 fetchRemoteResource()函数，传递客户端和指定的 URL。将代码清单 4.2 保存为新文件 main.go，放在新目录 chap4/data-downloader-timeout 中并在其中初始化一个模块：

```
$ mkdir -p chap4/data-downloader-timeout
$ go mod init github.com/username/data-downloader-timeout
```

与其使用一个有问题的 HTTP 服务器来测试超时行为，不如编写一个测试来实现。

4.1.2　测试超时行为

可以更新代码清单 4.1 中的测试，如代码清单 4.3 所示。

代码清单 4.3：用有问题的服务器测试 fetchRemoteResource()函数

```
    // chap4/data-downloader-timeout/fetch_remote_resource_bad_
server_old_test.go
    package main

    import (
          "fmt"
          "net/http"
          "net/http/httptest"
          "strings"
          "testing"
          "time"
    )

    func startBadTestHTTPServerV1() *httptest.Server {
          // TODO 插入之前定义的 startBadTestHTTPServer 的函数体
    }

    func TestFetchBadRemoteResourceV1(t *testing.T) {
          ts := startBadTestHTTPServerV1()
          defer ts.Close()
          client := createHTTPClientWithTimeout(200 *
      time.Millisecond)
          _, err := fetchRemoteResource(client, ts.URL)
          if err == nil {
                t.Fatal("Expected non-nil error")
          }

          if !strings.Contains(err.Error(), "context deadline
      exceeded") {
                t.Fatalf("Expected error to contain: context deadline
      exceeded, Got: %v", err.Error())
```

```
        }
    }
```

startBadTestHTTPServer()(在代码清单 4.1 中)已重命名为 startBadTestHTTP-ServerV1()。其他主要变化如下：

(1) 我们通过调用 createHTTPClientWithTimeout()函数来创建一个 http.Client 对象。然后将该对象传递给 fetchRemoteResource()函数调用。

(2) 我们断言错误消息包含一个特定的子字符串，表明客户端关闭了与服务器的连接。

将代码清单 4.3 保存为新文件 fetch_remote_resource_bad_server_old_test.go，与代码清单 4.2 位于同一目录中。运行测试：

```
$ go test -v
=== RUN TestFetchBadRemoteResourceV1
2020/11/15 15:17:43 httptest.Server blocked in Close after 5
seconds,
waiting for connections:
   *net.TCPConn 0xc00018a040 127.0.0.1:65227 in state active
FAIL
exit status 1
FAIL  github.com/practicalgo/code/chap4/data-downloader-timeout/
60.357s
```

从测试输出中可以看到测试功能失败，但执行时间略多于 60 秒。还可以看到从 httptest.Server 记录的消息。这里发生了什么？回顾一下代码清单 4.1 和代码清单 4.3，我们在延迟调用中调用了测试服务器的 Close()函数。测试函数执行完毕后，调用 Close()函数“干净地”关闭测试服务器。但是，此函数会在关闭之前检查是否有任何活动请求。因此，它在错误处理程序 60 秒后返回响应时返回。

可以重写有问题的测试服务器，如下所示：

```
func startBadTestHTTPServerV2(shutdownServer chan struct{})
*httptest.Server {
        ts := httptest.NewServer(http.HandlerFunc(func(w
http.ResponseWriter, r
    *http.Request) {
            <-shutdownServer
            fmt.Fprint(w, "Hello World")
        }))
        return ts
    }
```

我们创建一个无缓冲区通道 shutdownServer，并将其作为参数传递给函数 startBadTestHTTPServerV2()。然后，在测试服务器的处理程序内部，我们尝试从通道中读取数据，从而创建一个无限阻塞处理程序执行的潜在点。由于我们不关心通道内部的值，通道的类型是空结构——struct{}。通过阻塞读取操作替换 time.Sleep()语句使我们能够更好地控制测试服务器操作。

我们将更新测试函数代码，如代码清单 4.4 所示。

代码清单 4.4：使用更新后的服务器测试 fetchRemoteResource()函数

```
// chap4/data-downloader-timeout/fetch_remote_resource_bad _
_server test.go package main

import (
        "fmt"
        "net/http"
        "net/http/httptest"
        "strings"
        "testing"
        "time"
)

// TODO 插入之前定义的 startBadTestHTTPServerV2

func TestFetchBadRemoteResourceV2(t *testing.T) {
      shutdownServer := make(chan struct{})
      ts := startBadTestHTTPServerV2(shutdownServer)
      defer ts.Close()
      defer func() {
           shutdownServer <- struct{}{}
      }()

      client := createHTTPClientWithTimeout(200 *
  time.Millisecond)
      _, err := fetchRemoteResource(client, ts.URL)
      if err == nil {
              t.Log("Expected non-nil error")
              t.Fail()
      }
      if !strings.Contains(err.Error(), "context deadline
  exceeded") {
           t.Fatalf("Expected error to contain: context deadline
  exceeded, Got: %v", err.Error())
      }
}
```

上述函数有三个关键变化：

(1) 创建了一个无缓冲区通道 shutdownServer，类型为 struct{}——一个空的结构类型。

(2) 创建了一个对匿名函数的新延迟调用，该函数将一个空的结构值写入通道。此调用位于 ts.Close()调用之后，以便在 ts.Close()函数之前调用它。

(3) 以这个通道作为参数调用 startBadTestHTTPServerV2()函数。

将代码清单 4.4 保存为一个新文件 fetch_remote_resource_bad_server_test.go，与代码清单 4.3 位于同一目录中，并运行以下测试：

```
$ go test -run TestFetchBadRemoteResourceV2 -v
=== RUN TestFetchBadRemoteResourceV2
--- PASS: TestFetchBadRemoteResourceV2 (0.20s)
PASS
ok   github.com/practicalgo/code/chap4/data-downloader-timeout
0.335s
```

测试只运行 0.2 秒(或 200 毫秒)，这是为测试客户端配置的超时时间。现在会发生什么？在测试函数完成执行之前，首先调用匿名函数，将一个空的 struct 值写入 shutdownServer 通道。这会解除对测试服务器处理程序的阻塞。因此，当调用 Close()方法时，它会关闭测试服务器并成功返回。这样就完成了测试功能的执行。

为 HTTP 客户端设置超时是配置 HTTP 客户端的一种方法。接下来，将学习你可能想要配置的另一个方面——如何处理服务器响应重定向。

4.1.3 配置重定向行为

当服务器发出 HTTP 重定向时，默认的 HTTP 客户端会自动且静默地跟随重定向最多 10 次，然后终止。如果你想改变它，比如说，完全不遵循重定向，或者至少让你知道它正在遵循重定向，该怎么办？

可通过在 http.Client 对象中配置另一个字段 CheckRedirect 来实现。当设置为遵循特定签名的函数时，将在做出有关重定向的决定时调用此对象。然后，可选择在那里实现自定义逻辑。让我们看一个如何实现这样一个函数的例子：

```
    func redirectPolicyFunc(req *http.Request, via []*http.Request)
error {
        if len(via) >= 1 {
            return errors.New("stopped after 1 redirect")
        }
        return nil
    }
```

实现重定向策略的自定义函数必须满足以下签名：

```
func (req *http.Request, via []*http.Request) error
```

第一个参数 req 是跟随从服务器返回的重定向响应的请求；切片 via 包含到目前为止已发出的请求，其中最早的请求(原始请求)是该切片的第一个元素。这可以通过以下步骤更好地说明：

(1) HTTP 客户端向原始 URL(url)发送请求。

(2) 服务器响应重定向到 url1。

(3) 现在使用(url1, []{url})调用 redirectPolicyFunc。

(4) 如果函数返回 nil 错误，它将跟随重定向并发送一个新的 url1 请求。

(5) 如果有另一个到 url2 的重定向，则使用(url2, []{url, url1})调用 redirectPolicyFunc 函数。

(6) 重复步骤(3)、(4)和(5)，直到 redirectPolicyFunc 返回非 nil 错误。

因此，如果你使用 redirectPolicyFunc()作为自定义重定向策略函数，它根本不允许重定向。可将其与自定义 HTTP 客户端连接起来，如下所示：

```
func createHTTPClientWithTimeout(d time.Duration) *http.Client {
      client := http.Client{Timeout: d, CheckRedirect:
  redirectPolicyFunc}
      return &client
}
```

让我们看看这个自定义重定向的实际效果。代码清单 4.5 显示了一个数据下载器，如果它发现服务器已进行请求重定向，则会退出并返回错误。

代码清单 4.5：若有重定向尝试就退出的数据下载器

```
// chap4/data-downloader-redirect/main.go
package main

import (
      "errors"
      "fmt"
      "io"
      "net/http"
      "os"
      "time"
)
func fetchRemoteResource(client *http.Client, url string) ([]byte,
error) {
      r, err := client.Get(url)
      if err != nil {
            return nil, err
      }
      defer r.Body.Close()
      return io.ReadAll(r.Body)
```

```
}

// TODO 插入之前定义的 redirectPolicyFunc

// TODO 插入之前定义的 createHTTPClientWithTimeout

func main() {
        if len(os.Args) != 2 {
                fmt.Fprintf(os.Stdout, "Must specify a HTTP URL to
            get data from")
                os.Exit(1)
        }
        client := createHTTPClientWithTimeout(15 * time.Second)
        body, err := fetchRemoteResource(client, os.Args[1])
        if err != nil {
                fmt.Fprintf(os.Stdout, "%v\n", err)
                os.Exit(1)
        }
        fmt.Fprintf(os.Stdout, "%s\n", body)
}
```

创建一个新目录 chap4/data-downloader-redirect，并在其中初始化一个模块：

```
$ mkdir -p chap4/data-downloader-redirect
$ cd chap4/data-downloader-redirect
$ go mod init github.com/username/data-downloader-redirect
```

接下来，将代码清单 4.5 保存为一个新文件 main.go。编译并运行，传递 http://github.com 作为第一个参数，你将看到以下内容：

```
$ go build -o application
$ ./application http://github.com
Get "https://github.com/": Attempted redirect to
https://github.com/
```

如果直接访问 https://github.com，你会看到它转储了页面的内容。

我们已经学习了如何自定义 http.Client 对象的重定向行为，这将引出本章的第一个练习。

练习 4.1：增强 HTTP 子命令以允许配置重定向行为

在上一章中，你在 mync http 子命令中实现了 HTTP GET 功能。在子命令中添加一个布尔标志-disable-redirect，以便用户能够禁用默认重定向行为。

4.2　定制请求

我们已经学习了如何创建自定义 HTTP 客户端。此外，已经在 Client 对象上使用了诸如 Get()的方法来发出请求。同样，可使用 Post()方法发出 POST 请求。在下面，客户端使用的是标准库中定义的 http.Request 类型的默认请求对象。现在我们将学习如何自定义此对象。

自定义 http.Request 对象允许我们添加标头或 cookie 或简单地设置请求的超时。通过调用 NewRequest()函数来创建新请求。NewRequestWithContext()函数具有完全相同的目的，但它还允许将上下文传递给请求。因此，在应用程序中，最好使用 NewRequestWithContext()函数来创建新请求：

```
req, err := http.NewRequestWithContext(ctx, "GET", url, nil)
```

该函数的第一个参数是上下文对象。第二个参数是我们正在为其创建请求的 HTTP 方法。url 指向我们要向其发出请求的资源的 URL。最后一个参数是指向正文的 io.Reader 对象，在 GET 请求的情况下，它在大多数时候可能是空的。要使用 io.Reader 和正文创建 POST 请求，我们将进行以下函数调用：

```
req, err := http.NewRequestWithContext(ctx, "POST", url, body)
```

创建请求对象后，可使用下面的方式添加标头：

```
req.Header().Add("X-AUTH-HASH", "authhash")
```

这会将一个值为 authhash 的标头 X-AUTH-HASH 添加到请求。你可以将该逻辑封装在一个函数中，此函数创建一个自定义 http.Request 对象，用于发出带有标头的 GET 请求：

```
    func createHTTPGetRequest(ctx context.Context, url string, headers
map[string]string) (*http.Request, error) {
        req, err := http.NewRequestWithContext(ctx, "GET", url, nil)
        if err != nil {
                return nil, err
        }
        for k, v := range headers {
                req.Header.Add(k, v)
        }
        return req, err
    }
```

要创建自定义 HTTP 客户端并发送自定义 GET 请求，可以编写如下内容：

```
client := createHTTPClientWithTimeout(20 * time.Millisecond)
ctx, cancel := context.WithTimeout(context.Background(), 15*time.
```

```
Millisecond)
defer cancel()

req, err := createHTTPGetRequest(ctx, ts.URL+"/api/packages", nil)
resp, err := client.Do(req)
```

客户端的 Do()方法用于发送由 http.Request 对象 req 封装的自定义 HTTP 请求。

上面代码的一个关键点是两个超时配置——一个在客户端级别，另一个在请求级别。当然，理想情况下，请求超时(如果使用超时上下文)应该低于客户端超时，否则客户端可能会在请求超时之前就超时了。

请求对象的自定义不限于添加标头。我们也可以添加 cookie 和基本身份验证信息。这正好引出练习 4.2。

练习 4.2：增强 HTTP 子命令以允许添加标头和基本身份验证凭据

增强 http 子命令以识别新选项-header，它将向传出的请求添加标头。可以多次指定此选项以添加多个标头，如下例所示：

```
-header key1=value1 -header key1=value2
```

增强 http 子命令以定义新选项-basicauth。应该能够使用请求对象的 SetBasicAuth()方法将基本身份验证信息添加到请求中，如下例所示：

```
-basicauth user:password
```

4.3 实现客户端中间件

术语中间件(或拦截器)用于自定义代码，可配置为与网络服务器或客户端应用程序中的核心操作一起执行。在服务器应用程序中，它是在服务器处理来自客户端的请求时执行的代码。在客户端应用程序中，它将是向服务器应用程序发出 HTTP 请求时执行的代码。

在以下部分中，我们将学习如何通过自定义客户端对象来实现自定义中间件。首先，让我们看看 Client 结构类型中的特定字段 Transport。

4.3.1 了解 RoundTripper 接口

http.Client 结构定义了一个字段 Transport，如下所示：

```
type Client struct {
    Transport RoundTripper
```

```
    // 其他字段
}
```

net/http 包中定义的 RoundTripper 接口定义了一种类型，该类型会将 HTTP 请求从客户端传送到远程服务器，并将响应传送回客户端。这种类型需要实现的唯一方法是 RoundTrip()：

```
type RoundTripper interface {
      RoundTrip(*Request) (*Response, error)
}
```

如果在创建客户端时未指定 Transport 对象，则使用 Transport 类型的预定义对象 DefaultTransport。定义如下(省略字段)：

```
var DefaultTransport RoundTripper = &Transport{
      // 省略的字段
}
```

net/http 包中定义的 Transport 类型实现了 RoundTripper 接口所要求的 RoundTrip()方法。它负责创建和管理 HTTP 请求-响应事务的底层 TCP 连接：

(1) 创建一个 Client 对象。

(2) 创建一个 HTTP 请求。

(3) 然后 HTTP 请求通过 RoundTripper 实现(例如，通过 TCP 连接)“传递”到服务器，并返回响应。

(4) 如果向同一个客户端发出多个请求，则会重复第(2)步和第(3)步。

为实现客户端中间件，我们将编写一个自定义类型来封装 DefaultTransport 的 RoundTripper 实现。

4.3.2 日志中间件

我们将编写的第一个中间件在发送请求之前记录一条消息。当收到响应时，它将记录另一条消息。首先定义一个带有*log.Logger 字段的 LoggingClient 结构类型：

```
type LoggingClient struct {
       log *log.Logger
}
```

为了满足 RoundTripper 接口，我们实现了 RoundTrip()方法：

```
func (c LoggingClient) RoundTrip(
       r *http.Request,
) (*http.Response, error) {
       c.log.Printf(
```

```
            "Sending a %s request to %s over %s\n",
            r.Method, r.URL, r.Proto,
        )
        resp, err := http.DefaultTransport.RoundTrip(r)
        c.log.Printf("Got back a response over %s\n", resp.Proto)

        return resp, err
}
```

当调用 RoundTripper 实现的 RoundTrip()方法时，我们执行以下操作：

(1) 记录传出的请求 r。

(2) 调用 DefaultTransport 的 RoundTrip()方法，将请求 r 传递给它。

(3) 记录 RoundTrip()调用返回的响应和错误。

(4) 返回响应和错误。

我们已经定义了自己的 RoundTripper。现在创建一个 Client 对象，并将 Transport 字段设置为 LoggingClient 对象：

```
myTransport := LoggingClient{}
client := http.Client{
        Timeout:   10 * time.Second,
        Transport: &myTransport,
}
```

代码清单 4.6 是数据下载程序(代码清单 4.2)的修改版本，使用这个自定义的 RoundTripper 实现。

代码清单 4.6：带有自定义日志中间件的数据下载器

```
// chap4/logging-middleware/main.go

package main

import (
        "fmt"
        "log"
        "net/http"
        "os"
        "time"
)

type LoggingClient struct {
        log *log.Logger
}
```

```
// TODO 插入之前定义的RoundTrip()函数

func main() {
       if len(os.Args) != 2 {
              fmt.Fprintf(os.Stdout, "Must specify a HTTP URL to get
data from")
              os.Exit(1)
       }
       myTransport := LoggingClient{}
       l := log.New(os.Stdout, "", log.LstdFlags)
       myTransport.log = l

       client := createHTTPClientWithTimeout(15 * time.Second)
       client.Transport = &myTransport

       body, err := fetchRemoteResource(client, os.Args[1])
       if err != nil {
              fmt.Fprintf(os.Stdout, "%#v\n", err)
              os.Exit(1)
       }
       fmt.Fprintf(os.Stdout, "Bytes in response: %d\n", len(body))
}
```

对重点修改进行了突出显示。首先创建一个新的 LoggingClient 对象。然后通过调用 log.New()函数创建一个新的 log.Logger 对象。该函数的第一个参数是用于写入日志的 io.Writer 对象，这里使用 os.Stdout。第二个参数是要添加到每个日志语句的前缀字符串——这里指定一个空字符串。最后一个参数是一个标志——每个日志行的前缀文本。这里使用 log.LstdFlags，它将显示日期和时间。然后将 log.Logger 对象分配给 myTransport 对象的 l 字段。最后将 client.Transport 设置为 &myTransport。

创建一个新的子目录 chap4/logging-middleware，并将代码清单 4.6 保存到一个新文件 main.go 中。编译并运行，将 HTTP 服务器 URL 作为命令行参数传递：

```
$ go build -o application
$ ./application https://www.google.com
2020/11/25 22:03:40 Sending a GET request to https://www.google.com
over HTTP/1.1
2020/11/25 22:03:40 Got back a response over HTTP/2.0
Bytes in response: 13583
```

正如预期的那样，日志语句首先出现，然后打印响应。我们将使用类似的自定义 RoundTripper 实现发出请求延迟或非 200 的错误等指标。还能使用自定义 RoundTripper 实现来自动在缓存中查找请求，以避免调用。

在实现自定义 RoundTripper 时，必须注意以下两点。

(1) RoundTripper 的实现必须假设在任何给定时间点可能有多个实例在运行。因此，如果你正在操作任何数据结构，则该数据结构必须是并发安全的。

(2) RoundTripper 不得改变请求或响应或返回错误。

4.3.3 给所有请求添加一个标头

让我们看一个实现中间件的示例，该中间件将为每个传出请求添加一个或多个 HTTP 标头(Header)。我们可能最终会在各种场景中需要此功能——发送身份验证标头、传播请求 ID 等。

将首先为中间件定义一个新类型：

```
type AddHeadersMiddleware struct {
        headers map[string]string
}
```

headers 字段是一个映射，其中包含我们要在 RoundTripper 实现中添加的 HTTP 标头：

```
func (h AddHeadersMiddleware) RoundTrip(r *http.Request)
(*http.Response, error) {
        reqCopy := r.Clone(r.Context())
        for k, v := range h.headers {
                reqCopy.Header.Add(k, v)
        }
        return http.DefaultTransport.RoundTrip(reqCopy)
}
```

该中间件将通过向其添加标头来修改原始请求。但是，我们没有就地修改它，而是使用 Clone()方法克隆请求并向其添加标头。然后使用新请求调用 DefaultTransport 的 RoundTrip()实现。

代码清单 4.7 展示了一个带有这个中间件的 HTTP 客户端的实现。

代码清单 4.7：一个带有用于添加自定义标头中间件的 HTTP 客户端

```
// chap4/header-middleware/client.go
package client

import (
        "net/http"
)

type AddHeadersMiddleware struct {
        headers map[string]string
```

```
}

// TODO 插入之前定义的 RoundTrip()实现

func createClient(headers map[string]string) *http.Client {
        h := AddHeadersMiddleware{
                headers: headers,
        }
        client := http.Client{
                Transport: &h,
        }
        return &client
}
```

创建一个新目录 chap4/header-middleware，并在其中初始化一个模块：

```
$ mkdir -p chap4/header-middleware
$ cd chap4/header-middleware
$ go mod init github.com/username/header-middleware
```

接下来，将代码清单 4.7 保存为一个新文件 client.go。为了测试指定的标头是否被添加到传出的请求中，将编写一个测试服务器，将请求标头作为响应标头发送回来：

```
func startHTTPServer() *httptest.Server {
        ts := httptest.NewServer(http.HandlerFunc(func(w
http.ResponseWriter, r *http.Request) {
                for k, v := range r.Header {
                        w.Header().Set(k, v[0])
                }
                fmt.Fprint(w, "I am the Request Header echoing
program")
        }))
        return ts
}
```

代码清单 4.8 显示了使用上述测试服务器的测试函数。

代码清单 4.8：测试中间件以添加标头

```
// chap4/header-middleware/header_middleware_test.go

package client
import (
        "fmt"
        "net/http"
        "net/http/httptest"
```

```
        "testing"
)

// TODO 插入之前定义的 startHTTPServer()

func TestAddHeaderMiddleware(t *testing.T) {
        testHeaders := map[string]string{
                "X-Client-Id": "test-client",
                "X-Auth-Hash": "random$string",
        }
        client := createClient(testHeaders)

        ts := startHTTPServer()
        defer ts.Close()

        resp, err := client.Get(ts.URL)
        if err != nil {
                t.Fatalf("Expected non-nil [AU: "nil"—JA] error, got:
%v", err)
        }

        for k, v := range testHeaders {
                if resp.Header.Get(k) != testHeaders[k] {
                        t.Fatalf("Expected header: %s:%s, Got: %s:%s",
k, v, k, testHeaders[k])
                }
        }

}
```

我们创建一个映射 testHeaders 来指定想要添加到传出请求的标头。然后调用 createClient()函数，将映射作为参数传递。如代码清单 4.7 所示，该函数还创建了一个 AddHeaderMiddleware 对象，然后在创建 http.Client 对象时将其设置为 Transport。

将代码清单 4.8 保存为新文件 header_middleware_test.go，与代码清单 4.7 放在同一目录中，并运行测试：

```
% go test -v
=== RUN TestAddHeaderMiddleware
--- PASS: TestAddHeaderMiddleware (0.00s)
PASS
ok  github.com/practicalgo/code/chap4/header-middleware   0.472s
```

在编写此中间件时，你已经看到了如何创建客户端中间件的示例，该中间件通过创建副本来修改传入请求，然后将其交给 DefaultTransport。

练习 4.3 会给你一个机会来实现一个中间件，从而记录请求延迟。

练习 4.3：计算请求延迟的中间件

与我们实现日志中间件的方式类似，实现一个中间件来记录请求完成所耗费的时间(以秒为单位)。日志记录应作为 mync http 子命令中的可选功能实现，该功能将使用-report 选项启用。

4.4　连接池

在上一节中，我们学习了使用默认的 RoundTripper 接口实现将 HTTP 请求传送到远程服务器，然后将响应返回。

基本步骤之一是为请求建立新的 TCP 连接。此连接设置过程很“昂贵”。当我们发出单个请求时，可能不会注意到。但是，将 HTTP 请求作为面向服务的架构的一部分时，通常会在短时间内发出多个请求——或者是突发的，或者是连续的。这种情况下，为每个请求执行 TCP 连接设置的成本很高。因此，net/http 包维护了一个连接池，它会自动尝试重用现有的 TCP 连接来发送 HTTP 请求。

让我们首先了解连接池的工作原理，然后了解如何配置池本身。net/http/httptrace 包将帮助我们深入研究连接池的内部结构。使用这个包可以看到连接是否被重用或者是否为发出 HTTP 请求建立了一个新连接。事实上它做的更多，但我们将只使用它来演示连接重用。

考虑以下函数定义：

```
func createHTTPGetRequestWithTrace(ctx context.Context, url string)
(*http.Request, error) {
        req, err := http.NewRequestWithContext(ctx, "GET", url, nil)
        if err != nil {
                return nil, err
        }
        trace := &httptrace.ClientTrace{
                DNSDone: func(dnsInfo httptrace.DNSDoneInfo) {
                        fmt.Printf("DNS Info: %+v\n", dnsInfo)
                },
                GotConn: func(connInfo httptrace.GotConnInfo) {
                        fmt.Printf("Got Conn: %+v\n", connInfo)
                },
        }
        ctxTrace := httptrace.WithClientTrace(req.Context(), trace)
        req = req.WithContext(ctxTrace)
        return req, err
}
```

httptrace.ClientTrace 结构类型定义了在请求生命周期中的某些事件发生时将调用的函数。我们对这里的两个事件感兴趣：

- DNSDone 事件在主机名的 DNS 查找完成时发生。
- GotConn 事件在获得连接以发送请求时发生。

为了定义一个在 DNSDone 事件发生时调用的函数，我们在创建结构对象时将该函数指定为字段的值。此函数必须接收 httptrace.DNSDoneInfo 类型的对象作为参数并且不返回任何值。类似地，我们定义一个在 GotConn 事件发生时调用的函数。此函数必须接收 httptrace.GotConnInfo 类型的对象作为参数并且不返回任何值。在这两个函数中，我们将对象打印到标准输出。

一旦创建了 ClientTrace 对象 trace，就可以通过调用 httptrace.WithClientTrace() 函数创建一个新的上下文，将原始请求的上下文和 trace 对象传递给它。

最后，通过添加这个上下文作为它的上下文来创建一个新的 Request 对象并返回该对象。

代码清单 4.9 是一个使用 createHTTPGetRequestWithTrace()函数向远程服务器发送 HTTP GET 请求的程序。

代码清单 4.9：一个演示连接池的程序

```
// chap4/connection-pool-demo/main.go
package main

import (
	"context"
	"fmt"
	"log"
	"net/http"
	"net/http/httptrace"
	"os"
	"time"
)

func createHTTPClientWithTimeout(d time.Duration) *http.Client {
	client := http.Client{Timeout: d}
	return &client
}

// TODO 插入之前定义的 createHTTPGetRequestWithTrace()函数

func main() {
	d := 5 * time.Second
	ctx := context.Background()
```

```
        client := createHTTPClientWithTimeout(d)

        req, err := createHTTPGetRequestWithTrace(ctx, os.Args[1])
        if err != nil {
                log.Fatal(err)
        }
        for {
                client.Do(req)
                time.Sleep(1 * time.Second)
                fmt.Println("--------")
        }
}
```

请注意，我们有一个无限循环，它发送相同的请求，其间睡眠时间为 1 秒。我们必须使用 Ctrl+C 组合键终止程序。

创建一个新目录 chap4/connection-pool-demo，并在其中初始化一个模块：

```
$ mkdir -p chap4/connection-pool-demo
$ cd chap4/ connection-pool-demo
$ go mod init github.com/username/connection-pool-demo
```

接下来，将代码清单 4.9 保存为一个新文件 main.go。编译并运行，指定 HTTP 服务器主机名作为命令行参数。

```
$ go build -o application
$./application https://www.google.com
DNS Info: {Addrs:[{IP:216.58.200.100 Zone:}
{IP:2404:6800:4006:810::2004 Zone:}] Err:<nil> Coalesced:false}
TLS HandShake Start
TLS HandShake Done
Got Conn: {Conn:0xc000096000 Reused:false WasIdle:false
IdleTime:0s}
Resp protocol: "HTTP/2.0"
--------
Got Conn: {Conn:0xc000096000 Reused:true WasIdle:true
IdleTime:1.003019133s}
Resp protocol: "HTTP/2.0"
--------
Got Conn: {Conn:0xc000096000 Reused:true WasIdle:true
IdleTime:1.005444969s}
Resp protocol: "HTTP/2.0"
--------
Got Conn: {Conn:0xc000096000 Reused:true WasIdle:true
IdleTime:1.005472933s}
Resp protocol: "HTTP/2.0"
^C
```

我们首先看到 DNSDone 函数的输出。细节并不重要，但我们注意到只看到一次。然后看到 GotConn 函数的输出，每次发出请求时都会调用它。对于第一个请求，Reused 的值为 false。WasIdle 的值为 false，IdleTime 为 0s。这告诉我们，对于第一个请求，创建了一个新连接并且它不是空闲的。对于所有后续请求，这些字段的值为 true、true 和非零空闲时间——接近 1 秒。当然，1 秒是请求之间休眠的持续时间，因此将其视为连接处于空闲状态的时间。

配置连接池

连接池节省了为每个请求创建新连接的成本。但在现实生活中，你需要注意默认连接池可能会发生的各种问题。

首先，让我们看一下主机名的 DNS 查找。由于大多数情况下，直接处理的是主机名而不是 IP 地址，因此值得考虑的是 DNS 记录可能会发生变化——尤其是在云托管服务的动态世界中。现在，当用于建立连接的底层 IP 地址不再可用时，连接池会发生什么情况？它是否会意识到这个情况但仍会创建到新 IP 地址的新连接？是的，事实上它会的。当尝试发出新请求时，将打开到远程服务器的新连接。

接下来，考虑在 10 秒或更长时间后，总是希望为每个 HTTP 请求强制建立新连接的情况。为此，将创建一个 Transport 对象，如下所示：

```
transport := &http.Transport{
        IdleConnTimeout: 10 * time.Second,
}
```

然后创建如下所示的客户端：

```
client := http.Client{
          Timeout: d,
          Transport: transport,
}
```

使用上述配置，空闲连接将最多保持 10 秒。因此，如果你使用间隔为 11 秒的客户端发出两个请求，则第二个请求将触发创建新连接。

除了超时，还可以配置另外两个相关参数，如下所示。

MaxIdleConns：这表示要保留在池中的最大空闲连接数。默认情况下，此值为 0，表示没有上限。

MaxIdleConnsPerHost：这是每个主机的最大空闲连接数。默认情况下，它设置为 DefaultMaxIdleConnsPerHost 的值，在 Go 1.16 中为 2。

练习 4.4 要求你在 mync 的 http 子命令中实现对配置连接池行为的支持。

练习 4.4：支持启用连接池行为

添加一个新选项-num-requests，接收一个整数作为 http 子命令的值，将向服务器发出指定次数的相同请求。

添加一个新选项-max-idle-conns，接收一个整数来配置池中的最大空闲连接数。

4.5　小结

我们从学习如何在 HTTP 客户端中实现超时行为开始本章。超时行为与请求上下文一起，允许我们强制执行客户端等待请求完成的时间上限。这允许在应用程序中实现健壮性。然后，我们学习了如何实现客户端中间件，它允许在应用程序中开发各种功能——例如日志记录、导出指标和缓存。最后学习了连接池以及如何配置它。

在下一章中，将继续 HTTP 应用程序的编写之旅，学习编写可扩展且健壮的 HTTP 服务器应用程序。

第 5 章

构建 HTTP 服务器

在本章中，我们将深入了解编写 HTTP 服务器的基础知识。将了解处理程序函数的工作原理，了解有关处理请求的更多信息，并学习如何读取和写入流数据。

5.1　我们的第一个 HTTP 服务器

net/http 包提供了编写 HTTP 服务器的构建块。在计算机上运行的服务器(http://localhost:8080)将按如下方式处理请求(参见图 5.1)。

(1) 服务器在某个路径接收客户端请求，例如/api。

(2) 服务器检查它是否可以处理这个请求。

(3) 如果答案是肯定的，则服务器调用处理函数来处理请求并返回响应。如果没有，它会返回一个 HTTP 错误作为对客户端的响应。

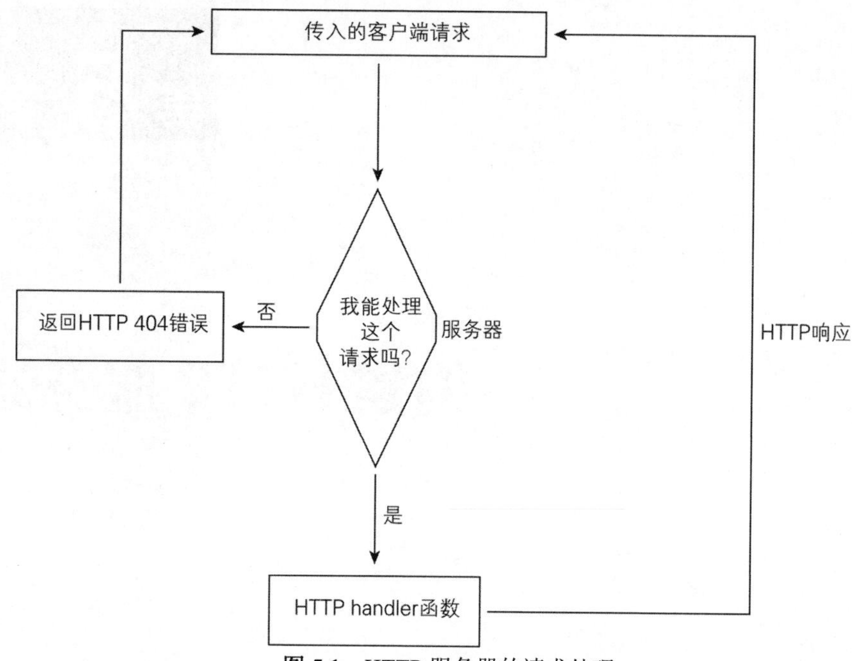

图 5.1 HTTP 服务器的请求处理

代码清单 5.1 显示了最简单的 Web 服务器。

代码清单 5.1：一个简单的 HTTP 服务器

```
// chap5/basic-http-server/server.go
package main

import (
	"log"
	"net/http"
	"os"
)

func main() {
	listenAddr := os.Getenv("LISTEN_ADDR")
	if len(listenAddr) == 0 {
		listenAddr = ":8080"
	}

	log.Fatal(http.ListenAndServe(listenAddr, nil))
}
```

net/http 包中的 ListenAndServe()函数在给定的网络地址启动 HTTP 服务器。使该地址可配置是一个好主意。因此，在 main()函数中，以下几行用来检查是否指定了 LISTEN_ADDR 环境变量，如果没有，则默认为":8080"：

```
listenAddr := os.Getenv("LISTEN_ADDR")
if len(listenAddr) == 0 {
	listenAddr = ":8080"
}
```

os 包中定义的 Getenv()函数查找环境变量的值。如果找到环境变量 LISTEN_ADDR，则其值作为字符串返回。如果不存在这样的环境变量，则返回一个空字符串。因此，len()函数可用于检查 LISTEN_ADDR 环境变量是否已指定。默认值":8080" 表示服务器将侦听所有网络接口的 8080 端口。如果你希望服务器只能在运行应用程序的计算机上访问，可将环境变量 LISTEN_ADDR 设置为“127.0.0.1:8080”，然后启动应用程序。

接下来，调用 ListenAndServe()函数，指定要侦听的地址(listenAddr)和服务器的处理程序。将指定 nil 作为处理程序的值，对 ListenAndServe 的函数调用如下：

```
log.Fatal(http.ListenAndServe(listenAddr, nil))
```

如果启动服务器时出现错误，ListenAndServe()会立即返回错误值。如果服务器已正常启动，则该函数仅在服务器终止时返回。在任何一种情况下，如果有错误值，log.Fatal()函数都会记录错误值。

创建一个新目录 chap5/basic-http-server，并在其中初始化一个模块：

```
$ mkdir -p chap5/basic-http-server
$ cd chap5/basic-http-server
$ go mod init github.com/username/basic-http-server
```

接下来，将代码清单 5.1 保存为一个新文件 server.go。编译并运行它：

```
$ go build -o server
$ ./server
```

如果一切正常，第一个 HTTP 服务器就可以开始运行了！

可以使用 Internet 浏览器向它发出请求，但这里将使用 curl 命令行 HTTP 客户端。启动一个新的终端会话，并运行以下命令：

```
$ curl -X GET localhost:8080/api
404 page not found
```

向 HTTP 服务器的/api 发出一个 HTTP GET 请求，得到一个 404 page not found 响应。这意味着服务器接收到传入的请求并返回 HTTP 404 响应，这同时也意味着它找不到我们正在请求的资源/api。接下来，让我们看看如何解决这个问题。要终止服务器，请在启动服务器的终端按 Ctrl+C。

5.2 设置请求处理程序

将 nil 指定为 ListenAndServe()函数的第二个参数时，就是要求该函数使用默认的 handlerDefaultServeMux。它用来处理请求路径的默认注册。DefaultServeMux 是在 http 包中定义的 ServeMux 类型的对象。它是一个全局对象，这意味着应用程序中使用的其他任何代码也可以向服务器注册处理程序。绝对没有什么可以阻止第三方恶意软件包在我们不知道的情况下暴露 HTTP 路径(参见图 5.2)。此外，与任何其他全局对象一样，这会使代码面临无法预料的并发错误和不健壮行为。因此不会使用它，而将创建一个新的 ServeMux 对象：

```
mux := http.NewServeMux()
```

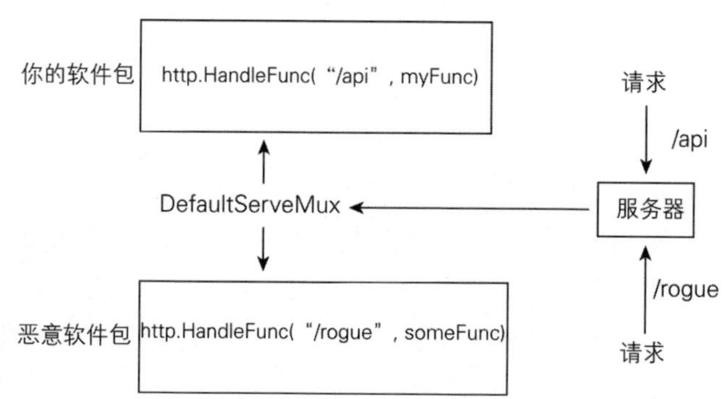

图 5.2 任何包都可以使用 DefaultServeMux 对象注册处理函数

除了其他字段之外，ServeMux 对象还包含一个映射数据结构，其中包含我们希望服务器处理的路径和相应的处理程序的映射。要解决在上一节中遇到的 HTTP 404 问题，需要为路径注册一个称为处理程序(handler)的特殊函数。你可能还记得我们在第 3 章中编写了处理程序来实现测试服务器。现在让我们详细研究它们。

处理程序

处理程序必须是 func(http.ResponseWriter, *http.Request)类型，其中 http.ResponseWriter 和 http.Request 是 net/http 包中定义的两种结构类型。http.Request 类型的对象表示传入的 HTTP 请求，而 http.ResponseWriter 对象用于将响应写回发出请求的客户端。以下是处理程序的示例：

```
func apiHandler(w http.ResponseWriter, r *http.Request) {
        fmt.Fprintf(w, "Hello World")
}
```

请注意，此函数不必返回。我们写入 ResponseWriter 对象 w 的任何内容都会作为响应发送回客户端。这里使用 fmt.Fprintf()函数发送字符串"Hello World"。请注意，由于 io.Writer 接口的强大功能，用来将字符串写入标准输出的 Fprintf()函数同样适用于将字符串作为 HTTP 响应发送回客户端。当然，可在此处使用任何其他库的函数来代替 fmt.Fprintf()——例如 io.WriteString()。

不仅限于使用字符串作为响应。例如，可以直接使用 w.Write()方法发送一个字节切片作为响应。

编写处理程序函数后，下一步是将其注册到我们之前创建的 ServeMux 对象：

```
mux.HandleFunc("/api", apiHandler)
```

这会在 mux 对象中创建一个映射，以便对/api 路径的任何请求现在都由 apiHandler()函数处理。最后，将调用指定此 ServeMux 对象的 ListenAndServe()函数：

```
err := http.ListenAndServe(listenAddr, mux)
```

代码清单 5.2 显示了 HTTP 服务器的更新代码。它为两个路径注册处理程序：/api 和/healthz。

代码清单 5.2：使用专用 ServeMux 对象的 HTTP 服务器

```
// chap5/http-serve-mux/server.go
package main

import (
        "fmt"
        "log"
        "net/http"
        "os"
)

func apiHandler(w http.ResponseWriter, req *http.Request) {
        fmt.Fprintf(w, "Hello, world!")
}

func healthCheckHandler(w http.ResponseWriter, req *http.Request)
{
        fmt.Fprintf(w, "ok")
}

func setupHandlers(mux *http.ServeMux) {
        mux.HandleFunc("/healthz", healthCheckHandler)
        mux.HandleFunc("/api", apiHandler)
```

```
}

func main() {

        listenAddr := os.Getenv("LISTEN_ADDR")
        if len(listenAddr) == 0 {
                listenAddr = ":8080"
        }

        mux := http.NewServeMux()
        setupHandlers(mux)

        log.Fatal(http.ListenAndServe(listenAddr, mux))
}
```

我们通过调用 NewServeMux()函数创建一个新的 ServeMux 对象 mux，然后调用 setupHandlers()函数，将 mux 作为参数传递。在 setupHandlers()函数中，我们调用 HandleFunc()函数来注册两个路径及其对应的处理程序。然后调用 ListenAndServe()函数传递 mux 作为要使用的处理程序。

创建一个新目录 chap5/http-serve-mux，并在其中初始化一个新模块：

```
$ mkdir -p chap5/http-serve-mux
$ cd chap5/http-serve-mux
$ go mod init github.com/username/http-serve-mux
```

接下来，将代码清单 5.2 保存为一个新文件 server.go，编译并运行服务器：

```
$ go build -o server
$ ./server
```

在新终端上使用 curl 向服务器发出 HTTP 请求。对于/api 和/healthz 路径，你将看到如下所示的响应。

```
$ curl localhost:8080/api
Hello, world!

$ curl localhost:8080/healthz
ok
```

但是，如果向任何其他路径发出请求，如/healtz/或/，将得到“404 page not found”：

```
$ curl localhost:8080/healtz/
404 page not found

$ curl localhost:8080/
404 page not found
```

当一个请求进来并且有一个处理程序可以处理它时，处理程序将在一个单独的协程中执行。一旦处理完成，协程就会终止(见图 5.3)。

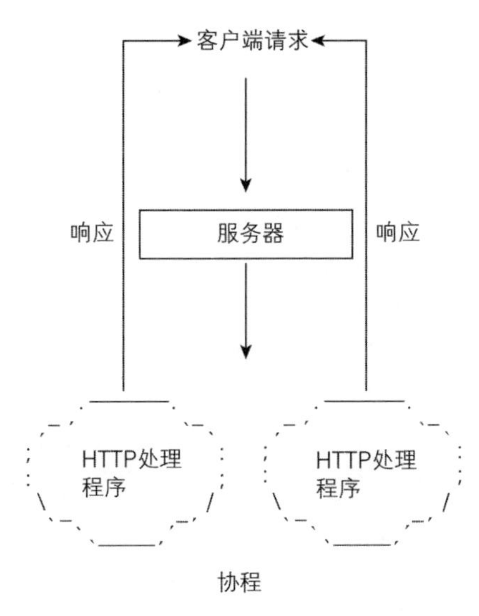

图 5.3　每个传入的请求都由一个新的协程处理

这确保了服务器能够同时处理多个请求。作为一个理想的副作用，这也意味着如果在处理一个请求时出现运行时异常，对正在处理的其他请求没有任何影响。

5.3　测试服务器

通过 curl 调用请求的手动测试可用于初步测试和验证服务器，但它不能扩展。因此，我们需要构建一个自动化程序来测试服务器，以便进行测试。Go 标准库的 httptest 包(导入为 net/http/httptest)提供了各种功能，可用于为 HTTP 服务器编写测试。从广义上讲，最终将测试两类 HTTP 应用程序的行为：

- 服务器启动和初始化行为
- 处理程序函数逻辑——Web 应用程序面向用户的功能

为第一类行为编写的测试将依赖于启动测试 HTTP 服务器，然后向测试服务器发出 HTTP 请求。我们将此类测试称为集成测试。

第二类测试不涉及配置测试服务器，而使用专门创建的 http.Request 和 http.ResponseWriter 对象调用处理程序。我们将此类测试称为单元测试。

看一下代码清单 5.2 中的服务器，在 main()函数中执行以下步骤：

(1) 创建一个新的 ServeMux 对象。

(2) 为路径/api 和/healthz 注册处理程序。

(3) 调用 ListenAndServe()函数在 listenAddr 中指定的地址启动服务器。

上述步骤包括 HTTP 服务器的初始化和配置。对于第(1)步和第(2)步，要验证对 Web 应用程序的/api 路径的任何请求是否都转发到/api 的处理程序。同样，对/healthz 的任何请求都应转发到处理程序 healthcheck。对任何其他路径的请求都应返回 HTTP 404 错误。

不必测试服务器代码的第(3)步，因为标准库测试已经涵盖了这部分。

接下来，看一下代码清单 5.2 中的两个 HTTP 处理程序。apiHandler 函数以文本"Hello, world! "作为响应。healthcheckHandler 函数以文本"ok"作为响应。因此，我们的测试应该验证这些处理程序是否将预期的文本作为响应返回。

我们已经了解了足够的理论。代码清单 5.3 显示了用于测试服务器的测试函数。

代码清单 5.3：测试 HTTP 服务器

```
// chap5/http-serve-mux/server_test.go
package main

import (
	"io"
	"log"
	"net/http"
	"net/http/httptest"
	"testing"
)

func TestServer(t *testing.T) {

	tests := []struct {
		name     string
		path     string
		expected string
	}{
		{
			name:     "index",
			path:     "/api",
			expected: "Hello, world!",
	},
		{	name:     "healthcheck",
			path:     "/healthz",
			expected: "ok",
		},
	}
```

```
	mux := http.NewServeMux()
	setupHandlers(mux)

	ts := httptest.NewServer(mux)
	defer ts.Close()

	for _, tc := range tests {
		t.Run(tc.name, func(t *testing.T) {
			resp, err := http.Get(ts.URL + tc.path)
			respBody, err := io.ReadAll(resp.Body)
			resp.Body.Close()
			if err != nil {
				log.Fatal(err)
			}
			if string(respBody) != tc.expected {
				t.Errorf(
					"Expected: %s, Got: %s",
					tc.expected, string(respBody),
				)
			}
		})
	}
```

首先定义一个测试用例切片。每个测试用例都包含一个配置名称、我们想要发出的请求的路径以及预期的响应——所有字段都是字符串。

通过调用 NewServeMux()函数来创建一个新的 ServeMux 对象。然后它使用创建的 mux 对象调用 setupHandlers()函数。

接下来调用NewServer()函数来启动服务器，并传递创建的ServeMux对象mux。此函数返回一个 httptestServer 对象。其中包含已启动服务器的详细信息。我们感兴趣的是包含服务器 IP 地址和端口组合的 URL 字段。通常是 http://127.0.0.1:<某个端口>。

对 ts.Close()函数的延迟调用可以确保在测试函数退出之前完全关闭服务器。

对于每个测试配置，我们使用 http.Get()函数发出 HTTP GET 请求。服务器路径是通过连接 ts.URL 和 path 字符串构建的。然后我们验证返回的响应正文是否与预期的响应正文匹配。

将代码清单 5.3 保存为 server_test.go，与代码清单 5.2 放在同一目录中。运行测试：

```
$ go test -v
=== RUN TestServer
=== RUN TestServer/index
=== RUN TestServer/healthcheck
```

```
--- PASS: TestServer (0.00s)
    --- PASS: TestServer/index (0.00s)
    --- PASS: TestServer/healthcheck (0.00s)
PASS
ok   github.com/practicalgo/code/chap5/http-serve-mux   0.577s
```

我们已经编写了自己的第一个 HTTP 服务器，并学习了如何使用 httptest 包提供的工具对其进行测试。在接下来的章节中，我们将学习测试更复杂的服务器应用程序的技术。接下来，我们将了解有关 Request(请求)结构的更多信息。

5.4 Request(请求)结构

HTTP 处理程序函数接收两个参数：一个 http.ResponseWriter 类型的值和一个指向 http.Request 类型值的指针。http.Request 类型的指针对象(定义在 net/http 包中)描述了传入的请求。你应该记得在第 4 章中，这种类型也用于定义传出的 HTTP 请求。Request 是在 net/http 包中定义的结构(struct)类型。与传入请求的上下文相关的结构类型中的一些关键字段和方法描述如下。

5.4.1 方法

这是一个字符串，它的值表示正在处理的请求的 HTTP 方法。在上一节中，我们将此字段用于不同类型的 HTTP 请求的专用处理程序。

5.4.2 URL

这是一个指向 url.URL 类型值的指针(在 net/url 包中定义)，表示请求的路径。我们用一个例子来理解，假设使用 http://example.com/api/?name=jane&age=25#page1 向 HTTP 服务器发出请求。当处理程序函数处理此请求时，URL 对象的字段设置如下。

- Path: /api/
- RawQuery: name=jane&age=25
- Fragment: page1

要访问特定的单个查询参数及其值，请使用 Query()方法。该方法返回一个 Values 类型的对象，定义为 map[string][]string。对于上述 URL，调用 Query()方法将返回以下内容：

```
url.Values{"age":[]string{"25"}, "name":[]string{"jane"}}
```

如果多次指定查询参数，例如 http://example.com/api/name=jane&age=25&name=

john#page1，则 Query()的返回值为：

```
    url.Values{"age":[]string{"25"}, "name":[]string{"jane",
"john"}}"
```

如果服务器接受HTTP基本身份验证，则请求URL的格式为 http://user:pass@example.com/api/?name=jane&age=25&name=john。这种情况下，用户字段包含请求中指定的用户名和密码的详细信息。要获取用户名，请调用 User()方法。要获取密码，请调用 Password()方法。

注意　URL 结构包含其他字段，以上只是与处理请求的上下文相关的字段。

5.4.3　Proto、ProtoMajor 和 ProtoMinor

这些字段标识客户端和服务器通信所使用的 HTTP 协议。Proto 是标识协议和版本的字符串(例如 HTTP /1.1)。ProtoMajor 和 ProtoMinor 是分别标识协议大小版本的整数。对于 HTTP /1.1，大版本和小版本都是 1。

5.4.4　标头

这是一个 map[string][]string 类型的映射，它包含传入的标头(Header)。

5.4.5　主机

这是一个字符串，其中包含客户端用来向服务器发出请求的主机名和端口组合(example.com:8080)或 IP 地址和端口组合(127.0.0.1:8080)。

5.4.6　正文

这是一个 io.ReadCloser 类型的值，它表示请求正文(Body)。我们可以使用任何实现 io.Reader 接口的函数来读取正文。例如，可以使用 io.ReadAll()方法来读取整个请求正文。该函数返回一个包含整个请求正文的字节切片，然后我们可以根据处理程序的功能要求处理字节切片。在下一节中，你将看到如何处理请求正文而不用将整个正文读入内存。

一个相关的字段是 ContentLength，它是可从请求正文中读取的最大字节数。

5.4.7　Form、PostForm

如果处理程序正在处理 HTML 表单提交，那么你可以调用请求对象的 ParseForm()方法，而不是直接读取正文。调用此方法将读取请求并使用提交的表单数据填充 Form 和 PostForm 字段。根据用于提交表单的 HTTP 请求方法的类型，这两个字段的填充方式不同。如果使用 GET 请求提交表单，则只会填充表单字段。如果使用 POST、PUT 或 PATCH 方法提交表单，则会填充 PostForm 字段。这两个字段都是 url.Values 类型(定义在 net/url 包中)，定义为 map[string][]string。因此，要访问任何表单字段，你需要使用与访问一个映射中的键相同的方法。

5.4.8 MultipartForm

如果处理包含 multipart/form 编码数据的表单上传，通常是包含文件(如我们在第 3 章中所做的那样)，调用 ParseMultipartForm()方法将读取请求正文并使用提交的数据填充 MultipartForm 字段。该字段的类型为 multipart.Form(在 mime/multipart 包中定义)：

```
type Form struct {
    Value map[string][]string
    File map[string][]*FileHeader
}
```

Value 包含提交的表单文本字段，File 包含与提交的文件相关的数据。这个映射中的键是表单字段名，与文件相关的数据存储在一个 FileHeader 类型的对象中。FileHeader 类型位于 mime/multipart 包中，定义如下所示：

```
type FileHeader struct {
    Filename  string
    Header    textproto.MIMEHeader
    Size      int64
}
```

字段及其说明如下。

- **Filename：**一个字符串值，包含上传文件的原始文件名
- **Header：**net/textproto 包中定义的 MIMEHeader 类型的值，描述文件类型
- **Size：**一个 int64 值，表示文件的大小(以字节为单位)

FileHeader 还定义了一个方法 Open()，它返回 File 类型的值(在 mime/multipart 包中定义)。然后可以使用该值在处理程序中读取文件内容。通常，你需要访问传入请求对象中的某些字段来调试服务器应用程序中的问题。下一个练习让你有机会实现请求记录器。

练习 5.1：请求记录器

服务器中的一个有用功能是记录所有传入的请求。更新代码清单 5.2 中的应用程序，以便记录每个传入请求的详细信息。要记录的关键详细信息是 URL、请求类型、请求正文大小和协议。每个日志行都应该是 JSON 格式的字符串。

5.5　将元数据附加到请求

处理程序函数处理的每个传入请求都与上下文(context)关联。请求的上下文 r 可以通过调用 Context()方法获得。此上下文的生命周期与请求的生命周期相同(参见图 5.4)。

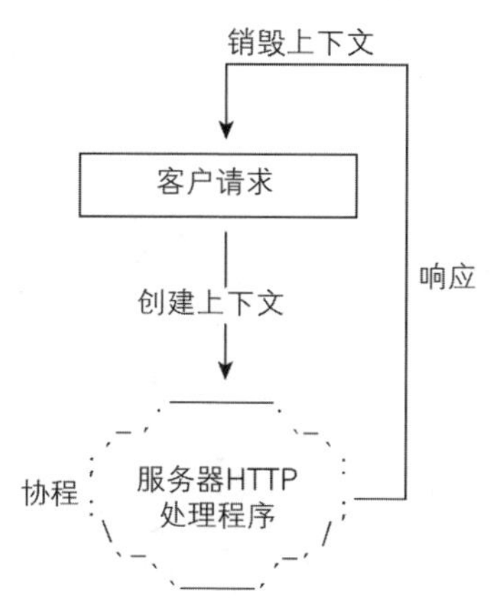

图 5.4　为每个传入请求创建一个上下文，并在请求处理完成时销毁

上下文可以附加多个值，这对于关联特定的和请求范围的数据很有用。例如，识别请求的唯一 ID 可以被传递给应用程序的不同部分。要将元数据附加到请求的上下文中，我们需要执行以下操作。

(1) 使用 r.Context()检索当前上下文。

(2) 使用 context.WithValue()方法将所需数据作为键值对创建一个新上下文。

context.WithValue()需要三个参数。

- 一个父 Context 对象，标识存储值的上下文
- 一个标识数据键的 interface{}对象
- 一个包含数据的 interface{}对象

这实际上意味着我们可以在上下文中存储的内容完全由 WithValue()函数的用户决定。不过，有几个约定要遵守：

- 键不应该是基本类型，例如字符串。
- 包应定义自己的不可导出结构类型用作键。不可导出的数据类型可确保该数据不会在包外被使用。例如，输入 requestContextKey struct{}定义一个空结构。这确保不会在不同的包中意外使用相同的上下文键。
- 只有请求范围的数据应该存储在上下文中。

让我们看一个在开始处理请求之前附加请求标识符的示例。首先，我们将定义两种结构类型，requestContextKey 作为键，requestContextValue 作为值：

```
type requestContextKey struct{}
type requestContextValue struct {
        requestID string
}
```

然后，将定义一个辅助函数把请求标识符存储在请求的上下文中：

```
func addRequestID(r*http.Request, requestID string)*http.Request {
    c := requestContextValue{
          requestID: requestID,
    }
    currentCtx := r.Context()
    newCtx := context.WithValue(currentCtx,requestContextKey{},c)
    return r.WithContext(newCtx)
}
```

接下来在处理函数中，将在处理请求之前调用该函数来存储请求标识符：

```
func apiHandler(w http.ResponseWriter, r *http.Request) {
      requestID := "request-123-abc"
      r = addRequestID(r, requestID)
      processRequest(w, r)
}
```

我们将定义第二个辅助函数来检索和记录 requestID：

```
func logRequest(r *http.Request) {
        ctx := r.Context()
        v := ctx.Value(requestContextKey{})

        if m, ok := v.(requestContextValue); ok {
                log.Printf("Processing request: %s", m.requestID)
        }
}
```

通过使用相应的键调用 ctx.Value()方法来检索请求上下文的值。回顾一下，我们在添加值时使用空的 requestContextKey 对象作为键。该方法返回一个 interface{}类型的对象。因此，我们对获得的值执行类型断言，以确保它是 requestContextValue 类型。如果类型断言成功，我们就记录 requestID。

然后 processRequest()函数调用 logRequest()函数来记录 requestID：

```
func processRequest(w http.ResponseWriter, r *http.Request) {
      logRequest(r)
      fmt.Fprintf(w, "Request processed")
}
```

代码清单 5.4 显示了一个可运行的服务器应用程序，它为每个请求附加一个请求标识符，然后在处理它之前进行记录。

代码清单 5.4：将元数据附加到请求

```
// chap5/context-metadata/server.go
package main

import (
        "context"
        "fmt"
        "log"
        "net/http"
        "os"
)

type requestContextKey struct{}
type requestContextValue struct {
       requestID string
}

// TODO: 插入之前定义的 addRequestID()函数
// TODO: 插入之前定义的 logRequest()函数
// TODO: 插入之前定义的 processRequest()函数
// TODO: 插入之前定义的 apiHandler()函数

func main() {

       listenAddr := os.Getenv("LISTEN_ADDR")
       if len(listenAddr) == 0 {
              listenAddr = ":8080"
       }
       mux := http.NewServeMux()
       mux.HandleFunc("/api", apiHandler)
       log.Fatal(http.ListenAndServe(listenAddr, mux))

}
```

创建一个新目录 chap5/context-metadata，并初始化其中的模块：

```
$ mkdir -p chap5/context-metadata
$ cd chap5/ context-metadata
$ go mod init github.com/username/context-metadata
```

接下来，将代码清单 5.4 保存为一个新文件 server.go。编译并运行服务器：

```
$ go build -o server
$ ./server
```

从另一个终端向服务器发出请求，curl localhost:8080/api。在你启动服务器的终端上将看到以下内容：

```
2021/01/14 18:26:54 Processing request: request-123-abc
```

在进一步处理传入请求之前，将元数据(例如请求 ID)附加到传入请求是一个很好的做法。但需要考虑从所有处理程序函数调用 addRequestID()函数的情形。在第 6 章中，我们将通过在服务器应用程序中实现中间件来学习将元数据附加到请求对象的更好方法。

5.6 处理流请求

在第 3 章中，我们首先学习了如何在编写测试包服务器时反序列化 JSON 数据。除了 Unmarshal()函数之外，encoding/json 包为我们提供了另一种更灵活的方法来解码 JSON 数据。让我们考虑一个充当日志收集器的 HTTP 服务器示例。它只做两件事：

- 它通过 HTTP POST 请求接收日志。请求正文包含编码为一个或多个 JSON 对象的日志。这通常被称为 JSON 流，因为客户端连续发送日志作为同一请求的一部分。
- 一旦成功解码，它就会打印这些日志。

服务器可能收到的示例请求正文如下：

```
{"user_ip": "172.121.19.21", "event":
"click_on_add_cart"}{"user_ip": "172.121.19.21",
"event": "click_on_checkout"}
```

请注意我们如何将两个单独的日志一个接一个地编码为 JSON 对象。我们如何反序列化这个请求正文呢？

我们学习了使用以下步骤将传入请求 r 的 JSON 编码正文反序列化为对象 p。

(1) 读取请求正文：data, err := io.ReadAll(r.Body)。

(2) 将 JSON 数据反序列化为对象：json.Unmarshal(data, &p)。

如果请求正文描述单个 JSON 对象或 JSON 对象数组，则此方法有效。如果主正文有多个 JSON 对象，如上述示例请求中的那样，该怎么办？Unmarshal()将无法解码数据。为了能够成功解码上述数据，我们必须查看 json.NewDecoder()函数。

json.NewDecoder()函数从任何实现 io.Reader 接口的对象进行读取。NewDecoder()函数不期望读取完全格式化的 JSON 对象(或 JSON 对象数组)，而是采用基于增量令牌的方法来读取数据。回顾上一节，请求对象的 Body 字段实现了 io.Reader 接口。因此，通过将请求正文直接提供给 NewDecoder()函数，可以即时解码 JSON 对象，而不需要 json.Unmarshal()函数所需的所有数据。

让我们编写 HTTP 处理程序函数，它将成功处理发送到服务器的日志。首先将定义结构类型以将单个日志条目反序列化为以下内容：

```
type logLine struct {
      UserIP string `json:"user_ip"`
      Event string `json:"event"`
}
```

接下来编写处理程序：

```
func decodeHandler(w http.ResponseWriter, r *http.Request) {

        dec := json.NewDecoder(r.Body)

        for {
            var l logLine
               err := dec.Decode(&l)
               if err == io.EOF {
                      break
               }
               if err != nil {
                      http.Error(w, err.Error(),
                      http.StatusBadRequest)
                   return
               }
               fmt.Println(l.UserIP, l.Event)
        }
        fmt.Fprintf(w, "OK")
}
```

通过调用 NewDecoder()函数初始化一个 json.Decoder 对象 dec，并将其传递给 r.Body。然后在无限 for 循环中执行以下步骤：

(1) 声明一个类型为 logLine 的对象 l，它用于存储发送到服务器的单个解码日志条目。

(2) 调用 dec 对象上定义的 Decode()方法来读取 JSON 对象。Decode()方法将从 r.Body 中的读取器(reader)读取，直到找到第一个有效的 JSON 对象并将其反序列化为对象 l。

(3) 如果返回的错误是 io.EOF，就没有什么可读取的内容了，因此中断循环。

(4) 如果错误不是 nil 而是其他错误，我们停止任何进一步的处理并发回 HTTP Bad Request 错误响应，否则转到下一步。

(5) 如果没有错误，就打印对象的字段。

(6) 回到步骤(1)。

当循环退出时，一个 OK 响应被发送回客户端。

代码清单 5.5 显示了一个 HTTP 服务器，它使用前面显示的处理程序 decodeHandler 注册一个路径 decode。

代码清单 5.5：使用 Decode()解码 JSON 数据

```
// chap5/streaming-decode/server.go

package main

import (
	"encoding/json"
	"fmt"
	"io"
	"net/http"
)

type logLine struct {
	UserIP string `json:"user_ip"`
	Event  string `json:"event"`
}

// TODO: 插入之前定义的 decodeHandler()

func main() {

	mux := http.NewServeMux()
	mux.HandleFunc("/decode", decodeHandler)

	http.ListenAndServe(":8080", mux)
}
```

创建一个新目录 chap5/streaming-decode/，并在其中初始化一个模块：

```
$ mkdir -p chap5/streaming-decode
$ cd chap5/streaming-decode
$ go mod init github.com/username/streaming-decode
```

接下来，将代码清单 5.5 保存为一个新文件 server.go。编译并运行它：

```
$ go build -o server
$ ./server
```

在新的终端会话中，使用 curl 向服务器发出请求：

```
$ curl -X POST http://localhost:8080/decode \
-d '
{"user_ip": "172.121.19.21", "event": "click_on_add_cart"}
{"user_ip": "172.121.19.21", "event": "click_on_checkout"}
'
OK
```

在运行服务器的终端上，应该看到以下输出：

```
172.121.19.21 click_on_add_cart
172.121.19.21 click_on_checkout
```

Decode()函数将在两种情况下返回错误，以先发生的为准：

- 在读取的 JSON 数据中遇到无效字符。这取决于数据的位置；数据需要出现在成对的{}字符之间，否则就无效。
- 将正在读取的数据转换为特定对象时发生错误。

通过发出以下请求可以看到第一个场景的示例(注意第二个 JSON 对象之前的额外{符号)：

```
$ curl -X POST http://localhost:8080/decode \
-d '
{"user_ip": "172.121.19.21", "event":
"click_on_add_cart"}{{"user_ip":
"172.121.19.21", "event": "click_on_checkout"}'
```

你将收到以下响应：

```
invalid character '{' looking for beginning of object key string
```

但是，在服务器端，你将看到以下内容：

```
172.121.19.21 click_on_add_cart
```

此输出告诉我们第一个 JSON 对象已成功解码。这本质上是由于 Decode()会一直读取输入流，直至遇到错误为止。

现在让我们看看第二种错误。发出以下请求(注意第二个 JSON 对象中 event 的错误数据类型)：

```
$ curl -X POST http://localhost:8080/decode \
-d '
{"user_ip": "172.121.19.21","event": "click_on_add_cart"}
{"user_ip": "172.121.19.21", "event": 1}
'
```

你将得到如下响应：

```
json: cannot unmarshal number into Go struct field
logLine.event of type string
```

如果你想在处理程序中引入更多健壮性，希望忽略反序列化错误并继续处理 JSON 流，可通过对 decodeHandler()函数进行小的更改(已经突出显示)来实现：

```
func decodeHandler(w http.ResponseWriter, r *http.Request) {
        dec := json.NewDecoder(r.Body)

        var e *json.UnmarshalTypeError

        for {
                var l logLine
                err := dec.Decode(&l)
                if err == io.EOF {
                        break
                }
                if errors.As(err, &e) {
                        log.Println(err)
                        continue
                }
                if err != nil {
                        http.Error(w, err.Error(),
http.StatusBadRequest)
                        return
                }
                fmt.Println(l.UserIP, l.Event)
        }
        fmt.Fprintf(w, "OK")
}
```

当反序列化步骤出现错误时，将返回特定类型的错误 UnmarshalTypeError(在 encoding/json 中定义)。因此，通过检查 Decode()函数返回的错误是否属于这种类型，我们可以选择忽略反序列化错误并继续处理流的其余部分。通过上述更改，服务器将记录反序列化错误并继续处理流的其余部分。

要查看它的实际效果，可以发出以下请求：

```
$ curl -X POST http://localhost:8080/decode \
-d '
{"user_ip": "172.121.19.21","event": "click_on_add_cart"}
{"user_ip": "172.121.19.21", "event": 1}
{"user_ip": "172.121.21.22", "event": "click_on_checkout"}'
OK%
```

在进行上述更改的服务器上，你将看到以下内容：

```
172.121.19.21 click_on_add_cart
2020/12/30 16:42:30 json: cannot unmarshal number into Go struct
field
logLine.event of type string
172.121.21.22 click_on_checkout
```

json.NewDecoder()函数与 Decode()方法相结合，是一种解析 JSON 数据的灵活方式。正如我们在此处看到的，在解析 JSON 数据流时最有用。当然，你必须注意，灵活性也会给应用程序创建者带来更多的错误处理责任。在下一个练习中，你将在应用程序中实现更强大的 JSON 解码，以拒绝包含任何未知字段的数据。

练习 5.2：更严格的 JSON 解码

如果你将以下请求正文发送到上面的/decode，则 Decode()函数将忽略日志中的额外字段 user_data。

```
{"user_ip": "172.121.19.21","event":
"click_on_add_cart", "user_data": "some_data"}
```

更新代码清单 5.5，如果 JSON 流中指定了未知字段，则 Decode()函数将抛出错误。

5.7　将流数据作为响应

我们已经学习了如何使用 fmt.Fprintf()等函数向服务器发送响应。还了解了如何使用 w.Headers().Add()为 http.ResponseWriter 对象 w 设置自定义标头。在本节中，我们将学习当部分数据不可用，并且需要等数据都可用时再进行响应的技术，这种技术通常被称为响应流。一个可能发生这种情况的场景是，当一个长时间运行的任务作为客户端请求的一部分被触发时，随着更多数据可用，处理结果将作为响应发送(见图 5.5)。

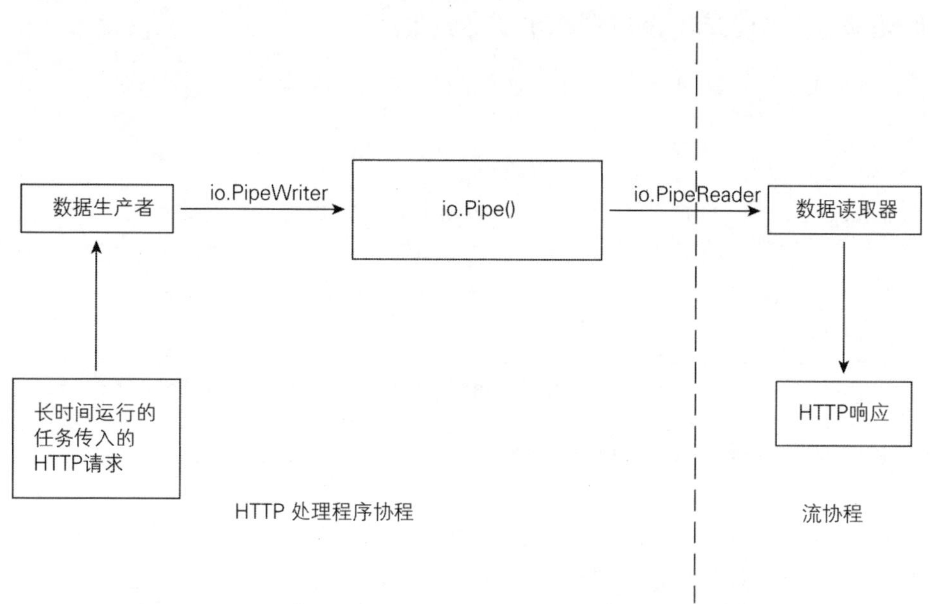

图 5.5 从左到右：传入的 HTTP 请求触发一个长时间运行的任务。任务处理的结果在可用时发送

数据生产者创建一个连续的字节流，由数据读取器读取并作为 HTTP 响应发送。这种情况一直持续到数据生产者停止生产数据。我们如何有效地从生产者那里获取供消费者使用的数据呢？io.Pipe()函数提供了一种方法，调用此函数会返回两个对象：一个 io.PipeReader 和一个 io.PipeWriter。数据生产者将写入 io.PipeWriter 对象，数据消费者将从 io.PipeReader 对象中读取。

考虑一个示例数据生产者函数 longRunningProcess()，它每秒生成一行日志，共生成 21 行日志：

```
func longRunningProcess(logWriter *io.PipeWriter) {
        for i := 0; i <= 20; i++ {
                fmt.Fprintf(
                    logWriter,
                    `{"id": %d, "user_ip": "172.121.19.21", "event":
                     "click_on_add_cart" }`, i,
                    )
                    fmt.Fprintln(logWriter)
                    time.Sleep(1 * time.Second)
        }
        logWriter.Close()
}
```

使用 io.PipeWriter 对象调用该函数，这是写入日志的位置。由于该对象实现了 io.Writer 接口，我们可以使用 Fprintf()函数向其写入字符串。从函数返回前，调用 Close()方法来关闭 io.PipeWriter 对象。

接下来，让我们看看将处理传入请求的 HTTP 处理程序；也就是说，它将启动长时间运行的任务，从数据生产者读取数据，并将流数据传输到客户端：

```
func longRunningProcessHandler(
	w http.ResponseWriter, r *http.Request) {

	done := make(chan struct{})
	logReader, logWriter := io.Pipe()
	go longRunningProcess(logWriter)
	go progressStreamer(logReader, w, done)

	<-done
}
```

首先创建一个 struct{}类型的无缓冲通道。我们将使用此通道表示所有数据已发送。然后，调用 io.Pipe()函数返回 io.PipeReader 和 io.PipeWriter 对象。

接下来，生成一个协程来运行 longRunningProcess()函数，并使用 io.PipeWriter 对象调用该函数。然后，生成另一个协程——我们的数据读取器和数据流在 progressStreamer()函数中实现。最后，在退出处理函数之前等待通道 done 中的数据可用。progressStreamer()函数的定义如下所示：

```
func progressStreamer(
	logReader *io.PipeReader, w http.ResponseWriter,
	done chan struct{}) {

	buf := make([]byte, 500)

	f, flushSupported := w.(http.Flusher)

	defer logReader.Close()
	w.Header().Set("Content-Type", "text/plain")
	w.Header().Set("X-Content-Type-Options", "nosniff")

	for {
		n, err := logReader.Read(buf)
		if err == io.EOF {
			break
		}
		w.Write(buf[:n])
		if flushSupported {
			f.Flush()
		}
	}
	done <- struct{}{}
}
```

首先创建一个缓冲区对象 buf 来存储 500 个字节。这是我们在任何给定时间点从管道中读取的最大数据量。

由于我们希望响应数据立即可供客户端使用，因此将在写入 ResponseWriter 后显式调用 ResponseWriter 对象的 Flush()方法。但首先必须检查 ResponseWriter 对象 w 是否实现了 http.Flusher 接口。我们使用以下语句来做到这一点：

```
f, flushSupported := w.(http.Flusher)
```

如果 w 实现了 http.Flusher 接口，f 将包含一个 http.Flusher 对象，并且 flushSupported 将被设置为 true。

接下来，我们设置了一个延迟调用，以确保在从函数返回之前关闭 io.PipeReader 对象。

我们设置了两个响应标头。将 Content-Type 标头设置为 text/plain 以向客户端指示我们将发送纯文本数据。还将 X-Content-Type-Options 标头设置为 nosniff 以指示浏览器在向用户显示数据之前不要缓存任何数据。

接下来，启动一个无限循环以从 io.PipeReader 对象中读取数据。如果得到一个 io.EOF 错误，表明写入器(writer)已经完成了对管道的写入，因此我们会跳出循环。否则调用 Write()方法来发送我们刚刚读取的数据。如果 flushSupported 为真(true)，就调用 http.Flusher 对象 f 的 Flush()方法。

循环结束后，我们将一个空的结构对象 struct{}{}写入通道 done。

代码清单 5.6 显示了一个 HTTP 服务器的代码，它注册一个路径/job，并将 longRunningProcessHandler 注册为处理程序。

代码清单 5.6：流响应

```
// chap5/streaming-response/server.go
package main

import (
        "fmt"
        "io"
        "log"
        "net/http"
        "os"
        "time"
)

// TODO 插入之前定义的 longRunningProcess 函数
// TODO 插入之前定义的 progressStreamer 函数
// TODO 插入之前定义的 longRunningProcessHandler 函数

func main() {
```

```
        listenAddr := os.Getenv("LISTEN_ADDR")
        if len(listenAddr) == 0 {
             listenAddr = ":8080"
        }
        mux := http.NewServeMux()
        mux.HandleFunc("/job", longRunningProcessHandler)
        log.Fatal(http.ListenAndServe(listenAddr, mux))
}
```

创建一个新目录 chap5/streaming-response，并在其中初始化一个模块：

```
$ mkdir -p chap5/streaming-response
$ cd chap5/streaming-response
$ go mod init github.com/username/chap5/streaming-response
```

接下来，将代码清单 5.6 保存为一个新文件 server.go。编译并运行服务器：

```
$ go build -o server
$ ./server
```

打开一个新的终端会话并使用 curl 发出请求。你将看到每秒会有一个响应到达：

```
$ curl localhost:8080/job
{"id":0, "user_ip": "172.121.19.21", "event": "click_on_add_cart" }
{"id":1, "user_ip": "172.121.19.21", "event": "click_on_add_cart" }
{"id":2, "user_ip": "172.121.19.21", "event": "click_on_add_cart" }
{"id":3, "user_ip": "172.121.19.21", "event": "click_on_add_cart" }
{"id":4, "user_ip": "172.121.19.21", "event": "click_on_add_cart" }
...
{"id":20,"user_ip":"172.121.19.21", "event":"click_on_add_cart" }
```

接下来执行 curl，添加--verbose 标志，你将看到以下响应标头：

```
Content-Type: text/plain
X-Content-Type-Options: nosniff
Date: Thu, 14 Jan 2021 06:02:13 GMT
Transfer-Encoding: chunked
```

当然，我们在编写响应时设置了 Content-Type 和 X-Content-Type Options 标头。Transfer Encoding: chunked 标头由调用 Flush()方法自动设置。这向客户端表明数据正在从服务器进行流传输，并且它应该继续读取，直到服务器关闭连接。

使用 io.Pipe()方法与数据生产和消费过程建立了清晰的分离。请务必注意，并非在所有情况下发送流响应都需要创建 PipeReader 和 PipeWriter 对象。

如果你可以控制流数据生成过程，则可以通过写入 ResponseWriter 直接流传输数据。然后，可以在写入调用之间定期调用 ResponseWriter 对象的 Flush()方法。例如，如果你想发送一个大文件作为对用户请求的响应，可以定期读取固定数量的字节，将其发送到客户端并重复该过程，直到读取完整的文件。这种情况下，你甚至不必调用 Flush()方法，因为部分文件对用户来说是无用的。幸运的是，不必自己做所有这些。io.Copy()函数允许我们在不编写任何自定义代码的情况下实现这一点。首先，打开文件进行读取：

```
f, err := os.Open(fileName)
defer f.Close()
```

要在 ResponseWriter 对象 w 上流传输数据作为响应，请执行以下操作：

```
io.Copy(w, f)
```

这将以块的形式读取文件数据——Go 1.16 为 32KB——并将数据直接写入 ResponseWriter。在本章的最后一个练习，即练习 5.3 中，请使用这种技术来实现一个文件下载服务器。

练习 5.3：文件下载服务器

实现一个 HTTP 服务器，它将扮演文件下载服务器的角色。用户将能够通过 fileName 查询参数向指定文件名的/download 路径发出请求，然后取回文件内容。你的服务器应该能够查找该文件的自定义目录。

确保适当地设置 Content-Type 标头以指示文件内容。

5.8 小结

为客户端编写测试服务器时，我们已经在第 3 章开始编写 HTTP 服务器。在本章中，我们更深入地了解了这一点。我们学习了服务器如何处理传入请求，为什么使用 DefaultServeMux 不是一个好方法，以及如何使用自己的 ServeMux 对象。我们编写了处理程序来处理流数据，最后，我们学习了在服务器中使用协程和通道来发送流响应。

在下一章中，我们将继续探索如何构建生产级 HTTP 服务器应用程序。

第 6 章 高级 HTTP 服务器应用程序

在本章中，将学习在编写生产级 HTTP 服务器应用程序时有帮助的技术。我们将从了解 http.Handler 类型开始，并将使用它在处理程序函数之间共享数据。然后将学习如何把通用服务器功能实现为中间件。我们将熟悉 http.HandlerFunc 类型并使用它来定义和链接中间件。最后将学习组织服务器应用程序和测试各种组件的策略。

6.1 处理程序的类型

在本节中，我们将了解 http.Handler 类型——一种支持 HTTP 服务器如何在 Go 中工作的基本机制。我们已经熟悉了启动 HTTP 服务器的 http.ListenAndServe()函数。形式上，这个函数的签名如下：

```
func ListenAndServe(addr string, handler Handler)
```

第一个参数是要侦听的网络地址，第二个是 net/http 包中定义的 http.Handler 类型的值，如下所示：

```
type Handler interface {
        ServeHTTP(ResponseWriter, *Request)
}
```

因此，http.ListenAndServe()函数的第二个参数可以是任何实现了 http.Handler

接口的对象。我们如何创建这样的对象呢？ 现在，我们已经熟悉了使用以下模式构建 HTTP 服务器应用程序：

```
mux := http.NewServeMux()
// 使用 mux 注册处理程序
http.ListenAndServe(addr, mux)
```

回顾一下，http.NewServeMux()函数返回一个 http.ServeMux 类型的值。事实证明，这个值通过定义一个 ServeHTTP()方法来满足 Handler 接口。当 HTTP 服务器应用程序收到请求时，将调用 ServeMux 对象的 ServeHTTP()方法，然后将请求路由到特定的处理程序(如果找到)。

与任何其他接口一样，我们可以定义自己的类型以满足 http.Handler 接口，如下所示：

```
type myType struct {}
(t *myType)func ServeHTTP(w http.ResponseWriter,r *http.Request) {
       fmt.Printf(w, "Hello World")
}
http.ListenAndServe(":8080", myType{})
```

向如上定义的服务器发出请求时，将调用 myType 对象上定义的 ServeHTTP()方法并发送响应。什么时候可能会想实现一个自定义的 http.Handler 类型呢？一种情况是当我们希望在所有处理程序之间共享数据时。例如，可在启动时只初始化一个对象，然后在所有处理程序函数之间共享它，而不是使用全局对象。接下来，让我们看看如何将自定义处理程序类型与 http.ServeMux 对象结合起来，以便在处理程序之间共享数据。

6.2 跨处理程序共享数据

在上一章中，我们学习了可以使用请求的上下文在请求的整个生命周期内存储数据。这对于存储请求范围内的数据很有用，例如请求标识符、身份验证后的用户标识符等。我们需要在典型的服务器应用程序中存储另一类数据，例如初始化的记录器对象或打开的数据库连接对象。一旦服务器启动，这些对象就会被初始化，然后所有 HTTP 处理程序都可以访问。

下面定义一个结构类型 appConfig 来保存服务器应用程序的配置数据：

```
type appConfig struct {
       logger *log.Logger
}
```

结构类型包含一个类型为*log.Logger 的字段 logger。将另一个结构类型 app

自定义为 http.Handler 类型：

```
type app struct {
        config appConfig
        handler func(
           w http.ResponseWriter,r *http.Request,config appConfig,
       )
}
```

一个应用程序对象将包含一个 appConfig 类型的对象和一个签名为 func(http.ResponseWriter, *http.Request, config appConfig)的函数。这个函数将是一个标准的 HTTP 处理程序，但它接收一个额外的参数——一个 appConfig 类型的值。这就是我们将配置值注入处理程序的方式。由于 app 类型会实现 http.Handler 接口，我们将定义一个 ServeHTTP()方法，如下所示：

```
func (a app) ServeHTTP(w http.ResponseWriter, r *http.Request) {
       a.handler(w, r, a.config)
}
```

我们已经实现了一个自定义的 http.Handler 类型，并为跨处理程序共享数据奠定了基础。让我们看一个处理程序的例子：

```
func healthCheckHandler(w http.ResponseWriter,r*http.Request,
config appConfig) {
        if r.Method != http.MethodGet {
               http.Error(w, "Method not allowed",
               http.StatusMethodNotAllowed)
               return
        }
        config.logger.Println("Handling healthcheck request")
        fmt.Fprintf(w, "ok")
}
```

在处理程序内部处理请求。如果请求方法不是 GET，我们会发送错误响应。否则，将使用 config 对象中可用的已配置记录器来记录示例消息并发送回响应。

将使用以下模式注册这个处理程序：

```
config := appConfig{
       logger: log.New(
              os.Stdout, "", log.Ldate|log.Ltime|log.Lshortfile,
       ),
}
mux := http.NewServeMux()
setupHandlers(mux, config)
```

创建一个 appConfig 类型的值。这里配置了一个记录到标准输出的记录器，并将其设置为记录日期、时间、文件名和行号。然后通过调用 http.NewServeMux()创建一个新的 http.ServeMux 对象。接下来，使用创建的 ServeMux 对象和 appConfig 对象调用 setupHandlers()函数。setupHandlers()的定义如下：

```
func setupHandlers(mux *http.ServeMux, config appConfig) {
	mux.Handle("/healthz", &app{config: config, handler:
	healthCheckHandler})
	mux.Handle("/api", &app{config: config, handler:
	apiHandler})
}
```

我们用两个参数调用 http.ServeMux 对象 mux 的 Handle()方法。第一个参数是要处理的请求路径，第二个参数是 app 类型的对象——我们自定义的 http.Handler 类型。因此，每个路径和处理程序注册都涉及创建一个新的应用程序对象。Handle()方法与我们迄今为止用于注册请求处理程序的 HandleFunc()方法类似，但第二个参数除外。HandleFunc()方法将任何签名为 func(http.ResponseWriter, *http.Request) 的函数作为参数，而 Handle() 方法要求第二个参数是实现 http.Handler 接口的对象。

图 6.1 演示了 http.ServeMux 对象和自定义处理程序类型如何协同工作来处理请求。

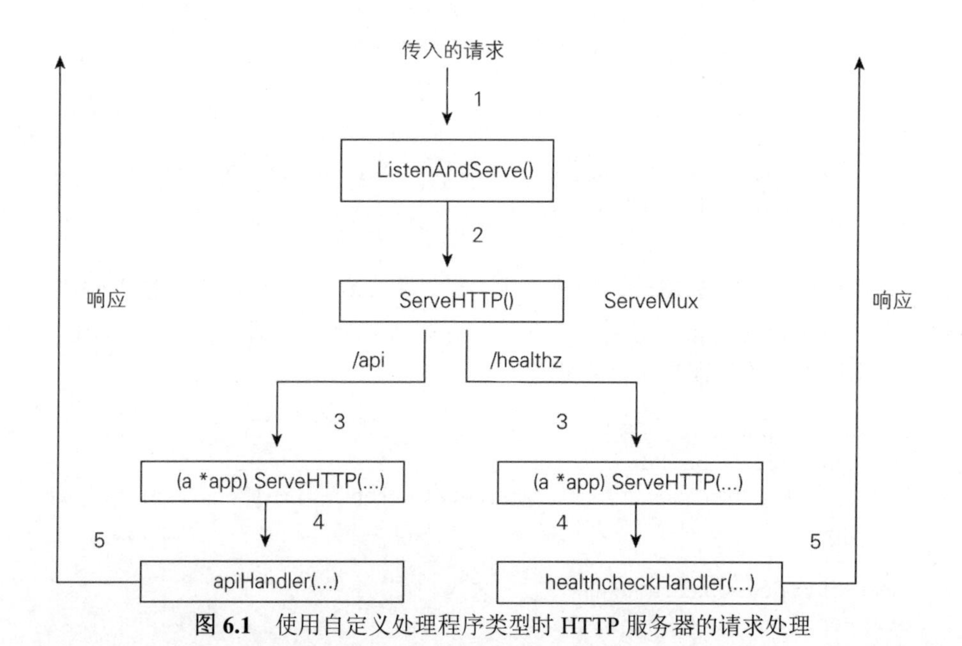

图 6.1 使用自定义处理程序类型时 HTTP 服务器的请求处理

总之，对于传入的请求，http.ServeMux 对象的 ServeHTTP()方法会检查是否有为路径注册的有效处理程序对象。如果找到，则调用处理程序对象的相应 ServeHTTP()方法，然后调用已注册的处理程序。处理程序处理请求并发送响应，然后将控制权返回给处理程序对象的 ServeHTTP()方法。代码清单 6.1 展示了一个使用自定义类型的完整 HTTP 服务器应用程序。

代码清单 6.1：使用自定义处理程序类型的 HTTP 服务器

```
// chap6/http-handler-type/server.go
package main

import (
	"fmt"
	"log"
	"net/http"
	"os"
)

type appConfig struct {
	logger *log.Logger
}

type app struct {
	config  appConfig
	handler func(
		w http.ResponseWriter,r *http.Request,config
appConfig,
	)
}

func (a *app) ServeHTTP(w http.ResponseWriter, r *http.Request) {
	a.handler(w, r, a.config)
}

func apiHandler(w http.ResponseWriter, r *http.Request, config
appConfig) {
	config.logger.Println("Handling API request")
	fmt.Fprintf(w, "Hello, world!")
}

// TODO 插入之前定义的 healthcheckHandler()
// TODO 插入之前定义的 setupHandlers()

func main() {

	listenAddr := os.Getenv("LISTEN_ADDR")
	if len(listenAddr) == 0 {
```

```
            listenAddr = ":8080"
        }

        config := appConfig{
            logger: log.New(
                os.Stdout, ""
                log.Ldate|log.Ltime|log.Lshortfile,
            ),
        }

        mux := http.NewServeMux()
        setupHandlers(mux, config)

        log.Fatal(http.ListenAndServe(listenAddr, mux))


}
```

创建一个新目录 chap6/http-handler-type，并在其中初始化一个模块：

```
$ mkdir -p chap6/http-handler-type
$ cd chap6/http-handler-type
$ go mod init github.com/username/http-handler-type
```

接下来，将代码清单 6.1 保存为一个新文件 server.go。编译并运行服务器：

```
$ go build -o server
$ ./server
```

在新的终端会话中，使用 curl 发出 HTTP 请求：

```
$ curl localhost:8080/api
Hello, world!
```

在服务器的终端上，将看到一条显示 API 请求的日志消息：

```
2021/03/08 10:31:00 server.go:24: Handling API request
```

如果向/healthz 发出请求，将看到类似的日志消息。

现在已经知道如何在处理程序之间共享一个记录器对象。在现实的应用程序中，将需要共享其他对象，例如远程服务的初始化客户端或数据库连接对象；我们将能够使用此技术来做到这一点。它比使用全局范围的值更健壮，并会自动生成对测试友好的服务器。

这里值得注意的一点是，自定义 http.Handler 类型还允许我们在服务器应用程序中实现其他模式，例如集中式错误报告机制。你将有机会在练习 6.1 中实现它。

练习 6.1：集中式错误处理

app 类型的定义如下：

```
type app struct {
      config appConfig
      h func(w http.ResponseWriter,r *http.Request,conf appConfig)
  error
}
```

接下来，定义处理程序(根据字段 h 定义)以返回错误值，而不是直接向客户端报告错误。在 app 对象的 ServeHTTP()方法中，可将错误报告或记录到错误跟踪服务，然后将原始错误发送回客户端。

接下来，我们将学习如何在服务器中处理 HTTP 请求时实现一种常用模式——将常见操作作为服务器中间件来实现。

6.3 编写服务器中间件

服务器端中间件允许我们在处理请求时自动执行常见操作。例如，我们可能想要记录每个请求、为每个请求添加请求标识符，或者检查请求是否具有指定的关联身份验证凭据。服务器本身负责调用相应的操作，而不是在每个 HTTP 处理程序中复制逻辑。处理程序可以专注于业务逻辑。我们将学习两种实现中间件的模式；首先将学习如何使用自定义的 http.Handler 类型实现中间件，然后学习如何使用 HandlerFunc 技术来实现。

6.3.1 自定义 HTTP 处理程序技术

在上一节中，我们学习了如何自定义处理程序类型以在处理程序之间共享数据。自定义类型 app 的 ServeHTTP()方法实现如下：

```
func (a *app) ServeHTTP(w http.ResponseWriter, r *http.Request) {
     a.handler(w, r, a.config)
}
```

如果将上述方法更新为以下内容，将实现一个中间件来记录处理请求所用的时间：

```
func (a *app) ServeHTTP(w http.ResponseWriter, r *http.Request) {
      startTime := time.Now()
      a.handler(w, r, a.config)
      a.config.logger.Printf(
           "path=%s method=%s duration=%f", r.URL.Path, r.Method,
```

```
            time.Now().Sub(startTime).Seconds(),
        )
    }
```

当我们将代码清单 6.1 中的 ServeHTTP()方法替换为上述代码并向/api 或 /healthz 发出请求时，将看到如下日志(全部在一行中)：

```
2021/03/09 08:47:27 server.go:23: path=/healthz method=GET
duration=0.000327
```

但是，如果我们向未注册的路径发出请求，将看不到任何日志。回顾一下，app 类型的 ServeHTTP()方法仅在为路径注册了处理程序时才被调用。为解决这个问题，我们将创建一个中间件来包装 ServeMux 对象。

6.3.2 HandlerFunc 技术

http.HandlerFunc 是标准库中定义的类型，如下所示：

```
type HandlerFunc func(ResponseWriter, *Request)
```

该类型还实现了 ServeHTTP()方法，因此实现了 http.Handler 接口。与任何其他类型一样，可使用表达式 HandlerFunc(func(w http.ResponseWriter, r *http.Request))。图 6.2 演示了一个请求是如何被一个已转换为 http.HandlerFunc 类型的函数处理的。

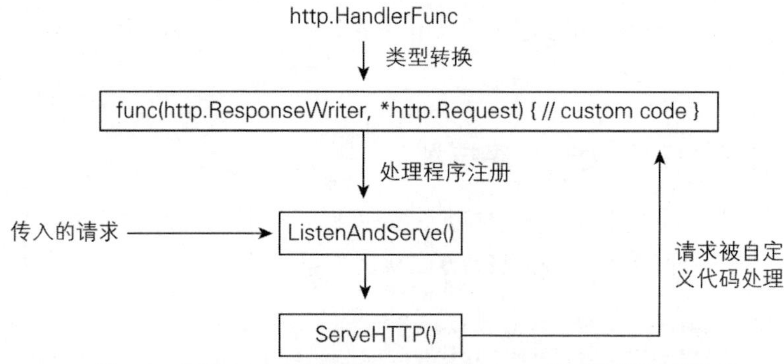

图 6.2 使用 http.HandlerFunc 类型时 HTTP 服务器的请求处理

为什么需要这样的类型呢？它使我们能够编写一个函数来包装任何其他 http.Handler 值 h，并返回另一个 http.Handler。假设想使用这种技术实现一个日志中间件。下面列举一个示例：

```
func loggingMiddleware(h http.Handler) http.Handler {
        return http.HandlerFunc(
                func(w http.ResponseWriter, r *http.Request) {
                        startTime := time.Now()
```

```
                        h.ServeHTTP(w, r)
                        log.Printf(
                             "path=%s method=%s duration=%f",
                             r.URL.Path, r.Method,
time.Now().Sub(startTime).Seconds(),
                        )
                   })
    }
```

然后，将创建一个 ServeMux 对象并将其与 ListenAndServe()函数一起使用，如下所示：

```
mux := http.NewServeMux()
setupHandlers(mux, config)
m := loggingMiddleware(mux)
http.ListenAndServe(listenAddr, m)
```

我们创建 ServeMux 对象并注册请求处理程序。然后调用 loggingMiddleware()函数，将 ServeMux 对象作为参数传递。这就是将 ServeMux 对象包装在 loggingMiddleware 函数中的方式。由于 loggingMiddleware()函数返回的值实现了 http.Handler 接口，所以在调用 ListenAndServe()函数时将其指定为处理程序。

图 6.3 演示了当使用外部 http.Handler 类型 loggingMiddleware 包装 http.ServeMux 对象时如何处理请求。我们将 http.ServeMux 对象称为包装的处理程序。

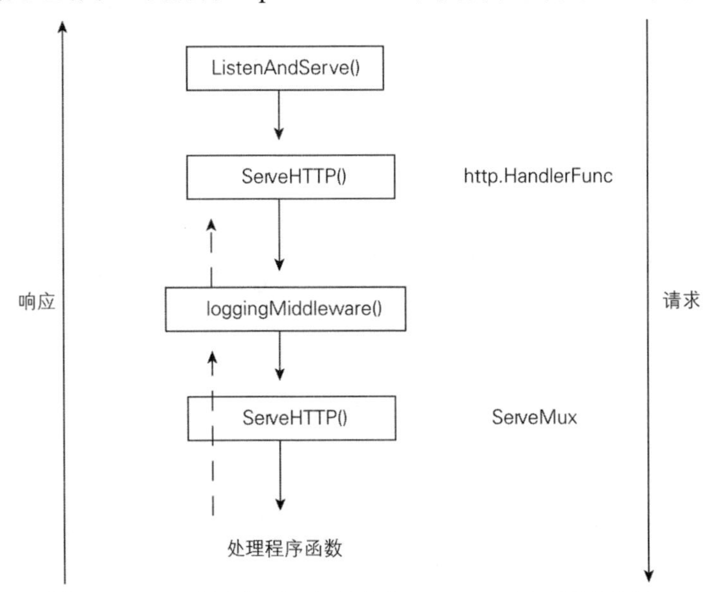

图 6.3　HTTP 服务器在使用包装的 ServeMux 时的请求处理

当一个请求进入时，首先由 http.HandlerFunc 实现的 ServeHTTP()方法处理。作为处理的一部分，此方法调用由 loggingMiddleware()返回的函数。在这个函数的主体内部，一个计时器被启动，然后被包装的处理程序的 serveHTTP()方法被调用，然后调用请求处理程序。在请求处理程序完成处理请求后，执行返回到 loggingMiddleware()返回的函数，其中记录了请求的详细信息。

由于 http.HandlerFunc 类型使我们能够编写一个包含任何其他 http.Handler 值 h 并返回另一个 http.Handler 的函数，因此可设置一个中间件链，我们将在接下来学习。

6.3.3 链接中间件

将服务器应用程序的通用功能实现为中间件可以很好地分离服务器中的业务逻辑与其他功能(如日志记录、错误处理和身份验证)之间的关系。这通常可以使我们能够通过多个中间件处理请求。http.HandlerFunc 类型可以很容易地设置多个中间件来处理请求。你可能会发现此技术很有用的一个场景是能够调用 recover()函数，以防在处理请求时意外调用 panic()函数。对 panic()函数的调用可能由我们在使用的包中编写的应用程序代码启动，也可能由 go 运行时启动。一旦调用此函数，请求处理将终止。但是，当我们设置一个定义了 recover()函数的中间件时，可以记录 panic 的详细信息或继续执行我们在服务器中配置的其他任何中间件。首先实现一个 panic 处理中间件，然后实现一个服务器，它将上一节中实现的日志中间件和 panic 处理中间件链接在一起。

panic 处理中间件如下：

```
func panicMiddleware(h http.Handler) http.Handler {
	return http.HandlerFunc(
		func(w http.ResponseWriter, r *http.Request) {
			defer func() {
			  if rValue := recover(); rValue != nil {
			     log.Println("panic detected", rValue)
			     w.WriteHeader(http.StatusInternal
			     ServerError)
			    fmt.Fprintf(w,"Unexpected server error")
			     }
			}()
			h.ServeHTTP(w, r)
		})
}
```

我们设置了一个延迟函数调用，使用 recover()函数来探测在处理请求时是否存在 panic。如果有，会记录一条消息，将 HTTP 状态设置为 500，并发送“意外服务器错误(Unexpected server error)”响应。这是因为在处理请求时很有可能发生了一些不正确的事情，并且处理程序很可能没有成功地向客户端发送任何响应。设置延迟调用后，调用包装的处理程序的 ServeHTTP()方法。

接下来，让我们看看如何设置服务器，以便它组合日志中间件和 panic 处理中间件：

```
config := appConfig{
        logger: log.New(
                os.Stdout, "", log.Ldate|log.Ltime|log.Lshortfile,
        ),
}
mux := http.NewServeMux()
setupHandlers(mux, &config)
m := loggingMiddleware(panicMiddleware(mux))
err := http.ListenAndServe(listenAddr, m)
```

上面的关键语句被突出显示。首先调用 panicMiddleware()函数来包装 ServeMux 对象。然后将返回的 http.Handler 值作为参数传递给 loggingMiddleware()函数。再将此调用的返回值配置为 ListenAndServe()调用的处理程序。图 6.4 显示了传入请求如何通过配置的中间件流向 ServeMux 对象的 ServeHTTP()方法。

链接中间件时，最里面的中间件是在处理我们的请求(以及来自处理函数的响应)时首先执行的中间件，最外面的中间件最后执行。

代码清单 6.2 显示了一个完整的服务器应用程序，以说明使用 http.HandlerFunc 类型链接中间件。

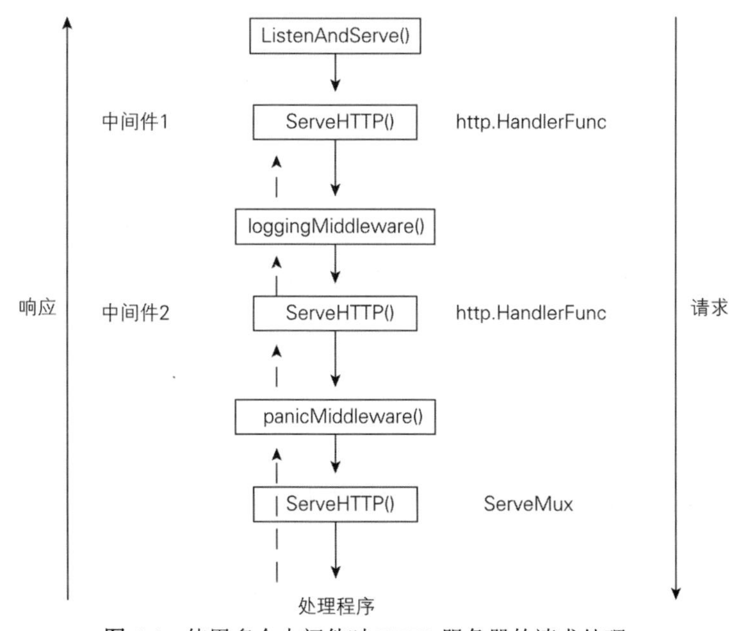

图 6.4　使用多个中间件时 HTTP 服务器的请求处理

代码清单 6.2：使用 http.HandleFunc 链接中间件

```
// chap6/middleware-chaining/server.go
package main

import (
	"fmt"
	"log"
	"net/http"
	"os"
	"time"
)

type app struct {
	config  appConfig
	handler func(
		w http.ResponseWriter,r *http.Request,config
		appConfig,
	)
}

func (a app) ServeHTTP(w http.ResponseWriter, r *http.Request) {
	a.handler(w, r, a.config)
}

// TODO 插入代码清单 6.1 中定义的 apiHandler()
// TODO 插入代码清单 6.1 中定义的 healthCheckHandler()

func panicHandler(
	w http.ResponseWriter, r *http.Request,config appConfig,
) {
	panic("I panicked")
}

func setupHandlers(mux *http.ServeMux, config appConfig) {
	mux.Handle(
		"/healthz",
		&app{config: config, handler: healthCheckHandler},
	)
	mux.Handle("/api", &app{config: config, handler:
	apiHandler})
	mux.Handle("/panic",
		&app{config: config, handler: panicHandler},
	)

}
```

```
// TODO 插入之前定义的 loggingMiddleware()
// TODO 插入之前定义的 panicMiddleware()

func main() {

        listenAddr := os.Getenv("LISTEN_ADDR")
        if len(listenAddr) == 0 {
                listenAddr = ":8080"
        }

        config := appConfig{
                logger: log.New(
                        os.Stdout, "",
log.Ldate|log.Ltime|log.Lshortfile,
                ),
        }

        mux := http.NewServeMux()
        setupHandlers(mux, config)

        m := loggingMiddleware(panicMiddleware(mux))

        log.Fatal(http.ListenAndServe(listenAddr, m))
}
```

我们定义了一个新的处理函数 panicHandler()，来处理对/panic 路径的任何请求。为了说明 panic 处理中间件 panicMiddleware()的工作原理，在这个处理程序中需要做的是用一些文本调用 panic()函数。这是中间件中的 recover()函数将要恢复的值。然后在 main()中设置中间件链，并使用 loggingMiddleware()函数返回的处理程序调用 ListenAndServe()函数。

创建一个新目录 middleware-chaining，并在其中初始化一个模块：

```
$ mkdir -p chap6/middleware-chaining
$ cd chap6/ middleware-chaining
$ go mod init github.com/username/middleware-chaining
```

接下来，将代码清单 6.2 保存为一个新文件 server.go。编译并运行服务器，如下所示：

```
$ go build -o server
$ ./server
```

在单独的终端上，使用 curl 或其他 HTTP 客户端向服务器的/panic 发出请求：

```
$ curl http://localhost:8080/panic
```

```
Unexpected server error occurred
```

在服务器应用程序打开的终端上，我们将看到类似以下的日志：

```
2021/03/16 14:17:34 panic detected I panicked
2021/03/16 14:17:34 protocol=HTTP/1.1 path=/panic method=GET
duration=0.001575
```

可以看到恢复的值是“I panicked”，这是我们使用 panic()函数调用的字符串。因此，我们已验证 panic 处理中间件是否正常工作。它恢复处理函数中发生的 panic，记录它，并适当地设置响应。一旦完成工作，响应就会通过日志中间件传递给客户端。

现在我们已经知道如何设置中间件链，是时候在练习 6.2 中测试你的理解程度了。

练习 6.2：在中间件中附加请求标识符

在上一章的代码清单 5.4 中，我们学习了如何在请求的上下文中存储请求标识符。为此，我们从每个请求处理程序中调用了 addRequestID()函数。

现在我们知道中间件是执行此类操作的更合适位置。编写一个中间件，将请求 ID 关联到每个请求。更新代码清单 6.2 中的服务器应用程序以记录请求 ID。

到目前为止，我们在本章已经学习了在服务器应用程序中实现功能的许多新模式。我们已经了解了如何使用自定义处理程序类型在处理程序之间共享数据并实现中间件。此外，为了能够包装 ServeMux 对象，我们学习了一种使用 HandlerFunc 类型实现中间件的新技术。我们不能只使用自定义处理程序类型来实现相同的目标吗？可以，但这需要更多的工作。但是，如果中间件实现了一个复杂的服务器功能，那么使用自定义处理程序类型来实现它是一个好方法。可将中间件功能分离为具有数据和方法的自定义类型。我们仍然可以使用在此处采用的方法建立一个中间件链。

对于复杂的服务器应用程序，开始考虑如何组织各种组件至关重要。我们将在下一节学习一种组织服务器代码并为不同组件编写自动化测试的方法。

6.4 为复杂的服务器应用程序编写测试

在第 5 章中，我们编写的服务器应用程序由三个主要功能组成：编写处理程序函数、使用 ServeMux 对象注册处理程序以及调用 ListenAndServe()来启动服务器。所有功能都在 main 包中实现，这对于非常简单的服务器应用程序来说是一个很好的起点。但是，当我们开始编写更复杂的服务器时，会发现将应用程序分解为多个包是一种更实用的方法。

实现这一目标的一种方法是为应用程序的每个关注领域提供一个单独的包，配置管理、中间件和处理程序，提供将它们编排在一起的 main 包，最后调用 ListenAndServe()函数来启动服务器。接下来让我们使用这种方法。

6.4.1　组织代码

现在将重写代码清单 6.2 中的服务器应用程序，以便我们有四个包：main、config、handlers 和 middleware。创建一个新目录 complex-server，并在其中使用 go mod init 初始化一个新模块：

```
$ mkdir complex-server
$ cd complex-server
$ go mod init github.com/username/chap6/complex-server
```

在模块目录中创建三个子目录，config、handlers 和 middleware。

将代码清单 6.3 在 config 目录中保存为 config.go。

代码清单 6.3：管理应用程序配置

```
// chap6/complex-server/config/config.go
package config

import (
	"io"
	"log"
)

type AppConfig struct {
	Logger *log.Logger
}

func InitConfig(w io.Writer) AppConfig {
	return AppConfig{
		Logger: log.New(
			w, "", log.Ldate|log.Ltime|log.Lshortfile,
		),
	}

}
```

我们将 appConfig 结构重命名为 AppConfig，以便可从包外部访问它。还添加了一个 InitConfig()方法，该方法接收一个用于初始化记录器的 io.Writer 值，并返回一个 AppConfig 值。

接下来，将代码清单 6.4 在 handlers 子目录中保存为 handlers.go。

代码清单 6.4：请求处理程序

```
// chap6/complex-server/handlers/handlers.go
package handlers

import (
	"fmt"
	"net/http"

	"github.com/username/chap6/complex-server/config"
)

type app struct {
	conf    config.AppConfig
	handler func(
		w http.ResponseWriter,
		r *http.Request,
		conf config.AppConfig,
	)
}

func (a app) ServeHTTP(w http.ResponseWriter, r *http.Request) {
	a.handler(w, r, a.conf)
}

func apiHandler(
	w http.ResponseWriter,
	r *http.Request,
	conf config.AppConfig,
) {
	fmt.Fprintf(w, "Hello, world!")
}

func healthCheckHandler(
	w http.ResponseWriter,
	r *http.Request,
	conf config.AppConfig,
) {
	if r.Method != "GET" {
	    conf.Logger.Printf("error=\"Invalid request\" path=%s
method=%s", r.URL.Path, r.Method)
		http.Error(
			w,
			"Method not allowed",
```

```
                http.StatusMethodNotAllowed,
            )
            return
        }
        fmt.Fprintf(w, "ok")
}

func panicHandler(
        w http.ResponseWriter,
        r *http.Request,
        conf config.AppConfig,
) {
        panic("I panicked")
}
```

我们使用导入路径 github.com/username/chap6/complex-server/config 导入 config 包，并定义 app 类型和处理程序。已经取消了处理程序中的请求日志记录，这当然是由于服务器现在拥有了日志记录中间件。但在大多数生产场景中，我们将需要记录消息或访问其他 config 参数，因此当 config 参数首次引入时即被保留。

将代码清单 6.5 作为 register.go 保存在 handlers 子目录中。

代码清单 6.5：设置请求处理程序

```
// chap6/complex-server/handlers/register.go
package handlers

import (
        "net/http"
        "github.com/username/chap6/complex-server/config"
)

func Register(mux *http.ServeMux, conf config.AppConfig) {
        mux.Handle(
                "/healthz",
                &app{conf: conf, handler: healthCheckHandler},
        )
        mux.Handle(
                "/api",
                &app{conf: conf, handler: apiHandler},
        )
        mux.Handle(
                "/panic",
                &app{conf: conf, handler: panicHandler},
        )
}
```

Register()函数接收一个 ServeMux 对象和一个 config.AppConfig 值，并注册请求处理程序。

接下来，将代码清单 6.6 保存为 middleware 目录下的 middleware.go。我们在这里定义服务器的中间件。注意现在如何将配置对象传递给中间件，以便访问被配置的 Logger。

代码清单 6.6：日志和 panic 处理中间件

```
// chap6/complex-server/middleware/middleware.go
package middleware
import (
	"fmt"
	"log"
	"net/http"
	"time"
	"github.com/username/chap6/complex-server/config"
)

func loggingMiddleware(
	h http.Handler, c config.AppConfig,
) http.Handler {
	return http.HandlerFunc(
		func(w http.ResponseWriter, r *http.Request) {
			t1 := time.Now()
			h.ServeHTTP(w, r)
			requestDuration :=
			time.Now().Sub(t1).Seconds()
			c.Logger.Printf(
				"protocol=%s path=%s method=%s
				 duration=%f",
				 r.Proto, r.URL.Path,
				 r.Method, requestDuration,
			)
	})
}

func panicMiddleware(h http.Handler, c config.AppConfig)
http.Handler {
	return http.HandlerFunc(func(w http.ResponseWriter, r
*http.Request) {
		defer func() {
			if rValue := recover(); rValue != nil {
			c.Logger.Println("panic detected", rValue)
	w.WriteHeader(http.StatusInternalServerError)
				fmt.Fprintf(w, "Unexpected server error
```

```
                                occurred")
                        }
                }()
                h.ServeHTTP(w, r)
        })
}
```

接下来，将代码清单 6.7 保存为 middleware 子目录中的 register.go。

代码清单 6.7：中间件注册

```
// chap6/complex-server/middleware/register.go
package middleware
import (
        "net/http"
        "github.com/username/chap6/complex-server/config"
)

func RegisterMiddleware(
        mux *http.ServeMux,
        c config.AppConfig,
) http.Handler {
        return loggingMiddleware(panicMiddleware(mux, c), c)
}
```

RegisterMiddleware()函数为特定的 ServeMux 对象设置中间件链。

最后，将代码清单 6.8 保存为模块根目录下的 server.go。

代码清单 6.8：Main 服务器

```
// chap6/complex-server/server.go
package main

import (
        "io"
        "log"
        "net/http"
        "os"

        "github.com/username/chap6/complex-server/config"
        "github.com/username/chap6/complex-server/handlers"
        "github.com/username/chap6/complex-server/middleware"
)

func setupServer(mux *http.ServeMux, w io.Writer) http.Handler {
        conf := config.InitConfig(w)
```

```
        handlers.Register(mux, conf)
        return middleware.RegisterMiddleware(mux, conf)
}

func main() {

        listenAddr := os.Getenv("LISTEN_ADDR")
        if len(listenAddr) == 0 {
              listenAddr = ":8080"
        }

        mux := http.NewServeMux()
        wrappedMux := setupServer(mux, os.Stdout)

        log.Fatal(http.ListenAndServe(listenAddr, wrappedMux))
}
```

setupServer()函数通过调用 config.InitConfig()函数来初始化应用程序的配置。然后它通过调用 handlers.Register()函数向 ServeMux 对象 mux 注册处理程序。最后，它注册中间件，然后返回包装好的 handler.Handler 值。在 main()函数中，创建一个 ServeMux 对象，调用 setupServer()函数，最后调用 ListenAndServe()函数。从 complex-server 目录编译并运行服务器：

```
$ go build -o server
$ ./server
```

从一个单独的终端会话中，向服务器发出一些请求，以确保它仍然按预期运行。让我们继续编写自动化测试。

6.4.2 测试处理程序

有两种方法可以测试处理程序(函数)。一种方法是使用 httptest.NewServer()启动一个测试 HTTP 服务器，然后对该测试服务器发出请求。我们在第 5 章中采用了这种方法来测试处理程序函数。第二种方法是直接测试处理程序而不启动测试服务器。当你希望忽略服务器应用程序的其余部分而单独测试处理程序时这项技术很有用。在任何大型服务器应用程序中，这是推荐的方法。让我们考虑如下定义的 apiHandler()函数：

```
func apiHandler(
        w http.ResponseWriter,
        r *http.Request,
        conf config.AppConfig,
) {
```

```
        fmt.Fprintf(w, "Hello, world!")
}
```

为了单独测试这个处理程序，我们将创建一个测试响应写入器(writer)、一个测试请求和一个 AppConfig 值。

我们将使用 httptest.NewRecorder()函数创建测试响应写入器。该函数返回一个 httptest.ResponseRecorder 类型的值，它实现了 http.ResponseWriter 接口：

```
w := httptest.NewRecorder()
```

使用 httptest.NewRequest()函数创建测试请求：

```
r := httptest.NewRequest("GET", "/api", nil)
```

httptest.NewRequest()函数的第一个参数是 HTTP 请求类型——GET、POST 等。第二个参数可以是 URL，例如 http://my.host.domain/api，也可以是路径，例如/api。第三个参数是请求正文，这里为 nil。创建一个 AppConfig 值：

```
b := new(bytes.Buffer)
c := config.InitConfig(b)
```

然后调用 apiHandler()函数：

```
apiHandler(w, r, c)
```

w 中记录的响应是使用 w.Result()获得的。它返回一个*http.Response 类型的值。代码清单 6.9 显示了测试函数。

代码清单 6.9：测试 API 处理程序

```
// chap6/complex-server/handlers/handler_test.go
package handlers

import (
        "bytes"
        "io"
        "net/http"
        "net/http/httptest"
        "testing"

        "github.com/username/chap6/complex-server/config"
)

func TestApiHandler(t *testing.T) {
        r := httptest.NewRequest("GET", "/api", nil)
        w := httptest.NewRecorder()
```

```
        b := new(bytes.Buffer)
        c := config.InitConfig(b)

        apiHandler(w, r, c)

        resp := w.Result()
        body, err := io.ReadAll(resp.Body)
        if err != nil {
                t.Fatalf("Error reading response body: %v", err)
        }

        if resp.StatusCode != http.StatusOK {
                t.Errorf(
                        "Expected response status: %v, Got: %v\n",
                        http.StatusOK, resp.StatusCode,
                )
        }

        expectedResponseBody := "Hello, world!"

        if string(body) != expectedResponseBody {
                t.Errorf(
                        "Expected response: %s, Got: %s\n",
                        expectedResponseBody, string(body),
                )
        }
}
```

使用 w.Result()检索响应后，我们通过 StatusCode 字段检索状态代码，并通过 resp.Body 检索正文。将它们与预期值进行比较。将代码清单 6.9 保存为 handlers 子目录下的 handlers_test.go，并运行以下测试：

```
$ go test -v
=== RUN TestApiHandler
--- PASS: TestApiHandler (0.00s)
PASS
ok github.com/practicalgo/code/chap6/complex-server/handlers
0.576s
```

同样，可为每个其他处理程序函数编写测试。对于 healthCheckHandler()函数，我们需要测试处理程序接收到除 GET 之外的 HTTP 请求时的行为。练习 6.3 让你有机会这样做。

练习 6.3：测试 healthCheckHandler 函数

为 healthCheckHandler()函数定义一个测试函数。它应该测试 GET 和其他

HTTP 请求类型的行为。

那么 panicHandler()函数的测试呢？因为我们知道这个函数所做的只是调用 panic()函数，所以这里要测试的更有用组件是 panic 处理中间件。让我们看看如何为服务器应用程序测试中间件。

6.4.3　测试中间件

让我们看一下 panicMiddleware()函数的签名：func panicMiddleware(h http.Handler, c config.AppConfig) http.Handler。该函数的参数是一个处理程序 h、要包装的处理程序和一个 config.AppConfig 值：

```
b := new(bytes.Buffer)
c := config.InitConfig(b)
m := http.NewServeMux()
handlers.Register(m, c)
h := panicMiddleware(m, c)
```

我们创建一个 http.ServeMux 对象，注册处理程序函数，然后调用 panicMiddleware()函数。返回值是另一个 http.Handler，将被另一个中间件包装或传递给真实服务器的 http.ListenAndServe()函数调用。但是为了测试中间件，我们将直接调用处理程序的 ServeHTTP()方法：

```
r := httptest.NewRequest("GET", "/panic", nil)
w := httptest.NewRecorder()
h.ServeHTTP(w, r)
```

代码清单 6.10 展示了完整的测试函数。

代码清单 6.10：测试 panic 处理中间件

```
// chap6/complex-server/middleware/middleware_test.go
package middleware

import (
	"bytes"
	"io"
	"net/http"
	"net/http/httptest"
	"testing"

	"github.com/username/chap6/complex-server/config"
	"github.com/username/chap6/complex-server/handlers"
)
```

```
func TestPanicMiddleware(t *testing.T) {
	b := new(bytes.Buffer)
	c := config.InitConfig(b)

	m := http.NewServeMux()
	handlers.Register(m, c)

	h := panicMiddleware(m, c)

	r := httptest.NewRequest("GET", "/panic", nil)
	w := httptest.NewRecorder()
	h.ServeHTTP(w, r)

	resp := w.Result()

	body, err := io.ReadAll(resp.Body)
	if err != nil {
		t.Fatalf("Error reading response body: %v", err)
	}

	if resp.StatusCode != http.StatusInternalServerError {
		t.Errorf(
			"Expected response status: %v, Got: %v\n",
			http.StatusOK,
			resp.StatusCode,
		)
	}

	expectedResponseBody := "Unexpected server error occurred"

	if string(body) != expectedResponseBody {
		t.Errorf(
			"Expected response: %s, Got: %s\n",
			expectedResponseBody,
			string(body),
		)
	}
}
```

panicMiddleware()返回的处理程序的 ServeHTTP()方法模拟 ListenAndServe()函数的行为，同时单独测试 panic 处理程序的行为。将代码清单 6.10 作为 middleware_test.go 保存在 middleware 子目录中并运行以下测试：

```
$ go test -v
=== RUN TestPanicMiddleware
--- PASS: TestPanicMiddleware (0.00s)
```

```
PASS
Ok  github.com/practicalgo/code/chap6/complex-server/middleware
0.615s
```

这种方法对于单独测试中间件很有用。如果我们想测试整个中间件链是否按预期工作该怎么办？接下来为此编写一个测试。

6.4.4　测试服务器启动

对于代码清单 6.8 中的服务器应用程序，函数 setupServer()创建服务器配置并注册请求处理程序和中间件链。因此，测试服务器启动行为将归结为测试该函数。

首先创建新的 http.ServeMux 和 bytes.Buffer 对象并调用 setupServer()函数：

```
b := new(bytes.Buffer)
mux := http.NewServeMux()
wrappedMux := setupServer(mux, b)
```

然后，将使用 httptest.NewServer()函数启动一个测试 HTTP 服务器并指定 wrappedMux 作为处理程序：

```
ts := httptest.NewServer(wrappedMux)
defer ts.Close()
```

一旦运行了测试服务器，将发送 HTTP 请求并验证以下内容：

(1) 响应状态和正文内容符合预期

(2) 日志记录中间件和 panic 处理中间件按预期工作

代码清单 6.11 显示了用于验证服务器设置的测试函数。

代码清单 6.11：测试服务器设置

```
// chap6/complex-server/server_test.go
package main

import (
        "bytes"
        "io"
        "net/http"
        "net/http/httptest"
        "strings"
        "testing"
)

func TestSetupServer(t *testing.T) {
        b := new(bytes.Buffer)
        mux := http.NewServeMux()
```

```
	wrappedMux := setupServer(mux, b)
	ts := httptest.NewServer(wrappedMux)
	defer ts.Close()

	resp, err := http.Get(ts.URL + "/panic")
	if err != nil {
		t.Fatal(err)
	}
	defer resp.Body.Close()
	_, err = io.ReadAll(resp.Body)
	if err != nil {
		t.Error(err)
	}
	if resp.StatusCode != http.StatusInternalServerError {
		t.Errorf(
			"Expected response status to be: %v, Got: %v",
			http.StatusInternalServerError,
			resp.StatusCode,
		)
	}

	logs := b.String()
	expectedLogFragments := []string{
		"path=/panic method=GET duration=",
		"panic detected",
	}
	for _, log := range expectedLogFragments {
		if !strings.Contains(logs, log) {
			t.Errorf(
				"Expected logs to contain: %s, Got: %s",
				log, logs,
			)
		}
	}
}
```

在测试函数中，在调用 setupServer()函数后启动测试服务器并向/panic 发出 HTTP 请求。然后验证响应状态是“500 Internal Server Error”。在剩下的测试中，验证预期的日志是否已经写入 b(即配置的 io.Writer)。将代码清单 6.11 保存为 server_test.go，与 server.go(存储代码清单 6.8 的位置)放在同一目录中，并运行测试：

```
$ go test -v
=== RUN TestSetupServer
--- PASS: TestSetupServer (0.00s)
PASS
```

```
ok      github.com/practicalgo/code/chap6/complex-server    0.711s
```

上述测试功能测试服务器设置，包括中间件链的功能。在为服务器应用程序编写测试时，最好单独测试组件，然后测试哪些测试验证了组件的集成。对于处理程序和中间件，我们编写了单元测试来测试它们，而不必启动 HTTP 服务器。对于最终的服务器设置测试，启动了一个测试 HTTP 服务器来测试请求处理程序和中间件的集成。

6.5　小结

我们从学习 http.Handler 接口开始本章。理解了 http.ServeMux 是实现此接口的类型，然后编写了自己的类型来实现该接口。你看到了如何将 ServeMux 对象与自己的处理程序实现集成，以便在处理程序之间共享数据。

接下来，我们学习了编写服务器中间件，首先实现自定义 Handler 类型，然后使用 http.HandlerFunc 类型。还学习了如何将服务器中的中间件链接在一起，以便可以将通用服务器功能实现为独立的即插即用组件。

最后，我们学习了一种组织和测试服务器应用程序及其各种组件的方法。

在下一章中，我们将探索使 HTTP 服务器应用程序做好部署准备的技术。

第 7 章

生产级 HTTP 服务器

在本章中，我们将学习提高 HTTP 服务器应用程序的健壮性和稳定性的技术。我们将学习如何在服务器请求处理生命周期的各个点实现超时，终止请求处理以保留服务器资源，并实现正常关闭。最后，我们将学习如何配置 HTTP 服务器，以便在客户端和服务器之间建立一个安全的通信通道。

7.1 终止请求处理

考虑一下我们的 Web 应用程序提供的特定功能，例如允许用户根据某些参数对大型数据集执行搜索。在向用户提供此功能之前，我们进行了大量测试，发现所有测试场景的搜索请求都在 500 毫秒内完成。但是，一旦用户开始在应用程序中使用该功能，就会发现，对于某些搜索条件，请求可能需要长达 30 秒才能完成，有时甚至没有成功。更糟糕的是，相同的搜索在重试时会在 500 毫秒内成功完成。我们现在担心这可能会导致应用程序被利用，因为多个此类请求可能使其无法响应任何请求(打开文件描述符、内存等)。这就是拒绝服务(DoS)攻击的实现方式！

当我们开始研究这种奇怪的行为以找到解决方案时，我们希望在服务器中插入一个安全机制。为此，我们将对该请求的处理程序强制执行超时。如果此操作耗费的时间超过 10 秒，将终止请求处理并返回错误响应。这样做将实现两个目标：服务器的资源不会被这些请求占用，这需要比预期更长的时间，并且客户端会得到一个快速响应，指出请求无法完成。然后可以简单地重试并可能获得成功的响应。让我们看看如何在 HTTP 服务器应用程序中实现这样的行为。

http.TimeoutHandler()函数是定义在 net/http 包里的中间件，它创建一个新的 http.Handler 对象来包装另一个 http.Handler 对象，如果里面的处理程序没有在指定的时间内完成，则向客户端发送 503 Service Unavailable 响应。让我们看一个处理程序(函数)：

```
func handleUserAPI(w http.ResponseWriter, r *http.Request) {
	log.Println("I started processing the request")
	time.Sleep(15 * time.Second)
	fmt.Fprintf(w, "Hello world!")
	log.Println("I finished processing the request")
}
```

我们调用了 time.Sleep()函数来模拟处理请求延迟 15 秒。15 秒后，它会发送响应“Hello world!”给客户端。日志将帮助我们更好地理解处理程序函数与超时处理程序的交互，你很快就会看到。

接下来，将使用 http.TimeoutHandler()函数来包装 handleUsersAPI()函数，以便在 14 秒后将 HTTP 503 响应发送给客户端——就在处理程序函数从睡眠中唤醒之前。http.TimeoutHandler()函数的签名定义如下：

```
func TimeoutHandler(h Handler, dt time.Duration, msg string) Handler
```

它的参数是一个对象 h(传入的处理程序，实现了 http.Handler 接口)；一个 time.Duration 对象 dt，它包含我们希望客户端等待处理程序完成的最大持续时间(以毫秒或秒为单位)；和一个字符串值，其中包含将与 HTTP 503 响应一起发送给客户端的消息。因此，为了包装 handleUsersAPI()处理程序，我们首先将其转换为实现 http.Handler 接口的值：

```
userHandler := http.HandlerFunc(handleUserAPI)
```

然后调用超时时间为 14 秒的 http.TimeoutHandler()函数：

```
timeoutDuration := 14 * time.Second
hTimeout := http.TimeoutHandler(
		userHandler, timeoutDuration, "I ran out of time",
)
```

返回的对象 hTimeout 实现了 http.Handler 接口并包装传入的处理程序 userHandler(实现了这个超时逻辑)。然后可将其注册到 ServeMux 对象以直接处理请求或作为中间件链的一部分，如下例所示：

```
mux := http.NewServeMux()
mux.Handle("/api/users/", hTimeout)
```

代码清单 7.1 展示了一个可以运行的 HTTP 服务器的完整示例，展示了 handleUserAPI 处理程序和 http.TimeoutHandler()函数的集成。

代码清单 7.1：对处理程序进行强制超时

```
// chap7/handle-func-timeout/server.go
package main

import (
        "fmt"
        "log"
        "net/http"
        "time"
)

// TODO 插入之前定义的 handleUserAPI()函数

func main() {

        listenAddr := os.Getenv("LISTEN_ADDR")
        if len(listenAddr) == 0 {
                listenAddr = ":8080"
        }

        timeoutDuration := 14 * time.Second

        userHandler := http.HandlerFunc(handleUserAPI)
        hTimeout := http.TimeoutHandler(
                userHandler,
                timeoutDuration,
                "I ran out of time",
        )

        mux := http.NewServeMux()
        mux.Handle("/api/users/", hTimeout)

        log.Fatal(http.ListenAndServe(listenAddr, mux))
}
```

创建一个新目录 chap7/handle-func-timeout，并在其中初始化一个模块：

```
$ mkdir -p chap7/handle-func-timeout
$ cd chap7/http-handler-type
$ go mod init github.com/username/handle-func-timeout
```

接下来，将代码清单 7.1 保存为 server.go。编译并运行应用程序：

```
$ go build -o server
$ ./server
```

从单独的终端，使用 curl 向/api/users/发出请求(添加-v 选项)：

```
$ curl -v localhost:8080/api/users/
# output snipped #
>
< HTTP/1.1 503 Service Unavailable
# output snipped #

I ran out of time
```

客户端收到 503 Service Unavailable 响应以及 I ran out of time 的消息。在运行服务器的终端上将看到如下日志：

```
2021/04/24 09:26:19 I started processing the request
2021/04/24 09:26:34 I finished processing the request
```

上面的日志显示，即使客户端已经收到 HTTP 503 响应，处理程序 usersAPIHandler 仍会继续执行，从而终止连接。这种情况下，让处理程序完成然后让运行时(runtime)执行清理工作，并不是错误的做法。但是，在将要实现此超时的场景中(例如对于开头所述的搜索功能)，允许处理程序继续运行可能会破坏执行超时的目的。它将继续消耗服务器上的资源。因此，需要做一些工作来确保一旦超时处理程序启动，处理程序将停止执行任何进一步的处理。接下来让我们研究一种方法来执行此操作。

7.1.1 终止请求处理的策略

我们在第 5 章中了解到，处理程序处理的传入请求具有关联的上下文。当客户端的连接关闭时，此上下文将被取消。因此，在服务器端，如果在继续处理请求之前检查上下文是否已被取消，可在 http.TimeoutHandler()已经向客户端发送回 HTTP 503 响应时终止处理。图 7.1 以图形方式说明了这一点。

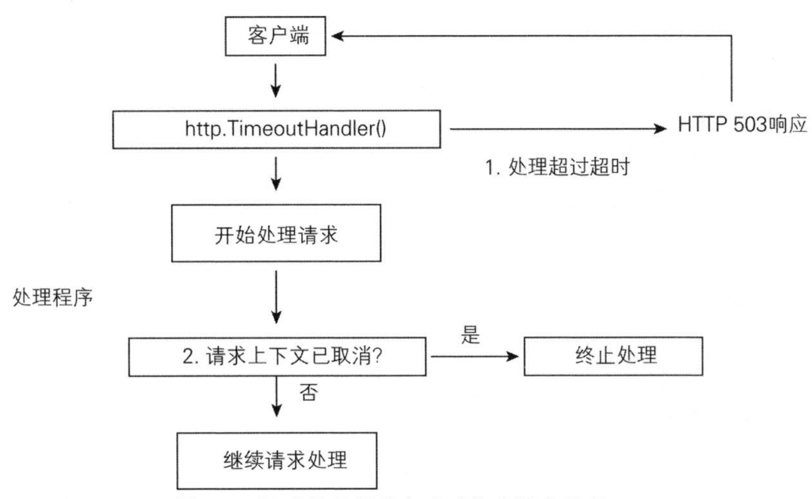

图 7.1　超时处理程序启动时终止请求处理

让我们看一下 handleUserAPI()函数的更新版本：

```
func handleUserAPI(w http.ResponseWriter, r *http.Request) {
        log.Println("I started processing the request")
        time.Sleep(15 * time.Second)

        log.Println(
                "Before continuing, i will check if the timeout
                has already expired",
        )
        if r.Context().Err() != nil {
                log.Printf(
                        "Aborting further processing: %v\n",
                        r.Context().Err(),
                )
                return
        }
        fmt.Fprintf(w, "Hello world!")
        log.Println("I finished processing the request")
}
```

调用 time.Sleep()函数后，我们使用 r.Context()方法检索请求的上下文。然后检查对 Err()方法的调用是否返回非 nil 错误值。如果返回非 nil 错误值，则客户端连接关闭，因此从处理程序返回。由于客户端已经断开连接，我们通过终止请求处理来节省系统资源或防止不可预知的行为。你可在本书源代码库的 chap7/abort-processing-timeout 目录中找到具有上述处理程序的可运行服务器。此策略要求你以一种了解客户端连接状态的方式编写处理程序，然后用它来决定是否继续处理请求。

在不同的场景中，如果处理程序函数正在发出网络请求，例如对另一个服务的 HTTP 请求，我们应该将请求的上下文与传出的请求一起传递。然后，当超时处理程序启动(从而取消上下文)时，根本不会发出传出的 HTTP 请求。当然，这种情况下，我们不必做这项工作，因为标准库的 HTTP 客户端已经支持传递上下文，正如我们在第 4 章中看到的那样。下面列举一个示例。

分析函数 doSomeWork()，它是一个需要 2 秒才能完成的真实函数的代理：

```
func doSomeWork() {
        time.Sleep(2 * time.Second)
}
```

接下来，看一下调用 doSomeWork()函数的更新后的 handleUserAPI()函数：

```
func handleUserAPI(w http.ResponseWriter, r *http.Request) {
        log.Println("I started processing the request")

        doSomeWork()


        req, err := http.NewRequestWithContext(
                        r.Context(),
                        "GET",
                        "http://localhost:8080/ping", nil,
                )
        if err != nil {
                http.Error(
                        w, err.Error(),
                        http.StatusInternalServerError,
                )
                return
        }
        client := &http.Client{}
        log.Println("Outgoing HTTP request")

        resp, err := client.Do(req)
        if err != nil {
                log.Printf("Error making request: %v\n", err)
                http.Error(
                        w, err.Error(),
                        http.StatusInternalServerError,
                )
                return
        }
        defer resp.Body.Close()
        data, _ := io.ReadAll(resp.Body)
```

```
        fmt.Fprint(w, string(data))
        log.Println("I finished processing the request")
}
```

handleUserAPI()函数首先调用 doSomeWork()函数，然后在/ping 路径上对另一个 HTTP 应用程序发出 HTTP GET 请求——在本例中，为简单起见使用同一个应用程序。它使用 http.NewRequestWithContext()函数来构造 HTTP 请求，要求它使用当前正在处理的请求的上下文作为上下文。然后把从 GET 请求中获得的响应作为响应发回。我们预期，如果超时处理程序终止请求处理，则不会发出此请求。代码清单 7.2 显示了一个可运行的服务器应用程序。

代码清单 7.2：对处理程序强制超时

```
// chap7/network-request-timeout/server.go
package main

import (
        "fmt"
        "io"
        "log"
        "net/http"
        "time"
)

func handlePing(w http.ResponseWriter, r *http.Request) {
        log.Println("ping: Got a request")
        fmt.Fprintf(w, "pong")
}

func doSomeOtherWork() {
        time.Sleep(2 * time.Second)
}

// TODO 插入更新后的 handleUserAPI()函数

func main() {
        listenAddr := os.Getenv("LISTEN_ADDR")
        if len(listenAddr) == 0 {
                listenAddr = ":8080"
        }

        timeoutDuration := 1 * time.Second

        userHandler := http.HandlerFunc(handleUserAPI)
        hTimeout := http.TimeoutHandler(
```

```
            userHandler,
            timeoutDuration,
            "I ran out of time"       ,
        )

        mux := http.NewServeMux()
        mux.Handle("/api/users/", hTimeout)
        mux.HandleFunc("/ping", handlePing)

        log.Fatal(http.ListenAndServe(listenAddr, mux))
}
```

我们现在使用 userHandler 对象调用 http.TimeoutHandler()函数并设置 1 秒的超时。doSomeWork()函数需要 2 秒才能完成。

创建一个新目录 chap7/network-request-timeout，并在其中初始化一个模块：

```
$ mkdir -p chap7/network-request-timeout
$ cd chap7/network-request-timeout
$ go mod init github.com/username/network-request-timeout
```

接下来，将代码清单 7.2 保存为 server.go。编译并运行应用程序：

```
$ go build -o server
$ ./server
```

在单独的终端中，使用 curl 向/api/users/路径上的应用程序发出请求(添加-v 选项)：

```
$ curl -v localhost:8080/api/users/
# output snipped #
>
< HTTP/1.1 503 Service Unavailable
# output snipped #

I ran out of time
```

客户端收到“503 Service Unavailable”响应以及“I ran out of time”消息。在服务器日志中可以观察到更有趣的行为：

```
2021/04/25 17:43:41 I started processing the request
2021/04/25 17:43:43 Outgoing HTTP request
2021/04/25 17:43:43 Error making request: Get
"http://localhost:8080/ping": context deadline exceeded
```

handleUserAPI()函数开始处理请求。然后，2 秒后它尝试发出 HTTP GET 请求。在此尝试期间，我们收到一条错误消息，指出已超出上下文期限，因此请求处理被终止。

你可能会好奇传出的 HTTP GET 请求究竟是什么时候终止的。是在 DNS 查找之后还是在与服务器建立 TCP 连接之后？ 练习 7.1 让你有机会找出答案。

练习 7.1：跟踪发出的客户端行为

在第 4 章中，我们使用了 net/http/httptrace 包来了解 HTTP 客户端中的连接池行为。httptrace.ClientTrace 结构还有其他许多字段，例如 TCP 连接建立开始时的 ConnectStart 和 HTTP 请求完成时的 WroteRequest。你可以使用这些字段来探测 HTTP 请求的不同阶段。对于本练习，更新代码清单 7.2 以将 httptrace.ClientTrace 结构集成到 HTTP 客户端中，以便记录传出请求的不同阶段。

集成 httptrace.ClientTrace 后，尝试将超时持续时间更改为大于 doSomeWork() 函数中的睡眠持续时间。

在本节中，我们了解了使用 http.TimeoutHandler()函数时终止请求处理的两种策略。当必须显式检查超时，第一种策略很有用，而当使用理解上下文的标准库函数时，第二种策略很有用。当服务器发起与客户端断开连接时，这些策略很有用。在下一节中，我们将学习如何处理客户端发起断开连接的情况。

7.1.2　处理客户端断开连接

考虑本章前面的搜索功能场景，现在已经对处理程序函数的操作使用了最大超时。经过进一步分析，我们意识到目前针对某些特定情况的搜索操作将是昂贵的，因此所花费的时间将比其他情况更多。因此，我们希望用户在这些情况下等待操作完成。但是，我们在用户中看到一种行为，即他们将请求昂贵的搜索操作，然后终止连接，因为他们认为这不会完成。然后他们再试一次。这会导致服务器一直在处理许多此类请求，但是由于客户端已经断开连接，所以结果是无用的。因此，我们不想在这种情况下继续处理请求。

为响应客户端断开连接，将再次使用请求的上下文。事实上，代码清单 7.2 中的 handleUserAPI()函数已经使用了这种方式。不同之处在于客户端(而非服务器)将发起断开连接。我们现在将修改该函数，以探索另一种使用请求上下文检测客户端断开连接的模式：

```
func handleUserAPI(w http.ResponseWriter, r *http.Request) {
	done := make(chan bool)

	log.Println("I started processing the request")

	// TODO 如代码清单 7.2 所示发出传出请求

	data, _ := io.ReadAll(resp.Body)
```

```
        log.Println("Processing the response i got")

        go func() {
                doSomeWork(data)
                done <- true
        }()

        select {
        case <-done:
                log.Println(
                    "doSomeWork done:Continuing request processing",
                )
        case <-r.Context().Done():
                log.Printf(
                        "Aborting request processing: %v\n",
                        r.Context().Err(),
                )
                return
        }

        fmt.Fprint(w, string(data))
        log.Println("I finished processing the request")
}
```

收到请求后，处理程序函数会发 HTTP GET 调用。如前所述，我们将传入请求的上下文作为该请求的一部分进行传递。一旦收到响应，就会在协程中调用 doSomeWork()函数。函数返回后，会将 true 写入通道 done。然后使用一个 select...case 块，我们在其中等待两个通道——done 和调用 r.Context.Done()方法的返回值。如果首先在通道 done 上获得值，将继续处理请求。如果先在第二个通道上获得一个值，则上下文被取消，并通过从处理程序函数返回终止请求处理。还将对服务器的其他部分进行一些更改。代码清单 7.3 显示实现了这些更改的服务器。

代码清单 7.3：处理客户端断开连接

```
// chap7/client-disconnect-handling/server.go
package main

import (
        "fmt"
        "io"
        "log"
        "net/http"
        "time"
```

```
)

func handlePing(w http.ResponseWriter, r *http.Request) {
        log.Println("ping: Got a request")
        time.Sleep(10 * time.Second)
        fmt.Fprintf(w, "pong")
}

func doSomeWork(data []byte) {
        time.Sleep(15 * time.Second)
}

// TODO 插入更改后的 handleUserAPI 函数

func main() {

        listenAddr := os.Getenv("LISTEN_ADDR")
        if len(listenAddr) == 0 {
                listenAddr = ":8080"
        }


        timeoutDuration := 30 * time.Second

        userHandler := http.HandlerFunc(handleUserAPI)
        hTimeout := http.TimeoutHandler(
                userHandler,
                timeoutDuration,
                "I ran out of time",
        )

        mux := http.NewServeMux()
        mux.Handle("/api/users/", hTimeout)
        mux.HandleFunc("/ping", handlePing)

        log.Fatal(http.ListenAndServe(listenAddr, mux))
}
```

我们将 doSomeWork()中的睡眠持续时间增加到 15 秒，并在 handlePing()函数中引入了 10 秒的睡眠。还将超时处理程序的持续时间增加到 30 秒。进行这些更改是为了反映与搜索功能性能相关的新发现。因此，在这个版本的服务器中，超时处理程序不会终止请求处理——这是有意为之。

创建一个新目录 chap7/client-disconnect-handling，并在其中初始化一个模块：

```
$ mkdir -p chap7/client-disconnect-handling
$ cd chap7/client-disconnect-handling
```

```
$ go mod init github.com/username/client-disconnect-handling
```

接下来，将代码清单 7.3 保存为 server.go。编译并运行应用程序：

```
$ go build -o server
$ ./server
```

在单独的终端中，使用 curl 向/api/users/路径上的应用程序发出请求，并在 10 秒时间到之前，按 Ctrl+C 终止请求：

```
$ curl -v localhost:8080/api/users/
..
* Connected to localhost (::1) port 8080 (#0)
..
^C
```

在运行服务器的终端上将看到以下日志：

```
2021/04/26 09:25:17 I started processing the request
2021/04/26 09:25:17 Outgoing HTTP request
2021/04/26 09:25:17 ping: Got a request
2021/04/26 09:25:18 Error making request: Get
"http://localhost:8080/ping": context canceled
```

从日志中可以看到 handlePing()函数获得了请求，但是在完成执行之前它被取消以响应终止请求。请注意，日志消息现在显示上下文已取消(而不是超出上下文截止时间)。尝试在 10 秒后但 15 秒之前终止请求。

我们已经学会了在服务器应用程序中实现终止请求处理的技术，以响应配置的超时或客户端。实现此模式的目的是在意外情况发生时引入行为的可预测性。然而，这些技术都集中在单独的处理程序上。接下来，我们将从整个服务器应用程序的角度来看健壮性的实现。在这样做之前，你需要做一个练习(练习 7.2)。

练习 7.2：测试请求终止行为

我们刚刚学会了在检测到客户端断开连接时终止请求的处理。编写一个测试来验证这种行为。验证代码清单 7.3 中实现的服务器日志足以用来测试。要在测试中模拟客户端断开连接，你会发现参考第 4 章中的 HTTP 客户端超时配置很有用。

7.2 服务器范围的超时

将首先为所有 handler 函数实现全局超时。然后将更上一层楼，查看在请求到达处理程序之前发生的网络通信，并学习如何在请求-响应过程的各个阶段引入健壮性。

7.2.1　为所有处理程序实现超时

甚至在我们注意到生产中运行的任何应用程序出现特定问题之前，可能希望在所有处理程序上实现硬超时。这将为所有请求处理程序的延迟提供上限，并防止意外情况占用服务器资源。为此，我们将再次使用 http.TimeoutHandler()函数。你应该记得该函数的签名如下：

```
func TimeoutHandler(h Handler, dt time.Duration, msg string) Handler
```

这里要进行的一个关键观察是包装的处理程序对象 h 必须实现了 http.Handler 接口。此外，我们在第 6 章中了解到 http.ServeMux 类型的值实现了相同的接口。因此，要在所有处理程序中实现全局超时，需要调用 http.TimeoutHandler()函数并将 ServeMux 对象作为值，然后使用返回的处理程序调用 http.ListenAndServe()：

```
mux := http.ServeMux()
mux.HandleFunc("/api/users/", userAPIHandler)
mux.HandleFunc("/healthz", healthcheckHandler)
mTimeout := http.TimeoutHandler(mux, 5*time.Second, "I ran out of
time")
http.ListenAndServe(":8080", mTimeout)
```

在上述设置就绪后，所有已注册的请求处理程序在超时处理程序启动并终止请求处理之前最多有 5 秒钟的时间。你可在本书源代码的 chap7/global-handler-timeout 目录中找到一个演示全局处理程序超时的可运行示例。当然，也可将全局处理程序超时与特定于处理程序的超时结合起来，以实现更精细的超时。将全局处理程序超时与终止处理请求的策略相结合，可以确保服务器在应用程序出现意外情况时能更快地报告故障。

接下来，将从处理程序超时上升一个级别，研究如何使服务器免受请求处理程序之外可能发生的问题的影响。

7.2.2　实现服务器超时

当客户端向 HTTP 应用程序发出请求时，会在较高级别执行以下步骤(忽略任何已注册的中间件)：

(1) 客户端连接被服务器的主协程接受；也就是调用 http.ListenAndServe()函数的地方。

(2) 服务器会部分读取请求以找出请求的路径，例如/api/users/或/healthz。

(3) 如果有为路径注册的处理程序，服务器例程会创建一个 http.Request 对象，其中包含请求标头以及与请求相关的所有信息，正如你在第 5 章中所看到的。

(4) 调用处理程序来处理请求，然后将响应发回给客户端。根据处理程序的逻辑，可能会也可能不会读取请求正文。

在正常情况下，上述所有步骤都在相当短的时间内发生(几毫秒，或者几十秒，具体时长取决于请求)。但是，这里的目标是考虑出现恶意网络连接或行为者时的异常情况。想象一个场景，处理程序开始读取步骤(4)的请求，但客户端恶意地从未停止发送数据。当服务器在向客户端发回响应但客户端恶意缓慢地读取响应时(类似的情况也适用)，服务器耗费的时间比其他情况要长。在这两种情况下，许多这样的客户端可以继续消耗服务器资源，从而使服务器无法执行任何功能(慢客户端攻击属于这种情况)。为在这种情况下给服务器应用程序提供一定程度的安全性，可使用读取和写入超时值配置服务器。

图 7.2 显示了处理请求时上下文中的不同超时。我们已经学习了可以使用 http.TimeoutHandler()函数为每个处理程序配置超时。为什么需要其他超时呢？对于传入的请求流，通过配置 http.TimeoutHandler()函数强制执行的超时仅在请求到达为路径配置的 HTTP 处理程序时才适用。在此之前超时不会生效。对于传出的响应流，此函数强制执行的超时根本没有帮助，因为 http.TimeoutHandler()函数在设计上将在超时后向客户端发出响应，因此可能受到恶意客户端或网络的影响。接下来，将学习如何配置服务器级别的读取和写入超时。

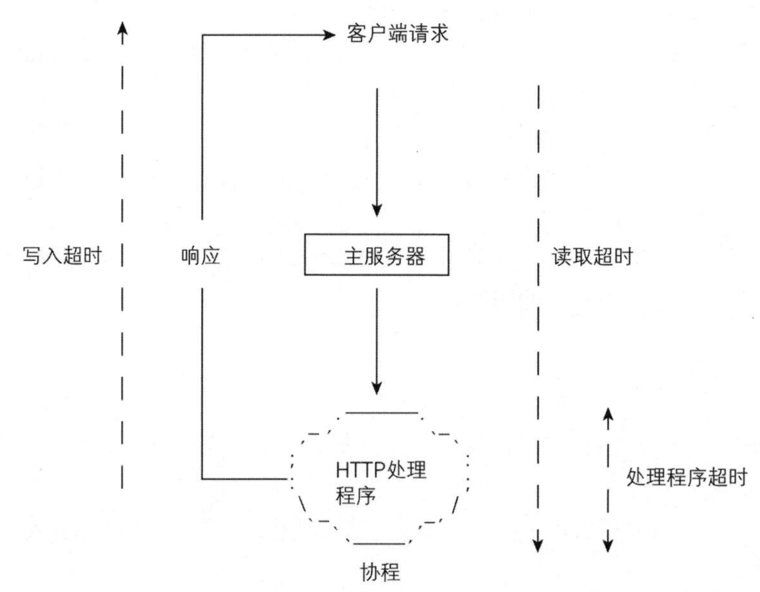

图 7.2 处理 HTTP 请求时的不同超时

启动 HTTP 服务器的 http.ListenAndServe()函数的定义如下(从 Go 1.16 开始)：

```
func ListenAndServe(addr string, handler Handler) error {
      server := &Server{Addr: addr, Handler: handler}
      return server.ListenAndServe()
}
```

它是 net/http 包中定义的结构类型，创建了一个 http.Server 类型的对象。然后调用它的 ListenAndServe()方法。为了进一步配置服务器，例如添加读取和写入超时，我们必须自定义一个服务器对象并调用 ListenAndServe()方法：

```
s := http.Server{
      Addr:   ":8080",
      Handler:   mux,
      ReadTimeout:  5 * time.Second,
      WriteTimeout: 5 * time.Second,
}
log.Fatal(s.ListenAndServe())
```

我们创建一个 http.Server 对象 s，指定几个字段。

- **Addr：** 一个字符串，对应于我们希望服务器侦听的地址。在这里，希望服务器侦听地址“:8080”。
- **Handler：** 满足 http.Handler 接口的对象。这里指定了一个 http.ServeMux 类型的对象 mux。
- **ReadTimeout：** 一个 time.Duration 对象，表示服务器必须读取传入请求的最长时间。这里指定它为 5 秒。
- **WriteTimeout：** 一个 time.Duration 对象，表示服务器必须发出响应的最长时间。这里指定它为 5 秒。

然后在这个对象上调用 ListenAndServe()方法。代码清单 7.4 展示一个配置了读写超时的服务器。它为/api/users/路径注册一个请求处理程序。

代码清单 7.4：配置服务器超时

```
// chap7/server-timeouts/server.go
package main

import (
       "fmt"
       "io"
       "log"
       "net/http"
       "os"
       "time"
)
```

```
func handleUserAPI(w http.ResponseWriter, r *http.Request) {
	log.Println("I started processing the request")
	defer r.Body.Close()

	data, err := io.ReadAll(r.Body)
	if err != nil {
		log.Printf("Error reading body: %v\n", err)
		http.Error(
			w, "Error reading body",
			http.StatusInternalServerError,
		)
		return
	}
	log.Println(string(data))
	fmt.Fprintf(w, "Hello world!")
	log.Println("I finished processing the request")
}

func main() {
	listenAddr := os.Getenv("LISTEN_ADDR")
	if len(listenAddr) == 0 {
		listenAddr = ":8080"
	}

	mux := http.NewServeMux()
	mux.HandleFunc("/api/users/", handleUserAPI)

	s := http.Server{
		Addr:         listenAddr,
		Handler:      mux,
		ReadTimeout:  5 * time.Second,
		WriteTimeout: 5 * time.Second,
	}
	log.Fatal(s.ListenAndServe())
}
```

handleUsersAPI()函数期望对它的请求会有正文。我们在其中添加了各种日志语句，以确保可以了解配置的超时如何影响服务器行为。它将读取正文并记录它，然后发送响应“Hello world!” 给客户端。如果在读取正文时出现错误，它将记录该错误，然后将错误发送回客户端。创建一个新目录 chap7/server-timeout，并在其中初始化一个模块：

```
$ mkdir -p chap7/server-timeout
$ cd chap7/server-timeout
$ go mod init github.com/username/server-timeout
```

接下来，将代码清单 7.4 保存为 server.go。编译并运行应用程序：

```
$ go build -o server
$ ./server
```

在一个单独的终端中，使用 curl 向它发出以下请求：

```
$ curl -request POST http://localhost:8080/api/users/ \
      --data "Hello server"
Hello world!
```

上面的 curl 命令以“Hello server”作为请求正文发出一个 HTTP POST 请求。在服务器端，将看到以下日志语句：

```
2021/05/02 14:03:08 I started processing the request
2021/05/02 14:03:08 Hello server
2021/05/02 14:03:08 I finished processing the request
```

这是服务器在正常情况下的行为。保持服务器运行。

使用我们在 5.7 节中学到的一些技术，可以实现一个发送请求正文的速度非常慢的 HTTP 客户端。你可在源代码存储库的 chap7/client-slow-write 目录中找到客户端代码。在 main.go 文件中，你将看到 longRunningProcess()函数，它将相同的字符串写入 io.Pipe 的写入端，读取端连接到在 for 循环中发送的 HTTP 请求，每次迭代之间休眠 1 秒：

```
func longRunningProcess(w *io.PipeWriter) {
	for i := 0; i <= 10; i++ {
		fmt.Fprintf(w, "hello")
		time.Sleep(1 * time.Second)
	}
	w.Close()
}
```

只要循环继续执行，服务器就会继续读取请求正文。由于服务器的读取超时设置为 5 秒，我们希望请求处理程序永远不会完成读取完整请求。让我们验证一下。

编译客户端并按如下方式运行它(当服务器正在运行时)：

```
$ go build -o client-slow-write

$ ./client-slow-write
2021/05/02 15:37:32 Starting client request
```

```
2021/05/02 15:37:37 Error when sending the request: Post
"http://localhost:8080/api/users/": write tcp
[::1]:52195->[::1]:8080: use of closed network connection
```

上面错误的关键是客户端正在通过关闭的网络连接发送数据，可以看到我们在 5 秒后收到错误，这是服务器的读取超时。

在服务器端，将看到如下日志语句：

```
2021/05/02 15:37:32 I started processing the request
2021/05/02 15:37:37 Error reading body: read tcp
[::1]:8080->[::1]:52195: i/o timeout
```

处理程序开始处理请求。它开始读取请求正文，并在 5 秒后由于读取超时过期而导致在执行此操作时出错。

因此，服务器和请求处理程序中的读取和写入超时在流请求和响应的上下文中具有一些有趣的含义。当服务器配置了 ReadTimeout 时，它将关闭客户端连接，从而终止当前正在处理的任何请求。这当然意味着为从客户端读取流请求(第 5 章)的服务器设置读取超时值是不可能的，因为理论上客户端可以永远继续发送数据。这种情况下，一个或多个请求处理程序希望处理流请求，你可能希望改为设置 ReadHeaderTimeout 配置，该配置仅在读取标头时强制超时。这至少使服务器在全局范围内免受一些恶意和不受欢迎的客户端请求。同样，如果服务器将其响应作为流发送，WriteTimeout 将无法强制执行，除非我们对完成流所需的时间有一个估计的上限。读取(或写入)流数据让使用 http.TimeoutHandler()函数执行超时也很棘手。默认情况下，从 Go 1.16 开始，标准库的输入/输出函数都不支持取消。因此，超时过期事件不会取消处理程序中任何正在进行的输入或输出，并且仅在操作完成后才会检测到。

到目前为止，我们已经学习了在面临意外行为时提高服务器应用程序健壮性的技术，这种行为对于通过计算机网络公开的任何程序都很常见。接下来，将研究在服务器进行计划终止时引入可预测性的实施技术，例如部署新版本的服务器或作为云基础架构中扩展操作的一部分。

7.3 实施优雅的关机

优雅地关闭 HTTP 服务器意味着在服务器停止之前尝试不中断任何正在进行的请求处理。本质上，实现优雅的服务器关闭需要做两件事：

(1) 停止接收任何新请求。

(2) 不终止任何已经在处理的请求。

幸运的是，net/http 库已经通过 http.Server 对象上定义的 shutDown()方法提供了这个功能。调用此方法时，服务器将停止接收任何新请求，终止所有空闲连接，然后等待任何正在运行的请求处理程序完成处理后再返回。可通过传递 context.Context 对象来控制等待的时间。让我们首先编写一个函数，当接收到 SIGINT 或 SIGTERM 信号时，该函数将设置一个信号处理程序(类似于第 2 章中命令行应用程序的实现方式)，并在定义的服务器对象 s 上调用 shutDown()方法：

```
func shutDown(
	ctx context.Context,
	s *http.Server,
	waitForShutdownCompletion chan struct{},
) {
	sigch := make(chan os.Signal, 1)
	signal.Notify(sigch, syscall.SIGINT, syscall.SIGTERM)
	sig := <-sigch
	log.Printf("Got signal: %v . Server shutting down.", sig)
	if err := s.shutDown(ctx); err != nil {
		log.Printf("Error during shutdown: %v", err)
	}
	waitForShutdownCompletion <- struct{}{}
}
```

shutDown()方法调用需要三个参数。

- **ctx**：一个 context.Context 对象，允许你控制 shutDown()方法等待现有请求处理完成的时间。
- **s**：代表服务器的 http.Server 对象，接收到信号会关闭。
- **waitForShutdownCompletion**：struct{}类型的通道。

当程序接收到 SIGINT 或 SIGTERM 其中之一时，将调用 shutDown()方法。当调用返回时，struct{}{}将被写入 waitForShutdownCompletion 通道。这将向主服务器协程指示关闭过程已完成，它可以继续并自行终止。

图 7.3 以图形方式说明了 shutDown()和 ListenAndServe()方法如何交互。代码清单 7.5 展示了一个实现优雅关闭的服务器。

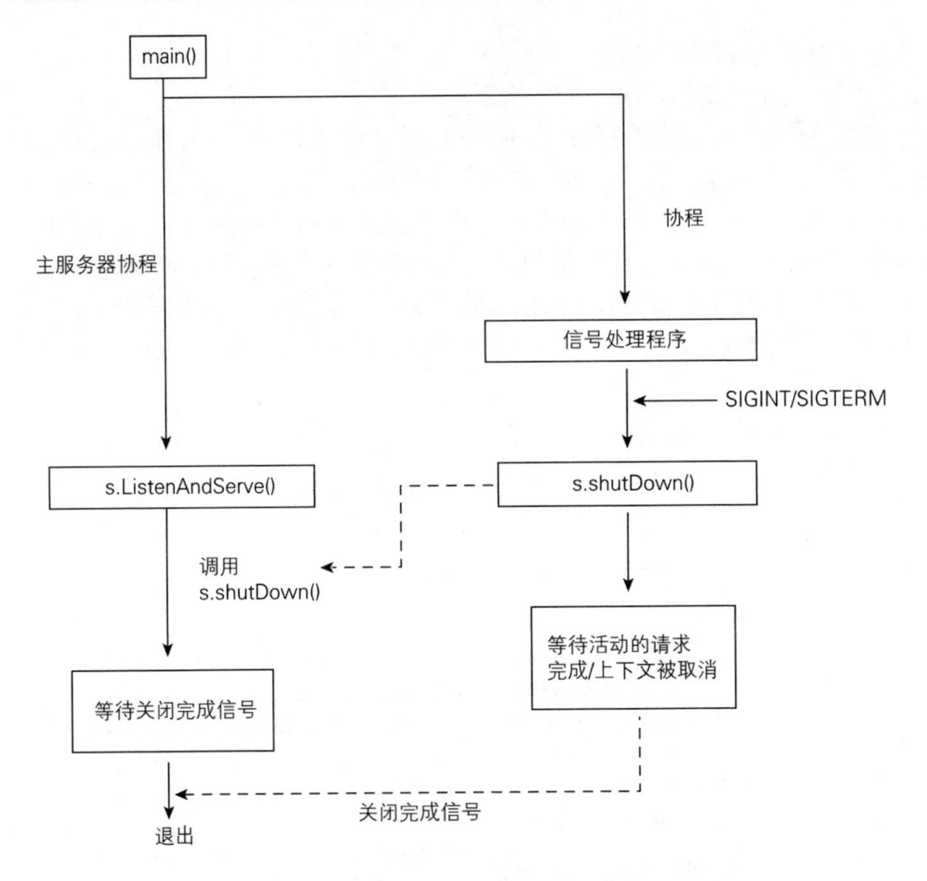

图 7.3　shutDown()和 ListenAndServe()方法之间的交互

代码清单 7.5：在服务器中实现优雅关闭

```
// chap7/graceful-shutdown/server.go
package main

import (
	"context"
	"fmt"
	"io"
	"log"
	"net/http"
	"os"
	"os/signal"
	"syscall"
	"time"
)

// TODO 插入代码清单 7.4 中定义的 handleUserAPI()
```

```
// TODO 插入之前定义的 shutDown()

func main() {
	listenAddr := os.Getenv("LISTEN_ADDR")
	if len(listenAddr) == 0 {
		listenAddr = ":8080"
	}

	waitForShutdownCompletion := make(chan struct{})
	ctx, cancel := context.WithTimeout(
		context.Background(), 30*time.Second,
	)
	defer cancel()

	mux := http.NewServeMux()
	mux.HandleFunc("/api/users/", handleUserAPI)

	s := http.Server{
		Addr:    listenAddr,
		Handler: mux,
	}

	go shutDown(ctx, &s, waitForShutdownCompletion)

	err := s.ListenAndServe()
	log.Print(
		"Waiting for shutdown to complete..",
	)
	<-waitForShutdownCompletion
	log.Fatal(err)
}
```

waitForShutdownCompletion 通道将帮助我们编排主服务器协程和运行 shutDown()函数的协程。我们使用 context.WithTimeout()函数创建一个上下文，该函数将在 30 秒后取消。这将配置服务器的 shutDown()方法等待处理所有现有请求的最长时间。

然后，在协程中调用 shutDown()方法并调用 s.ListenAndServe()函数。请注意，我们不会在 log.Fatal()调用中调用此函数。这是因为当调用 shutDown()方法时，ListenAndServe()函数将立即返回，因此服务器将退出而不等待 shutDown()方法返回。因此，我们将返回的错误值存储在 err 中，记录一条消息，并等待直到将值写入 waitForShutdownCompletion 通道，这会阻止服务器终止。一旦在这个通道上收到一个值，就会记录错误并退出。

创建一个新目录 chap7/graceful-shutdown，并在其中初始化一个模块：

```
$ mkdir -p chap7/graceful-shutdown
$ cd chap7/graceful-shutdown
$ go mod init github.com/username/graceful-shutdown
```

接下来，将代码清单 7.5 保存为 server.go。编译并运行应用程序：

```
$ go build -o server
$ ./server
```

要向该服务器发出请求，将使用自定义客户端；你可在源代码存储库的 chap7/client-slow-write 目录中找到该客户端。编译客户端并按如下方式运行它(当服务器运行时)：

```
$ go build -o client-slow-write
$ ./client-slow-write
2021/05/02 20:28:25 Starting client request
```

现在，一旦你看到上面的日志消息，切换回你运行服务器的终端，然后按 Ctrl+C。你将看到以下日志语句：

```
2021/05/02 20:28:25 I started processing the request
^C2021/05/02 20:28:28 Got signal: interrupt . Server shutting down.
2021/05/02 20:28:28 Waiting for shutdown to complete..
2021/05/02 20:28:36 hellohellohellohellohellohellohello
hellohellohellohello
2021/05/02 20:28:36 I finished processing the request
2021/05/02 20:28:36 http: Server closed
```

请注意，在你按下 Ctrl+C 后，shutDown()方法会等待整个正文被读取，或者等待正在进行的请求完成，然后服务器才会退出。在客户端，你会看到它返回了“Hello world!”响应。

现在，我们已经学会了如何实现一种机制来终止服务器应用程序，使正在进行的请求不会被终止。事实上，可以使用这种机制运行可能需要执行的其他各种复杂的清理操作，例如通知任何具有长期连接的客户端，以便它们可以发送重新连接请求或关闭任何打开的数据库连接等。

在本章的最后一节中，我们将学习如何实现在生产环境中运行服务器时执行的另一项基本功能，即配置与客户端的安全通信通道。

7.4 使用 TLS 保护通信

整本书的章节可以专门讨论传输层安全(TLS)，因为它适用于保护网络通信。TLS 使用加密协议帮助保护服务器和客户端之间的通信。更常见的是，它允许我们实现安全的 Web 服务器，以便客户端-服务器通信通过 HTTPS 而不是普通的 HTTP 进行。要启动 HTTPS 服务器，我们可以使用 http.ListenAndServeTLS()函数或 srv.ListenAndServeTLS()方法，其中 srv 是自定义的 http.Server 对象。ListenAndServeTLS()函数的签名如下：

```
    func ListenAndServeTLS(addr, certFile, keyFile string, handler
Handler)
```

将 ListenAndServeTLS()与 ListenAndServe()函数进行比较会发现，前者需要两个额外的参数——第二个和第三个参数是包含 TLS 证书和密钥文件路径的字符串值。这些文件包含使用加密和解密技术在服务器和客户端之间安全传输数据所需的数据。我们可以自己生成 TLS 证书(所谓的自签名证书)，也可以请其他人(即 CA)为我们生成一个。自签名证书仅可用于保护某个明确定义的边界内(如组织内)的通信。但是，如果要在服务器中使用这样的证书，然后要求组织之外的任何人访问服务器，他们会收到一个错误，指出证书无法识别，因此不会进行安全通信。另一方面，通过 CA 生成的证书将被组织内部或外部的客户信任。大型组织通常会混合使用两种证书：自签名证书用于内部服务(消费者也是内部服务)，通过 CA 颁发的证书用于面向公众的服务。换句话说，对于私有域，我们将使用自签名证书和 CA 颁发的公共域证书。事实上，还可以在组织内部运行证书颁发机构来帮助使用自签名证书。接下来，我们将学习如何使用自签名证书配置安全的 HTTP 服务器。

7.4.1　配置 TLS 和 HTTP/2

首先，我们将使用命令行程序 openssl 创建一个自签名证书和密钥。如果你使用的是 macOS 或 Linux，该程序应该已经安装好了。对于 Windows，请参阅本书的网站以获取说明和其他有用资源的链接。

创建一个新目录 chap7/tls-server，并在其中初始化一个模块：

```
$ mkdir -p chap7/tls-server
$ cd chap7/tls-server
$ go mod init github.com/username/tls-server
```

要使用 openssl 创建自签名证书，请运行以下命令：

```
  $ openssl req -x509 -newkey rsa:4096 -keyout server.key -out
server.crt
-days 365 -subj
"/C=AU/ST=NSW/L=Sydney/O=Echorand/OU=Org/CN= localhost" -nodes
```

上述命令应完成执行并显示以下输出：

```
Generating a 4096 bit RSA private key
.............................................. . .
....................................................
........ . ++
...................................................... . ++
writing new private key to 'server.key'
-----
```

你将看到在 chap7/tls-server 目录中创建了两个文件：server.key 和 server.crt。这些是我们在调用 ListenAndServeTLS()函数时将分别指定的密钥文件和证书。深入研究上述命令的细节超出了本书的范围，但需要注意以下两点：

- 上述证书仅适用于测试目的，因为默认情况下客户端不信任自签名证书。
- 上述证书将仅允许你使用 localhost 域安全地连接到服务器。

配置和启动 HTTPS 服务器，如下所示：

```
func main() {
        # …

        tlsCertFile := os.Getenv("TLS_CERT_FILE_PATH")
        tlsKeyFile := os.Getenv("TLS_KEY_FILE_PATH")

        if len(tlsCertFile) == 0 || len(tlsKeyFile) == 0 {
                log.Fatal(
                        "TLS_CERT_FILE_PATH and TLS_KEY_FILE_PATH
 must be specified")
        }

        # ..

        log.Fatal(
                http.ListenAndServeTLS(
                        listenAddr,
                        tlsCertFile,
                        tlsKeyFile,
                        m,
                ),
        )
}
```

服务器期望证书和密钥文件的路径将被指定为环境变量，分别为 TLS_CERT_FILE_PATH 和 TLS_KEY_FILE_PATH。代码清单 7.6 展示了一个使用 TLS 证书的 HTTP 服务器的完整示例。

代码清单 7.6：使用 TLS 保护 HTTP 服务器

```
// chap7/tls-server/server.go
package main

import (
	"fmt"
	"log"
	"net/http"
	"os"
	"time"
)

func apiHandler(w http.ResponseWriter, r *http.Request) {
	fmt.Fprintf(w, "Hello, world!")
}

func setupHandlers(mux *http.ServeMux) {
	mux.HandleFunc("/api", apiHandler)
}

func loggingMiddleware(h http.Handler) http.Handler {
	return http.HandlerFunc(
		func(w http.ResponseWriter, r *http.Request) {
			startTime := time.Now()
			h.ServeHTTP(w, r)
			log.Printf(
				"protocol=%s path=%s
				method=%s duration=%f",
				r.Proto, r.URL.Path, r.Method,
				time.Now().Sub(startTime).Seconds(),
			)
	})
}

func main() {
	listenAddr := os.Getenv("LISTEN_ADDR")
	if len(listenAddr) == 0 {
		listenAddr = ":8443"
	}

	tlsCertFile := os.Getenv("TLS_CERT_FILE_PATH")
	tlsKeyFile := os.Getenv("TLS_KEY_FILE_PATH")

	if len(tlsCertFile) == 0 || len(tlsKeyFile) == 0 {
		log.Fatal(
			"TLS_CERT_FILE_PATH and TLS_KEY_FILE_PATH
			must be specified")
```

```
    }

    mux := http.NewServeMux()
    setupHandlers(mux)
    m := loggingMiddleware(mux)

    log.Fatal(
        http.ListenAndServeTLS(
            listenAddr,
            tlsCertFile,
            tlsKeyFile, m,
        ),
    )
}
```

我们已将第 5 章中的日志中间件添加到服务器，并为/api 路径注册了一个请求处理程序。请注意，还将 listenAddr 的默认值更改为“:8443”，因为它对于非面向公众的 HTTPS 服务器更为常见。将代码清单 7.6 保存为 chap7/tls-server 目录中的 server.go。按如下方式编译并运行服务器：

```
$ go build -o server
$ TLS_CERT_FILE_PATH=./server.crt TLS_KEY_FILE_PATH=./server.key\
    ./server
```

如果你使用的是 Windows，则必须以不同的方式指定环境变量。对于 PowerShell，可以使用以下命令：

```
C:\> $env:TLS_CERT_FILE_PATH=./server.crt; `
     $env: TLS_KEY_FILE_PATH=./server.key ./server
```

运行服务器后，使用 curl 发出请求：

```
$ curl https://localhost:8443/api
```

你将收到以下错误：

```
curl: (60) SSL certificate problem: self signed certificate
```

这是因为 curl 不信任你的自签名证书。要让 curl 测试你的证书，请指定你向服务器表明的 server.crt 文件：

```
$ curl --cacert ./server.crt https://localhost:8443/api
Hello, world!
```

在服务器端，你将看到正在记录以下消息：

```
2021/05/05 08:17:55 protocol=HTTP/2.0 path=/api method=GET
duration=0.000055
```

通过为 curl 手动指定服务器证书，我们已经能够成功地与服务器进行安全通信。请注意，该协议现在记录为 HTTP/2.0。这是因为当我们启动使用了 TLS 的 HTTP 服务器时，如果客户端支持，Go 会自动切换到使用 HTTP/2 而不是 HTTP /1.1，curl 就是这样做的。事实上，我们在第 3 章和第 4 章中编写的 HTTP 客户端在服务器支持的情况下也会自动使用 HTTP/2。

7.4.2　测试 TLS 服务器

将服务器设置为使用 TLS 后，即使在测试处理程序函数或中间件时，我们也需要确保通过 TLS 与服务器通信。在代码清单 7.7 中，稍微调整一下代码清单 7.6 中启用 TLS 的 HTTP 服务器来配置日志中间件。

代码清单 7.7：使用带有可配置日志记录器的 TLS 保护 HTTP 服务器

```
// chap7/tls-server-test/server.go
package main

import (
        "fmt"
        "log"
        "net/http"
        "os"
        "time"
)

// TODO: 插入代码清单 7.6 中的 apiHandler()

func setupHandlersAndMiddleware(
        mux *http.ServeMux, l *log.Logger,
) http.Handler {
        mux.HandleFunc("/api", apiHandler)
        return loggingMiddleware(mux, l)
}

func loggingMiddleware(h http.Handler, l *log.Logger) http.Handler
{
        return http.HandlerFunc(
                func(w http.ResponseWriter, r *http.Request,
                ) {
                startTime := time.Now()
                h.ServeHTTP(w, r)
                l.Printf(
                        "protocol=%s path=%s method=%s duration=%f",
                        r.Proto, r.URL.Path, r.Method,
```

```
                        time.Now().Sub(startTime).Seconds(),
                )
                })
}

func main() {
        # TODO: Insert the setup code as per Listing 7.6
        mux := http.NewServeMux()
        l := log.New(
                os.Stdout, "tls-server",
                log.Lshortfile|log.LstdFlags,
        )
        m := setupHandlersAndMiddleware(mux, l)

        log.Fatal(
                http.ListenAndServeTLS(
                        listenAddr, tlsCertFile, tlsKeyFile, m,
                ),
        )
}
```

代码清单 7.7 中突出显示了关键更改。我们将处理程序和中间件注册代码组合成一个函数 setupHandlersAndMiddleware()。在 main()函数中，我们新建一个 log.Logger 对象，配置并记录到 os.Stdout，然后调用 setupHandlersAndMiddleware()函数，传入 ServeMux 和 log.Logger 对象。这将允许我们在编写测试函数时配置日志记录器。创建一个新目录 chap7/tls-server-test，并在其中初始化一个模块：

```
$ mkdir -p chap7/tls-server-test
$ cd chap7/tls-server-test
$ go mod init github.com/username/tls-server-test
```

将代码清单 7.7 作为 server.go 保存在 chap7/tls-server-test 目录下，并将 server.crt 和 server.key 文件从 chap7/tls-server 目录复制到 chap7/tls-server-test 目录。

接下来，让我们编写一个测试来验证日志中间件是否正常工作。要启动启用了 TLS 和 HTTP/2 的测试 HTTP 服务器，我们将再次使用 net/http/httptest 包提供的功能：

```
ts := httptest.NewUnstartedServer(m)
ts.EnableHTTP2 = true
ts.StartTLS()
```

首先，通过调用 httptest.NewUnstartedServer()创建服务器配置。这将返回一个*httptest.Server 类型的对象，这是在 net/http/httptest 包中定义的结构类型。然后通过将 EnableHTTP2 字段设置为 true 来启用 HTTP/2。这是为了确保测试服务器尽可能接近“真实”服务器。最后调用 StartTLS()方法。这会自动生成 TLS 证书和密钥对并启动 HTTPS 服务器。为了与这个测试 HTTPS 服务器通信，我们需要使用一个特殊构造的客户端：

```
client := ts.Client()
resp, err := client.Get(ts.URL + "/api")
```

通过调用测试服务器对象的 Client()方法获得的 http.Client 对象被自动配置成信任为测试生成的 TLS 证书。代码清单 7.8 显示了一个验证日志中间件功能的测试。

代码清单 7.8：验证启用 TLS 的 HTTP 服务器的中间件行为

```
// chap7/tls-server-test/middleware_test.go
package main

import (
	"bytes"
	"log"
	"net/http"
	"net/http/httptest"
	"strings"
	"testing"
)

func TestMiddleware(t *testing.T) {
	var buf bytes.Buffer
	mux := http.NewServeMux()
	l := log.New(
			&buf, "test-tls-server",
			log.Lshortfile|log.LstdFlags,
	)
	m := setupHandlersAndMiddleware(mux, l)

	ts := httptest.NewUnstartedServer(m)
	ts.EnableHTTP2 = true
	ts.StartTLS()
	defer ts.Close()

	client := ts.Client()
	_, err := client.Get(ts.URL + "/api")
	if err != nil {
		t.Fatal(err)
	}

	expected := "protocol=HTTP/2.0 path=/api method=GET"
	mLogs := buf.String()
	if !strings.Contains(mLogs, expected) {
```

```
                t.Fatalf(
                        "Expected logs to contain %s, Found: %s\n",
                         expected, mLogs,
                )
        }
}
```

创建一个新的 bytes.Buffer 对象 buf 并在创建新的 log.Logger 对象时将其指定为 io.Writer。为测试服务器获取配置好的客户端后，我们使用 Get()方法发出 HTTP GET 请求。由于是在测试中间件功能，因此丢弃了响应。然后使用 strings.Contains()函数验证 buf 对象中记录的消息是否包含预期的字符串。将代码清单 7.8 作为 middleware_test.go 保存在 chap7/tls-server-test 目录中并运行测试：

```
$ go test -v
=== RUN TestMiddleware
--- PASS: TestMiddleware (0.01s)
PASS
ok github.com/practicalgo/code/chap7/tls-server-test 0.557s
```

我们现在已经学会了如何测试启用了 TLS 的服务器。实际上，你不会像之前那样生成 TLS 证书，也不会手动配置每个客户端(例如 curl 或其他服务)以信任生成的证书。那些做法根本是不可扩展的。相反，请执行以下操作：

- 对于内部域和服务，使用 cfssl(见[1])等工具实现内部可信 CA，然后拥有生成证书和信任 CA 的机制。
- 对于面向公众的域和服务，从受信任的 CA 请求证书；大多数情况下通过自动过程(例如[2])完成，但也可手动执行。

7.5 小结

我们首先学习如何设置处理程序执行的最大时间限制。我们将服务器配置为若处理程序未在指定时间内完成处理请求则向服务器发送 HTTP 503 响应。然后，我们学习了如何编写处理程序，以便在超时已过期或客户端中途断开连接时，它们不会继续处理请求。这些技术可防止服务器资源因不再需要的工作而被占用。

接下来，我们学习了如何为服务器应用程序实现全局读写超时，以及如何为服务器应用程序实现优雅关闭。最后，我们学习了如何使用 TLS 证书在服务器和客户端之间实现安全通信通道。使用这些技术后，HTTP 服务器更接近生产级。附录 A 和附录 B 将简要介绍剩下的一些任务。

在下一章中，我们将学习如何使用 gRPC 构建客户端和服务器，gRPC 是一个构建在 HTTP/2 上的 RPC 框架。

第 8 章

使用 gRPC 构建 RPC 应用程序

我们将在本章学习构建使用 RPC 进行通信的网络应用程序。尽管标准库支持构建此类应用程序，但我们将使用开源通用 RPC 框架 gRPC 来实现。我们将从 RPC 框架的快速背景讨论开始，在学习编写完全可测试的 gRPC 应用程序后结束本章。在此过程中，还将学习使用协议缓冲区(Protocol Buffers，一种接口描述语言)和一种数据交换格式(可通过 gRPC 实现客户端-服务器通信)。

8.1　gRPC 和协议缓冲区

当我们在程序中进行函数调用时，该函数通常是我们自己编写的函数，或者由另一个包提供的函数——来自标准库或第三方包。当我们编译应用程序时，二进制文件中包含该函数的实现。现在想象一下，我们能够进行函数调用，但不是应用程序二进制文件中定义的函数，而是通过网络调用另一个服务中定义的函数。图 8.1 展示了 RPC 客户端和服务器如何通信的典型概览。

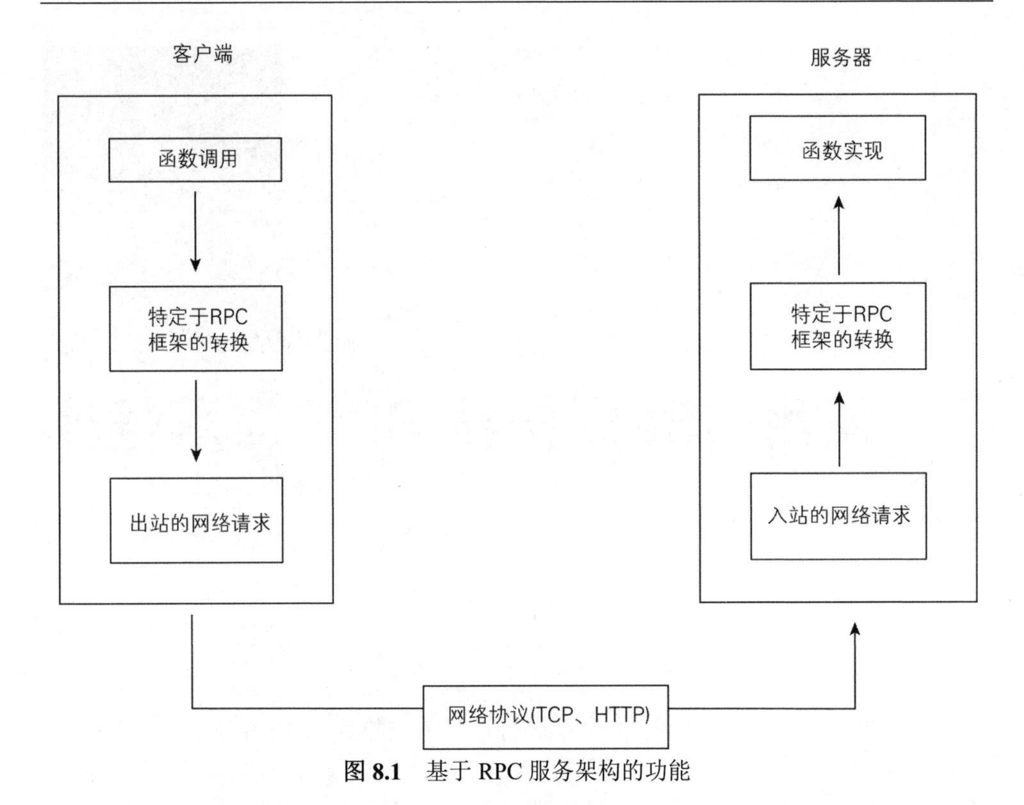

图 8.1　基于 RPC 服务架构的功能

RPC 框架通过解决两个重要问题为我们提供支持：函数调用如何转换为网络请求以及请求本身如何传输。事实上，标准库中的 net/rpc 包提供了编写 RPC 服务器和客户端所需的一些基本功能。可以使用这个包通过 HTTP 或 TCP 实现 RPC 应用程序架构。当然，使用 net/rpc 包的一个直接限制是客户端和服务器都必须用 Go 编写。默认情况下，数据交换使用 Go 特定的 gob 格式进行。

作为对 net/rpc 的改进，net/rpc/jsonrpc 包允许我们使用 JSON 作为 HTTP 上的数据交换格式。因此，服务器现在可以用 Go 编写，但客户端不需要。如果你想在应用程序中实现 RPC 架构而不是 HTTP，这非常好。然而，JSON 作为数据交换语言有一些固有的局限性；序列化和反序列化成本以及数据类型缺乏本地保证是最重要的因素。

因此，当你希望围绕 RPC 调用设计与语言无关的架构时，建议选择围绕更高效的数据交换格式构建的 RPC 框架。此类框架的例子有 Apache Thrift 和 gRPC。与标准库的 RPC 支持相比，通用 RPC 框架的主要优势在于它使我们能够使用不同的编程语言编写服务器和客户端应用程序。

当然，本章的重点是 gRPC。语言中立的框架(例如 gRPC)支持以任何受支持的语言编写的客户端和服务器。它使用更高效的数据交换格式——协议缓冲区(Protocol Buffers)，简称 protobuf。protobuf 数据格式只有机器可读(与 JSON 不同)，而协议缓冲区语言是人类可读的。实际上，使用 gRPC 创建应用程序的第一步是使用协议缓冲区语言定义服务接口。

以下代码片段显示了协议缓冲区语言中的服务定义。我们将调用 Users 服务，它声明了一个方法 GetUser()。此方法接收输入消息并返回输出消息，如下所示：

```
service Users {
  rpc GetUser (UserGetRequest) returns (UserGetReply) {}
}
```

GetUser 方法接收 UserGetRequest 类型的输入消息，并返回 UserGetReply 类型的消息。在 gRPC 中，函数必须始终具有输入消息并返回输出消息。因此，客户端和服务器应用程序通过传递消息进行通信。

什么是消息？ 它充当需要在客户端和服务器之间移动的数据的信封。消息的定义类似于结构类型。GetUser 方法的目的是允许客户端根据用户的电子邮件或其他标识符查询用户。因此，我们将使用两个字段定义 UserGetRequest 消息，如下所示：

```
message UserGetRequest {
   string email = 1;
   string id = 2;
}
```

在消息定义中，我们定义了两个字段：email(一个字符串)和 id(另一个字符串)。消息中的字段定义必须指定三件事：类型、名称和编号。字段的类型可以是当前支持的整数类型之一(int32、int64 等)、float、double、bool(用于布尔数据)、字符串和字节(用于任意数据)。

还可以将字段定义为另一种消息类型。字段的名称必须全部小写，并使用下画线字符“_”分隔多个单词，例如 first_name。字段编号是表示字段在消息中位置的一种方式。字段编号可以从 1 开始到 2^29，其中某些范围仅供内部使用。一种推荐的策略是在字段编号内留出间隔。例如，我们可以将第一个字段编号为 1，然后将 10 用于下一个字段。这意味着可在稍后添加任何其他字段，而不必重新对字段进行编号，并且可将相关字段彼此紧密分组。

值得指出的是，字段编号是应用程序不必考虑的内部细节，因此应谨慎分配字段编号，切勿更改，并在设计时考虑到未来的修订。本章后面关于向前和向后兼容性的章节将涉及这个主题。

接下来，我们将 UserGetReply 消息定义如下：

```
message UserGetReply {
  User user = 1;
}
```

上面的消息包含一个 User 类型的字段 user。我们将按如下方式定义 User 消息：

```
message User {
   string id = 1;
   string first_name = 2;
   string last_name = 3;
   int32 age = 4;
}
```

图 8.2 总结了 gRPC 服务的 protobuf 规范的不同部分。在后续章节中，我们将学习如何在 gRPC 服务器上注册多个服务。

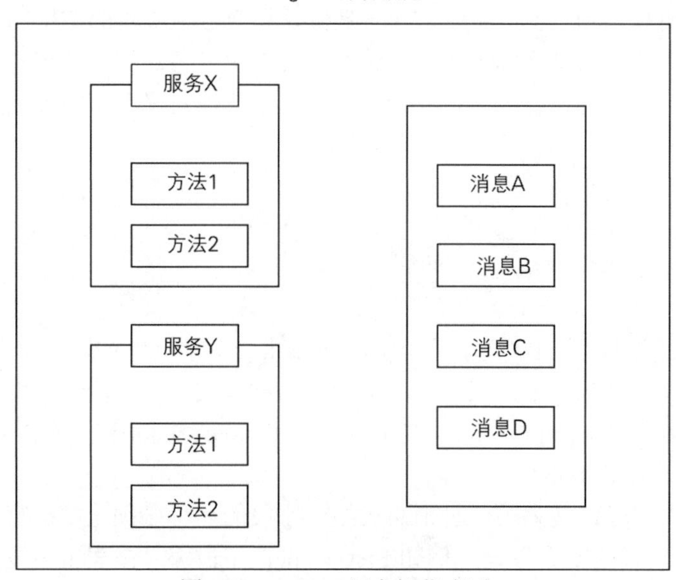

图 8.2　protobuf 语言规范(部分)

一旦定义了服务接口，就可将定义转换为可在应用程序中使用的格式。这个翻译过程将使用 protobuf 编译器 protoc 和用于编译器的特定语言插件 protoco-gen-go 完成。值得一提的是，只需要直接与 protoc 命令交互。如果你没有按照入门章节中的说明完成安装，那么在继续阅读下一节之前，请先完成安装。

8.2　编写第一个服务

Users 服务定义了一个方法 GetUser 来获取特定用户。代码清单 8.1 显示了服务的完整 protobuf 规范以及消息类型。

代码清单 8.1：Users 服务的 protobuf 规范

```
// chap8/user-service/service/users.proto

syntax = "proto3";
option go_package = "github.com/username/user-service/service";

service Users {
  rpc GetUser (UserGetRequest) returns (UserGetReply) {}
}

message UserGetRequest {
  string email = 1;
  string id = 2;
}

message User {
  string id = 1;
  string first_name = 2;
  string last_name = 3;
  int32 age = 4;
}

message UserGetReply {
  User user = 1;
}
```

创建一个新目录 chap8/user-service/service，并在其中初始化一个模块：

```
$ mkdir -p chap8/user-service/service
$ cd chap8/user-service/service
$ go mod init github.com/username/user-service/service
```

接下来，将代码清单 8.1 保存为一个新文件 users.proto。

下一步是生成我所说的“魔术胶水”。这本质上是将人类可读的 protobuf 定义(代码清单 8.1)、服务器和客户端应用程序实现(我们将编写)以及两者之间通过网络进行的机器可读 protobuf 数据交换联系在一起。回到图 8.1，一个请求的 RPC 框架特定转换由生成的代码执行。

在 chap8/user-service/service 目录下运行以下命令：

```
$ cd chap8/user-service/service
$ protoc --go_out=. --go_opt=paths=source_relative \
  --go-grpc_out=. --go-grpc_opt=paths=source_relative \
  users.proto
```

--go_out 和 go-grpc_out 选项指定生成这些文件的路径。这里指定为当前目录。--go_opt=paths=source_relative 和--go-grpc_opt=paths=source_relative 指定文件应该根据 users.proto 文件的位置生成。结果是，当命令完成后，我们将看到在 service 目录中创建了两个新文件：users.pb.go 和 users_grpc.pb.go。我们永远不会手动编辑这些文件。它们在非常高的层次上定义 protobuf 消息类型的 Go 代码以及将实现的服务的接口。由于在服务目录中初始化了一个模块 github.com/username/user-service/service，因此我们将在编写服务器和客户端应用程序时导入各种类型并调用该模块定义的函数。

8.2.1 编写服务器

编写 gRPC 服务器应用程序与编写 HTTP 服务器应用程序的步骤类似：创建服务器、编写服务处理程序以处理来自客户端的请求，并向服务器注册处理程序。创建服务器需要两个步骤：创建网络侦听器并在该侦听器上创建新的 gRPC 服务器：

```
lis, err := net.Listen("tcp", ":50051")
s := grpc.NewServer()
log.Fatal(s.Serve(lis))
```

使用 net 包中定义的 net.Listen()函数启动 TCP 侦听器。函数的第一个参数是要创建的侦听器类型，在本例中为 TCP，第二个参数是要侦听的网络地址。

这里设置了侦听器，以便它在端口 50051 上侦听所有网络接口。与 HTTP 服务器的 8080 一样，50051 是 gRPC 服务器使用的常规端口。创建侦听器后，我们使用 grpc.NewServer()函数创建一个 grpc.Server 对象。google.golang.org/grpc 定义了能够编写 gRPC 应用程序的类型和函数。

最后，调用在此对象上定义的 Serve()方法传递侦听器。此方法仅在终止服务器或出现错误时返回。这是一个功能齐备的 gRPC 服务器。但是，它还不知道如何接收和处理对 Users 服务的请求。

下一步是实现 GetUser()方法。为了定义这个方法，我们将导入之前生成的包：

```
import users "github.com/username/user-service/service"
```

此处使用导入别名 users，以便能够在服务器代码的其他地方方便地识别它。然后定义一个类型 userService，它有一个结构类型的字段：users.Unimplemented-UsersServer。这对于 gRPC 中的任何服务实现都是强制性的，这是实现 Users 服务的第一步：

```
type userService struct {
    users.UnimplementedUsersServer
}
```

userService 类型是 Users 服务的服务处理程序。接下来，将 GetUser()方法定义为 server 结构的方法：

```
func (s *userService) GetUser(
        ctx context.Context,
        in *users.UserGetRequest,
) (*users.UserGetReply, error) {
        log.Printf(
                "Received request for user with Email: %s Id: %s\n",
                in.Email,
                in.Id,
        )
        components := strings.Split(in.Email, "@")
        if len(components) != 2 {
                return nil, errors.New("invalid email address")
        }
        u := users.User{
                Id:        in.Id,
                FirstName: components[0],
                LastName:  components[1],
                Age:       36,
        }
        return &users.UserGetReply{User: &u}, nil
}
```

GetUser() 方法接收两个参数：一个 context.Context 对象和一个 users.UserGetRequest 对象。它返回两个值：一个 *users.UserGetReply 类型的对象和一个错误。请注意 RPC 方法的 Go 等效方法 GetUser()如何返回一个附加值——一个错误。对于其他语言，这可能会有所不同。

与消息对应的结构类型在 users.pb.go 文件中定义。每个结构都有 protobuf 内部的一些字段，但我们会看到它包含 protobuf 规范的 Go 代码。

首先，看一下 UserGetRequest 结构：

```
type UserGetRequest struct {
      # other fields
        Email string
        Id string
}
```

同样，UserGetReply 结构包含一个 User 字段：

```
type UserGetReply struct {
    # other fields
     User *User
}
```

User 类型将包含 Id、FirstName、LastName 和 Age 字段：

```
type User struct {
      # Other fields
      Id string
      FirstName string
      LastName string
      Age int32
}
```

该方法的实现记录传入的请求，从电子邮件地址中提取用户和域名，创建一个假的 User 对象，并返回一个 UserGetReply 值和一个 nil 错误值。如果电子邮件地址格式不正确，将返回一个空的 UserGetReply 值和一个错误值。

实现 gRPC 服务器应用程序的最后一步是向 gRPC 服务器注册 Users 服务：

```
lis, err := net.Listen("tcp", listenAddr)
s := grpc.NewServer()
users.RegisterUsersServer(s, &userService{})
log.Fatal(s.Serve(lis))
```

我们调用通过运行 protoc 命令生成的 users.RegisterUsersServer()函数将 Users 服务处理程序注册到 gRPC 服务器。这个函数有两个参数。第一个参数是 *grpc.Server 对象，第二个参数是 Users 服务的实现，这里就是我们定义的 userService 类型。图 8.3 以图形方式说明了所涉及的不同步骤。

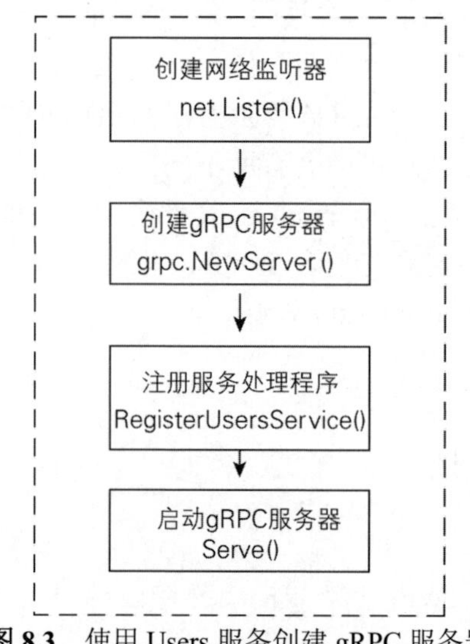

图 8.3 使用 Users 服务创建 gRPC 服务器

代码清单 8.2 显示了服务器的完整代码清单。

代码清单 8.2：Users 服务的 gRPC 服务器

```go
// chap8/user-service/server/sever.go
package main

import(
	"context"
	"log"
	"net"
	"os"

	users "github.com/username/user-service/service"
	"google.golang.org/grpc"
)

type userService struct {
	users.UnimplementedUsersServer
}

// TODO: 插入之前定义的 GetUser()函数

func registerServices(s *grpc.Server) {
	users.RegisterUsersServer(s, &userService{})
}

func startServer(s *grpc.Server, l net.Listener) error {
	return s.Serve(l)
}

func main() {
	listenAddr := os.Getenv("LISTEN_ADDR")
	if len(listenAddr) == 0 {
		listenAddr = ":50051"
	}

	lis, err := net.Listen("tcp", listenAddr)
	if err != nil {
		log.Fatal(err)
	}
	s := grpc.NewServer()
	registerServices(s)
	log.Fatal(startServer(s, lis))
}
```

在 chap8/user-service 目录中创建一个新目录 server。在其中初始化一个模块，如下所示：

```
$ mkdir -p chap8/user-service/server
$ cd chap8/user-service/server
$ go mod init github.com/username/user-service/server
```

接下来，将代码清单 8.2 保存为一个新文件 server.go。从 server 目录中运行以下命令：

```
$ go get google.golang.org/grpc@v1.37.0
```

上述命令将获取 google.golang.org/grpc/包，更新 go.mod 文件，并创建一个 go.sum 文件。最后一步是手动将 github.com/username/user-service/service 包的信息添加到 go.mod 文件中。编辑 go.mod 文件以添加以下内容：

```
require. v0.0.0
replace github.com/username/user-service/service => ../service
```

上述指令将指示 go 工具链在../service 目录中查找 github.com/username/user-service/service 包。最终的 go.mod 文件如代码清单 8.3 所示。

代码清单 8.3：Users gRPC 服务器的 go.mod 文件

```
// chap8/user-service/server/go.mod
module github.com/username/user-service/server

go 1.16

require (
       github.com/username/user-service/service v0.0.0
       google.golang.org/grpc v1.37.0 // indirect
)

replace github.com/username/user-service/service => ../service
```

现在我们已准备好编译服务器并按如下方式运行它：

```
$ go build -o server
$ ./server
```

服务器现在已启动并正在运行。让我们通过编写一个客户端与服务器交互来看看它是否可以正常工作。

8.2.2 编写一个客户端

建立客户端连接涉及三个步骤。第一步是建立与服务器的连接，称为通道。我们通过 google.golang.org/grpc 包中定义的 grpc.DialContext()函数来做到这一点。让我们编写一个函数来执行此操作：

```
func setupGrpcConnection(addr string) (*grpc.ClientConn, error) {
        return grpc.DialContext(
                context.Background(),
                addr,
                grpc.WithInsecure(),
                grpc.WithBlock(),
        )
}
```

使用单个字符串值(要连接的服务器的地址)调用 setupGrpcConnection()函数，例如 localhost:50051 或 127.0.0.1:50051。然后，使用三个参数调用 grpc.DialContext()函数。

第一个参数是一个 context.Context 对象。在这里，我们通过调用 context.Background()函数来创建一个新的对象。第二个参数是一个字符串值，其中包含要连接的服务器或目标的地址。grpc.DialContext()函数具有可变参数，最后一个参数是 grpc.DialOption 类型。因此，我们可以不指定或指定任意数量的 grpc.DialOption 类型的值。这里指定了两个这样的值：

- grpc.WithInsecure()与服务器建立非 TLS(传输层安全)连接。在后续章节中，我们将学习如何配置客户端和服务器以使 gRPC 应用程序通过 TLS 加密通道进行通信。
- grpc.WithBlock()以确保在函数返回之前建立连接。这意味着如果在服务器启动并运行之前运行客户端，它将无限期地等待。

grpc.DialContext()函数的返回值是一个 grpc.ClientConn 类型的对象。

一旦创建一个与服务器通信的通道(即一个有效的 grpc.ClientConn 对象)，我们就创建了一个客户端来与 Users 服务通信。下面编写一个函数 getUsersServiceClient()来实现这一点：

```
import users "github.com/username/user-service/service"
func getUserServiceClient(conn *grpc.ClientConn)
users.UsersClient {
        return users.NewUsersClient(conn)
}
```

我们使用从 setupGrpcConn()函数获得的*grpc.ClientConn 对象调用 getUserServiceClient()函数。然后，此函数调用作为代码生成步骤一部分的 users.NewUsersClient()函数，返回值是一个类型为 users.UsersClient 的对象。

剩下的最后一步是调用 Users 服务中的 GetUser()方法。让我们编写另一个函数来做这件事：

```
func getUser(
```

```
        client users.UsersClient,
        u *users.UserGetRequest,
) (*users.UserGetReply, error) {
        return client.GetUser(context.Background(), u)
}
```

getUser()函数有两个传入参数：一个配置为与 Users 服务通信的客户端和一个发送到服务器的请求(一个 users.UserGetRequest 对象)。在函数内部，我们使用 context 对象和传入的 users.UserGetRequest 值 u 调用 GetUser()函数。返回值是 users.UserGetReply 类型的对象和一个错误值。getUser()函数将按如下方式调用：

```
result, err := getUser(
      c,
      &users.UserGetRequest{Email: "jane@doe.com"},
)
```

代码清单 8.4 显示了客户端的完整代码清单。

代码清单 8.4：Users 服务的客户端

```
// chap8/user-service/client/main.go
package main

import (
      "context"
      "fmt"
      "log"
      "os"

      users "github.com/username/user-service/service"
      "google.golang.org/grpc"
)

// TODO: 插入之前定义的 setupGrpcConn()函数
// TODO: 插入之前定义的 getUsersServiceClient()函数
// TODO: 插入之前定义的 getUser()函数

func main() {
      if len(os.Args) != 2 {
            log.Fatal(
                  "Must specify a gRPC server address",
            )
      }
      conn, err := setupGrpcConn(os.Args[1])
      if err != nil {
            log.Fatal(err)
      }
```

```
        defer conn.Close()

        c := getUserServiceClient(conn)

        result, err := getUser(
                c,
                &users.UserGetRequest{Email: "<?b
                Start?>jane@doe.com<?b End?>"},
        )
        if err != nil {
                log.Fatal(err)
        }
        fmt.Fprintf(
                os.Stdout, "User: %s %s\n",
                result.User.FirstName,
                result.User.LastName,
        )
}
```

在 main()函数中，首先检查客户端是否指定了要连接的服务器地址作为命令行参数。如果没有指定，将退出并显示错误消息。然后调用 setupGrpcConn()函数，传入服务器地址。我们在 defer 语句中调用连接对象的 Close()方法，以便在程序退出之前关闭客户端连接。此后调用 getUsersServiceClient()函数来获取一个客户端与 Users 服务进行通信。接下来，使用*users.UserGetRequest 类型的值调用 getUser()函数。请注意，没有在值中指定 Id 字段，因为默认情况下 protobuf 消息中的字段是可选的。因此，也可发送一个空值，也就是&users.UserGetRequest{}。当调用从 getUser()函数返回时，结果中的值是 users.UserGetReply 类型。该值包含一个 users.User 类型的字段，这里调用 fmt.Fprintf()函数来显示两个字符串值：FirstName 和 LastName。

在 chap8/user-service 中创建一个新目录 client。在其中初始化一个模块，如下所示：

```
$ mkdir -p chap8/user-service/client
$ cd chap8/user-service/client
$ go mod init github.com/username/user-service/client
```

接下来，将代码清单 8.4 保存为一个新文件 main.go。从 client 目录下运行以下命令：

```
$ go get google.golang.org/grpc@v1.37.0
```

上述命令将获取 google.golang.org/grpc/包，更新 go.mod 文件，并创建一个 go.sum 文件。最后一步是手动将 github.com/username/user-service/servic 包的信息添加到 go.mod 文件中。最终的 go.mod 文件如代码清单 8.5 所示。

代码清单 8.5：Users 服务客户端的 go.mod 文件

```
// chap8/user-service/client/go.mod
module github.com/username/user-service/client

go 1.16

require (
        github.com/username/user-service/service v0.0.0
        google.golang.org/grpc v1.37.0
)

replace github.com/username/user-service/service => ../service
```

目录 chap8/user-service 现在应该如图 8.4 所示。

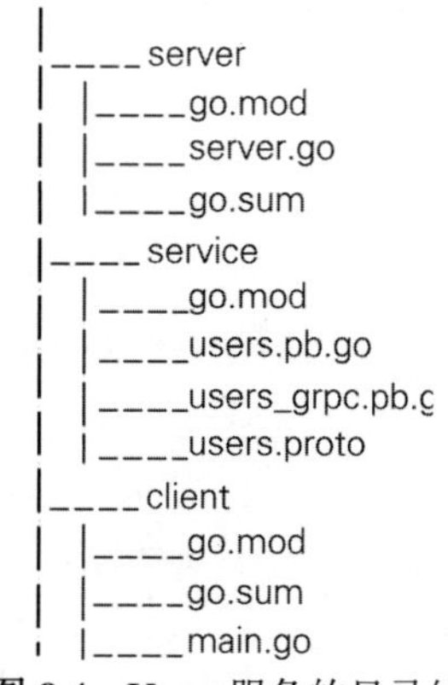

图 8.4 Users 服务的目录结构

现在我们已准备好编译客户端并按如下方式运行它：

```
$ cd chap8/user-service/client
$ go build -oclient
$ ./client localhost:50051
User: Jane Doe
```

在服务器端将看到如下的消息：

```
2021/05/16 08:23:52 Received request for user with Email:
jane@doe.com Id:
```

我们已经编写了通过 gRPC 进行通信的第一个服务器和客户端应用程序。接下来，我们将学习如何编写测试来验证客户端和服务器的行为。

8.2.3　测试服务器

用于测试客户端和服务器的关键组件是 google.golang.org/grpc/test/bufconn (以下称为 bufconn)包。它允许我们在 gRPC 客户端和服务器之间建立一个完整的内存通信通道。不会创建一个真正的网络侦听器，而是在测试中使用 bufconn 包创建一个。这避免了在测试过程中需要设置真实的网络服务器和客户端，同时确保我们最关心的逻辑是可测试的。

下面编写一个函数为 Users 服务启动一个测试 gRPC 服务器：

```
func startTestGrpcServer() (*grpc.Server, *bufconn.Listener) {
        l := bufconn.Listen(10)
        s := grpc.NewServer()
        registerServices(s)
        go func() {
                err := startServer(s, l)
                if err != nil {
                        log.Fatal(err)
                }
        }()
        return s, l
}
```

首先，通过调用 bufconn.Listen()函数创建一个*bufconn.Listener 对象。传递给这个函数的参数是侦听队列的大小。这种情况下，它仅意味着我们可以在任何给定时间点与服务器建立多少连接。对于我们的测试来讲，10 个就足够了。

接下来，通过调用 grpc.NewServer()函数创建一个*grpc.Server 对象。然后调用服务器实现中定义的 registerServices()函数向服务器注册服务处理程序，在一个协程中调用 startServer()函数。最后返回*grpc.Server 和*bufconn.Listener 值。为与测试服务器通信，需要一个专门配置的客户端。

首先，创建一个拨号器，即满足特定签名的函数，如下所示：

```
bufconnDialer := func(
                ctx context.Context, addr string,
        ) (net.Conn, error) {
                return l.Dial()
 }
```

该函数接收一个 context.Context 对象和一个包含要连接的网络地址的字符串。它返回两个值：一个 net.Conn 类型的对象和一个 error 值。这里简单地返回 l.Dial()函数返回的值，其中 l 是通过调用 bufconn.Listen()函数创建的 bufconn.Listener 对象。

接下来创建特殊配置的客户端，如下所示：

```
client, err := grpc.DialContext(
            context.Background(),
            "", grpc.WithInsecure(),
            grpc.WithContextDialer(bufconnDialer),
 )
```

这里需要注意两个关键的观察结果。首先，为 DialContext()函数调用指定一个空地址字符串(第二个参数)。其次，最后一个参数是对 grpc.WithContextDialer()函数的调用，传递了我们在上面创建的 bufConnDialer 函数作为参数。这要求 grpc.DialContext()函数使用我们通过 grpc.WithContextDialer()函数调用指定的拨号器。实质上是要求它使用 bufConnDialer 函数将要建立的内存网络连接。图 8.5 以图形方式演示了这一点，比较了通过真实网络侦听器与通过 bufconn 创建的客户端-服务器通信。

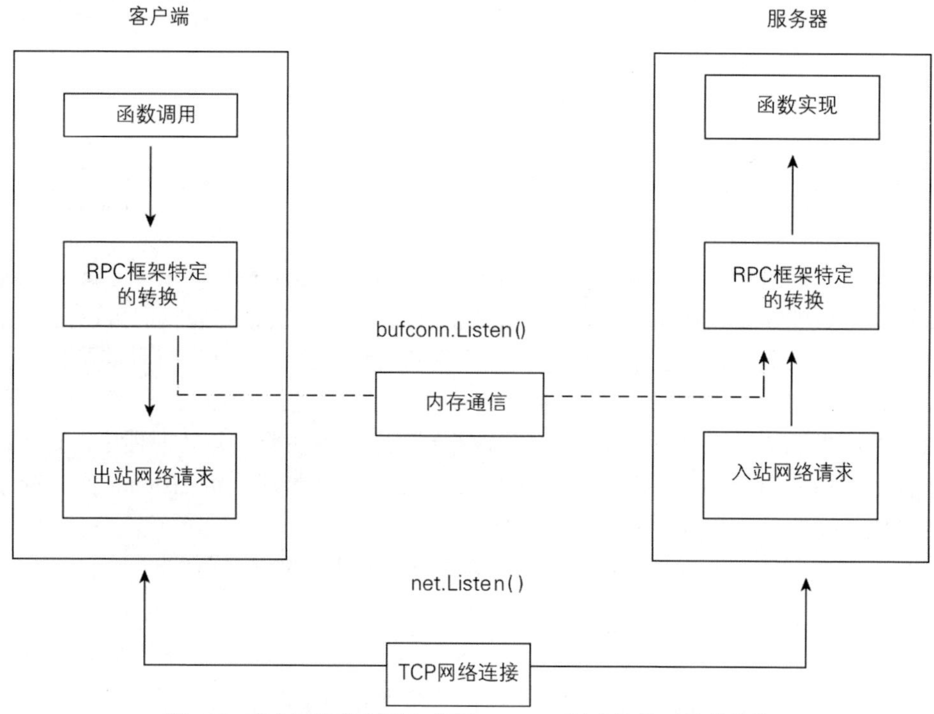

图 8.5 真实网络侦听器与使用 bufconn 创建的侦听器的比较

一旦创建了一个配置为与测试服务器通信的 grpc.Client，剩下的就是向客户端发出请求并验证响应。代码清单 8.6 展示了完整的测试函数。

代码清单 8.6：测试 Users 服务

```
// chap8/user-service/server/server_test.go
package main
```

```
import (
	"context"
	"log"
	"net"
	"testing"

	users "github.com/username/user-service-test/service"
	"google.golang.org/grpc"
	"google.golang.org/grpc/test/bufconn"
)

// TODO 插入之前定义的 startTestGrpcServer()
func TestUserService(t *testing.T) {

	s, l := startTestGrpcServer()
	defer s.GracefulStop()

	bufconnDialer := func(
		ctx context.Context, addr string,
	) (net.Conn, error) {
		return l.Dial()
	}

	client, err := grpc.DialContext(
		context.Background(),
		"", grpc.WithInsecure(),
		grpc.WithContextDialer(bufconnDialer),
	)
	if err != nil {
		t.Fatal(err)
	}
	usersClient := users.NewUsersClient(client)
	resp, err := usersClient.GetUser(
		context.Background(),
		&users.UserGetRequest{
			Email: "jane@doe.com",
			Id:    "foo-bar",
		},
	)

	if err != nil {
		t.Fatal(err)
	}
	if resp.User.FirstName != "jane" {
		t.Errorf(
			"Expected FirstName to be: jane, Got: %s",
```

```
                        resp.User.FirstName,
                )
        }

}
```

设置一个延迟语句来调用为*grpc.Server 对象定义的 GracefulStop()方法。这样做是为了确保在测试退出之前停止服务器。将代码清单 8.6 命名为新文件 server_test.go，保存在 chap8/user-service/server/目录下，并按如下方式运行测试：

```
$ go test
2021/05/28 16:57:42 Received request for user with Email:
jane@doe.com
Id: foo-bar
PASS
ok.  github.com/practicalgo/code/chap8/user-service/server 0.133s
```

接下来为客户端编写一个测试。

8.2.4 测试客户端

为客户端编写测试时，将为 Users 服务实现一个虚设的服务器：

```
type dummyUserService struct {
        users.UnimplementedUsersServer
}
```

然后为这种类型定义虚设的 GetUser()方法：

```
func (s *dummyUserService) GetUser(
        ctx context.Context,
        in *users.UserGetRequest,
) (*users.UserGetReply, error) {
        u := users.User{
                Id: "user-123-a",
                FirstName: "jane",
                LastName: "doe",
                Age: 36,
        }
        return &users.UserGetReply{User: &u}, nil
}
```

接下来，将定义一个函数来创建 gRPC 服务器并注册一个虚设的服务实现：

```
func startTestGrpcServer() (*grpc.Server, *bufconn.Listener) {
        l := bufconn.Listen(10)
        s := grpc.NewServer()
```

```
        users.RegisterUsersServer(s, &dummyUserService{})
        go func() {
                err := startServer(s, l)
                if err != nil {
                        log.Fatal(err)
                }
        }()
        return s, l
}
```

startTestGrpcServer()函数与我们为服务器编写的函数完全一样，只是注册了虚设的服务：users.RegisterUsersServer(s, &dummyUserService{})。我们在一个单独的协程中启动服务器并返回*bufconn.Listener 值，以便可以为客户端创建一个拨号器，这类似于在测试服务器时所做的。这个想法是我们希望服务器在后台运行，同时在剩下的测试中向它发出请求。

最后的步骤是调用 GetUser() RPC 方法，然后验证结果。代码清单 8.7 展示了完整的测试函数。

代码清单 8.7：测试 Users 服务客户端

```
// chap8/user-service/client/client_test.go
package main

import (
       "context"
       "log"
       "net"
       "testing"

       users "github.com/username/user-service/service"
       "google.golang.org/grpc"
       "google.golang.org/grpc/test/bufconn"
)

type dummyUserService struct {
       users.UnimplementedUsersServer
}

// TODO 插入之前定义的 GetUser()

// TODO 插入之前定义的 startTestGrpcServer()
func TestGetUser(t *testing.T) {

        s, l := startTestGrpcServer()
        defer s.GracefulStop()
```

```
        bufconnDialer := func(
                ctx context.Context, addr string,
        ) (net.Conn, error) {
                return l.Dial()
        }

        conn, err := grpc.DialContext(
                context.Background(),
                "", grpc.WithInsecure(),
                grpc.WithContextDialer(bufconnDialer),
        )
        if err != nil {
                t.Fatal(err)
        }

        c := getUserServiceClient(conn)
        result, err := getUser(
                c,
                &users.UserGetRequest{Email: "jane@doe.com"},
        )
        if err != nil {
                t.Fatal(err)
        }

        if result.User.FirstName != "jane" ||
                result.User.LastName != "doe" {
                t.Fatalf(
                        "Expected: jane doe, Got: %s %s",
                        result.User.FirstName,
                        result.User.LastName,
                )
        }
}
```

将代码清单 8.7 命名为新文件 client_test.go，保存在 chap8/user-service/client 目录中。运行测试如下：

```
$ go test
PASS
ok  github.com/practicalgo/code/chap8/user-service/client 0.128s
```

在继续之前，让我们总结一下到目前为止所学到的知识。要创建 gRPC 网络应用程序，我们必须首先使用协议缓冲区语言创建服务规范。然后，使用 protobuf 编译器(protoc)和 go 插件来生成“魔术胶水”。这会生成用来处理数据的序列化和反序列化之类低级工作的代码，并通过客户端和服务器之间的网络进行通信。从生成的代码中使用类型、实现接口和调用函数，然后编写服务器和客户端实现。最后测试服务器和客户端。

值得将这个过程与编写HTTP服务器和客户端的过程进行简要比较。首先，让我们看一个gRPC服务器和一个HTTP服务器。两种类型的服务器应用程序都设置了网络服务器和处理网络请求的函数。HTTP服务器可以定义任意的处理程序(函数)并注册它们用来处理任意路径，而gRPC服务器只能注册函数来处理由相应的protobuf规范定义的RPC调用。

通过比较HTTP客户端和gRPC客户端，我们也可以看到相似之处，例如创建客户端，然后发送请求。虽然HTTP客户端可以向HTTP服务器发出任意请求，并且在发送无效请求时可能收到错误作为响应，但gRPC客户端仅限于发出由协议缓冲区规范定义的RPC调用。此外，客户端必须知道RPC服务器定义的消息类型才能将消息发送到理解它的服务器。对于HTTP应用程序，客户端没有任何此类强制要求。

接下来，让我们探讨使用协议缓冲区时的两个关键问题：序列化和反序列化，以及数据格式随时间的演变。

8.3　protobuf消息的详细介绍

消息是gRPC应用程序的基石。当我们从另一个应用程序与gRPC应用程序交互时，会发现必须能够将数据字节转换为协议缓冲区，反之亦然。接下来先研究这个，然后将学习如何随着应用程序的发展设计向后和向前兼容的protobuf消息。

8.3.1　序列化和反序列化

看一下对Users服务的GetUser()函数的请求。在客户端和测试中，创建一个GetUserRequest类型的值，如下所示：

```
u := users.UserGetRequest{Email: "jane@doe.com"}
```

然后调用 GetUser()函数传递这个请求。现在，如果从客户端应用程序调用GetUser()函数，用户可以指定搜索查询，它是映射到底层UserGetRequest消息类型的JSON格式字符串吗？回顾一下UserGetRequest消息的定义：

```
message UserGetRequest {
   string email = 1;
   string id = 2;
}
```

直接映射到此消息类型对象的 JSON 格式字符串示例是{"email": jane@doe.com, "id": "user-123"}。让我们看看如何将此 JSON 字符串转换为 UserGetRequest 对象：

```
u := users.UserGetRequest{}
jsonQuery = `'{"email": jane@doe.com, "id": "user-123"}`
input := []byte(jsonQuery)
err = protojson.Unmarshal(input, &u)
if err != nil {
 log.Fatal(err)
}
```

使用 google.golang.org/protobuf/encoding/protojson 包将 JSON 格式的字符串反序列化到协议缓冲区对象中。作为运行 protojson.Unmarshal()函数的结果，对象 u 中的结果数据已根据 jsonQuery 中的 JSON 字符串填充。然后可以调用 GetUser()函数，传递 u 中的对象。可使用它来更新 Users 服务的客户端，以便允许用户通过命令行参数查询自己指定为 JSON 格式的字符串，如代码清单 8.8 所示。

代码清单 8.8：Users 服务的客户端

```
// chap8/user-service/client-json/client.go
package main

import (
	"context"
	"fmt"
	"log"
	"os"

	users "github.com/username/user-service/service"
	"google.golang.org/grpc"
	"google.golang.org/protobuf/encoding/protojson"
)

// TODO 插入在代码清单 8.4 中定义的 setupGrpcConn()
// TODO 插入在代码清单 8.4 中定义的 getUserServiceClient()
// TODO 插入在代码清单 8.4 中定义的 getUser()

func createUserRequest(
	jsonQuery string,
) (*users.UserGetRequest, error) {
	u := users.UserGetRequest{}
	input := []byte(jsonQuery)
	return &u, protojson.Unmarshal(input, &u)
}
```

```
func main() {
	if len(os.Args) != 3 {
		log.Fatal(
			"Must specify a gRPC server address and
search query",
		)
	}
	serverAddr := os.Args[1]
	u, err := createUserRequest(os.Args[2])
	if err != nil {
		log.Fatalf("Bad user input: %v", err)
	}

	conn, err := setupGrpcConn(serverAddr)
	if err != nil {
		log.Fatal(err)
	}
	defer conn.Close()

	c := getUserServiceClient(conn)

	result, err := getUser(
		c,
		u,
	)
	if err != nil {
		log.Fatal(err)
	}
	fmt.Fprintf(
		os.Stdout, "User: %s %s\n",
		result.User.FirstName,
		result.User.LastName,
	)
}
```

在 chap8/user-service 目录中创建一个新目录 client-json。在其中初始化一个模块，如下所示：

```
$ mkdir -p chap8/user-service/client-json
$ cd chap8/user-service/client-json
$ go mod init github.com/username/user-service/client-json
```

接下来，将代码清单 8.8 保存为 client-json 目录下的一个新文件 main.go。从客户端子目录中运行以下命令：

```
$ go get google.golang.org/protobuf/encoding/protojson
```

上面的命令将获取 google.golang.org/protobuf/encoding/protojson 包、更新 go.mod 文件并创建一个 go.sum 文件。最后一步是将 github.com/username/user-service/service 包的信息手动添加到 go.mod 文件中。最终的 go.mod 文件如代码清单 8.9 所示。

代码清单 8.9：支持了 SON 格式查询的 Users 服务客户端的 go.mod 文件

```
// chap8/user-service/client-json/go.mod
module github.com/username/user-service/client-json

go 1.16

require (
	github.com/username/user-service/service v0.0.0
	google.golang.org/grpc v1.37.0
	google.golang.org/protobuf v1.26.0
)
replace github.com/username/user-service/service => ../service
```

现在，编译并运行客户端，指定作为搜索查询的第二个参数。让我们尝试几个无效的搜索查询，看看会发生什么：

```
$ go build
$ ./client-json
localhost:50051 '{"Email": "jane@doe.com"}'
2021/05/21 06:53:53 Bad user input: proto: (line 1:2):
unknown field "Email"
```

我们通过不正确的 Email 字段(而不是电子邮件)指定了电子邮件，并且收到了这样的错误消息。如果为字段指定无效数据，也会收到错误消息：

```
$ ./client-json localhost:50051 '{"email": "jane@doe.com","id": 1}'
2021/05/21 06:56:18 Bad user input: proto: (line 1:33):
invalid value for string type: 1
```

现在让我们尝试一个有效的输入：

```
$ ./client-json localhost:50051'{"email":"jon@doe.com","id":"1"}'
User: jon doe.com
```

接下来，让我们看看如何将结果以 JSON 格式的数据呈现给用户。我们将使用同一个包中的 protojson.Marshal()函数：

```
result, err := client.GetUser(context.Background(), u)
..
data, err := protojson.Marshal(result)
```

如果调用 Marshal()函数返回 nil 错误，则数据中的字节切片将包含 JSON 格式字节的结果。代码清单 8.10 显示了更新后的客户端代码。

代码清单 8.10：使用 JSON 和 protobuf 的 Users 服务客户端

```
// chap8/user-service/client-json/client.go
package main

import (
        "context"
        "fmt"
        "log"
        "os"

        users "github.com/username/user-service/service"
        "google.golang.org/grpc"
        "google.golang.org/protobuf/encoding/protojson"
)

// TODO 插入代码清单 8.4 中定义的 setupGrpcConn()
// TODO 插入代码清单 8.4 中定义的 getUserServiceClient()
// TODO 插入代码清单 8.4 中定义的 getUser()
// TODO 插入代码清单 8.9 中定义的 createUserRequest ()

func getUserResponseJson(result *users.UserGetReply) ([]byte,
error) {
        return protojson.Marshal(result)
}

func main() {
        if len(os.Args) != 3 {
                log.Fatal(
                        "Must specify a gRPC server address and
search query",
                )
        }
        serverAddr := os.Args[1]
        u, err := createUserRequest(os.Args[2])
        if err != nil {
                log.Fatalf("Bad user input: %v", err)
        }

        conn, err := setupGrpcConn(serverAddr)
        if err != nil {
                log.Fatal(err)
```

```
	}
	defer conn.Close()

	c := getUserServiceClient(conn)

	result, err := getUser(
		c,
		u,
	)
	if err != nil {
		log.Fatal(err)
	}
	data, err := getUserResponseJson(result)
	if err != nil {
		log.Fatal(err)
	}
	fmt.Fprint(
		os.Stdout, string(data),
	)
}
```

代码清单突出显示了关键更改。我们添加了一个新函数 getUserResponseJson()，它接收类型为 users.UserGetRequest 的对象并以字节切片的形式返回等效的 JSON 格式数据。更新客户端代码后，如代码清单 8.10 所示，编译并运行客户端：

```
$ ./client-json localhost:50051 '{"email":"john@doe.com"}'
{"user":{"firstName":"john", "lastName":"doe.com", "age":36}}
```

下面介绍本章的第一个练习。

练习 8.1 为 Users 服务实现一个命令行客户端

在第 2 章，我们在网络客户端为 gRPC 客户端创建了框架：mync。现在是实现该功能的时候了。实现一个新选项 service 来接收 gRPC 服务名称，以便能够执行客户端从而发出 gRPC 请求，如下所示：

```
$ mync grpc -service Users -method UserGet -request
'{"email":"bill@bryson.com"}' localhost:50051
```

结果应作为 JSON 格式的字符串显示给用户。有缩进的显示更佳！

8.3.2 向前和向后兼容

软件的向前兼容意味着旧版本可以与新版本兼容。同样，向后兼容的是软件的新版本应该可以与旧版本兼容。我们希望改进 protobuf 消息和 gRPC 方法，使通过这些消息与服务进行交互的应用程序(包括服务本身)能随着时间的推移继续使用其旧版本和新版本，而不会发生意外的重大变化。在消息中定义字段时，为字段分配了一个标签，如下所示：

```
message UserGetRequest {
   string email = 1;
   string id = 2;
}
```

对于 protobuf 消息，要记住的关键点如下：

- 永远不要更改字段的标签。
- 只有当新旧数据类型相互兼容时，才能更改字段的数据类型。例如，可以在 int32、uint32、int64、uint64 和 bool 之间进行转换。查看 Protocol Buffers 3 规范以了解其他类型的详细信息。
- 永远不要重命名字段。如果要重命名字段，请引入一个带有未使用标签的新字段，然后仅当所有客户端和服务器都已修改为使用新字段时才删除该字段。

对于 gRPC 服务，除了不能对协议缓冲区消息执行的操作外，请注意以下几点：

- 在不中断现有客户端的情况下，无法重命名服务，除非我们完全可以保证客户端和服务器应用程序将同时更改。
- 不能重命名函数。引入一个新函数，将使用该函数的所有应用程序切换到新函数，然后删除旧函数。

如果想改变一个函数的输入和输出的消息类型，必须考虑它是什么样的改变。如果消息中的所有字段都保持不变，那么只需要升级所有应用程序以使用新的消息名称即可。但是，如果要对字段进行任何添加/删除/更新，则必须牢记上述关于 protobuf 消息的要点。

练习 8.2 提供了一个机会来探索需要考虑 gRPC 应用程序兼容性的特定场景。

练习 8.2　在 UserReply 消息中添加一个字段

对于本练习，你可创建两个版本的 protobuf 规范，例如 Service-v1 和 Service-v2。在 Service-v2 中，更新 UserReply 消息以添加带有新标签的字符串类型的新字段 location。使用服务规范的 Service-v2 版本更新服务器应用程序，并将 Location 字段添加到回复中。更新客户端应用程序以使用规范的 Service-v1 版本。

从客户端向服务器发出请求。你将看到一切正常，但你不会在回复中看到 Location 字段。更新你的客户端以使用 Service-v2 规范将解决此问题。

8.4 多个服务

gRPC 服务器可以为来自一个或多个 gRPC 服务的请求提供服务。让我们看看如何添加第二个服务，即 Repo 服务，该服务将用于查询特定用户的源代码存储库。首先，必须为服务创建 protobuf 规范。创建一个目录 chap8/multiple-services。将目录 chap8/user-service 中的 service 子目录复制到新建的目录，如下所示：

```
$ mkdir -p chap8/multiple-services
$ cp -r chap8/user-service/service chap8/multiple-services/
```

更新 go.mod 文件以包含以下内容：

```
module github.com/username/multiple-services/service
go 1.16
```

现在创建一个新文件 repositories.proto，其内容如代码清单 8.11 所示。

代码清单 8.11：Repo 服务的 protobuf 规范

```
// chap8/multiple-services/service/repositories.proto

syntax = "proto3";
import "users.proto";

option go_package = "github.com/username/multiple-services/service";

service Repo {
  rpc GetRepos (RepoGetRequest) returns (RepoGetReply) {}
}

message RepoGetRequest {
    string id = 2;
    string creator_id = 1;
}

message Repository {
    string id = 1;
    string name = 2;
    string url = 3;
    User owner = 4;
}

message RepoGetReply {
  repeated Repository repo = 1;
}
```

Repository 服务定义了一个 RPC 方法 GetRepos 和另外两种消息类型 RepoGetRequest 和 RepoGetReply，它们对应于函数的输入和输出。RepoGetReply 消息类型只有一个 Repository 类型的字段 repo。我们使用了一个新的 protobuf 特性，即 repeated 字段。当我们声明一个字段是 repeated 时，消息可能包含该字段的多个实例；也就是说，RepoGetReply 消息可以有零个、一个或多个 repo 字段。

Repository 有一个 owner 字段，它是 User 类型，在 users.proto 文件中定义。使用语句 import "users.proto"，我们可以引用该文件中定义的消息类型。接下来，将生成与这两个服务对应的 Go 代码，如下所示：

```
$ protoc --go_out=. --go_opt=paths=source_relative \
    --go-grpc_out=. --go-grpc_opt=paths=source_relative \
  users.proto repositories.proto
```

运行上述命令后，你应该会在 service 目录中看到以下文件：users.pb.go、users_grpc.pb.go、repositories.pb.go 和 repositories_grpc.pb.go。

.proto 文件中的 go_package 选项告诉 protobuf 编译器的 go 插件如何将生成的包导入 gRPC 服务器或其他服务。如果查看生成的 users.pb.go 和 repositories.pb.go 文件的包声明，会看到它们都将包声明为 service。因为它们都在同一个 Go 包中，所以 User 类型可以直接被 Repository 类型使用。如果感到好奇，请检查 repositories.pb.go 文件中 Repository 结构的定义。

现在将更新 gRPC 服务器代码以实现 repositories 服务。首先，创建一个类型来实现 Repo 服务，如下所示：

```
import svc "github.com/username/multiple-services/service"
type repoService struct {
  svc.UnimplementedRepoServer
}
```

然后实现 GetRepos()函数：

```
func (s *repoService) GetRepos(
     ctx context.Context,
     in *svc.RepoGetRequest,
) (*svc.RepoGetReply, error) {
     log.Printf(
            "Received request for repo with CreateId: %s Id: %s\n",
            in.CreatorId,
            in.Id,
     )
     repo := svc.Repository{
            Id:    in.Id,
            Name:  "test repo",
            Url:   "https://git.example.com/test/repo",
```

```
                Owner: &svc.User{Id: in.CreatorId, FirstName:
"Jane"},
        }
        r := svc.RepoGetReply{
                Repo: []*svc.Repository{&repo},
        }
        return &r, nil
    }
```

当一个字段在 protobuf 中声明为 repeated 时，它会在 Go 中生成为切片。因此，在构造 RepoGetReply 对象时，我们将 *Repository 对象的切片分配给 Repo 字段，如上面突出显示的代码所示。最后，向 gRPC 服务器 s 注册服务：

```
svc.RegisterRepoServer(s, &repoService{})
```

代码清单 8.12 显示了更新后的服务器，它注册了 Users 和 Repo 服务。

代码清单 8.12：具有 Users 和 Repo 服务的 gRPC 服务器

```
// chap8/multiple-services/server/server.go
package main

import (
      "context"
      "errors"
      "log"
      "net"
      "os"
      "strings"

      svc "github.com/username/multiple-services/service"
      "google.golang.org/grpc"
      "google.golang.org/grpc/reflection"
)

type userService struct {
       svc.UnimplementedUsersServer
}

type repoService struct {
       svc.UnimplementedRepoServer
}

// TODO 插入在代码清单 8.4 中定义的 getUser()
// TODO 插入之前定义的 getRepos()
```

```
func registerServices(s *grpc.Server) {
	svc.RegisterUsersServer(s, &userService{})
	svc.RegisterRepoServer(s, &repoService{})
	reflection.Register(s)
}

func startServer(s *grpc.Server, l net.Listener) error {
	return s.Serve(l)
}

func main() {
	listenAddr := os.Getenv("LISTEN_ADDR")
	if len(listenAddr) == 0 {
		listenAddr = ":50051"
	}

	lis, err := net.Listen("tcp", listenAddr)
	if err != nil {
		log.Fatal(err)
	}
	s := grpc.NewServer()
	registerServices(s)
	log.Fatal(startServer(s, lis))
}
```

在 chap8/multiple-services 目录中创建一个新目录 server。在其中初始化一个模块，如下所示：

```
$ mkdir -p chap8/multiple-services/server
$ cd chap8/multiple-services/server
$ go mod init github.com/username/multiple-services/server
```

接下来，将代码清单 8.12 保存为一个新文件 server.go。在 server 目录下运行以下命令：

```
$ go get google.golang.org/grpc@v1.37.0
```

上述命令将获取 google.golang.org/grpc/包，更新 go.mod 文件，并创建一个 go.sum 文件。最终的 go.mod 文件如代码清单 8.13 所示。

代码清单 8.13：具有 Users 和 Repo 服务的 gRPC 服务的 go.mod 文件

```
// chap8/multiple-services/server/go.mod
module github.com/username/ multiple-services/server

go 1.16
```

```
require (
        github.com/username/multiple-services/service v0.0.0
        google.golang.org/grpc v1.37.0
)

replace github.com/username/multiple-services/service
=> ../service
```

接下来，将通过编写测试来验证 Repository 服务是否按预期工作，如下所示：

```
func TestRepoService(t *testing.T) {

        s, l := startTestGrpcServer()
        defer s.GracefulStop()

        bufconnDialer := func(
                ctx context.Context, addr string,
        ) (net.Conn, error) {
                return l.Dial()
        }

        client, err := grpc.DialContext(
                context.Background(),
                "", grpc.WithInsecure(),
                grpc.WithContextDialer(bufconnDialer),
        )
        if err != nil {
                t.Fatal(err)
        }
        repoClient := svc.NewRepoClient(client)
        resp, err := repoClient.GetRepos(
                context.Background(),
                &svc.RepoGetRequest{
                        CreatorId: "user-123",
                        Id: "repo-123",
                },
        )

        if err != nil {
                t.Fatal(err)
        }
        if len(resp.Repo) != 1 {
                t.Fatalf(
                        "Expected to get back 1 repo,
got back: %d repos", len(resp.Repo),
)
```

```
        }
        gotId := resp.Repo[0].Id
        gotOwnerId := resp.Repo[0].Owner.Id

        if gotId != "repo-123" {
                t.Errorf(
                        "Expected Repo ID to be: repo-123, Got: %s",
                        gotId,
                )
        }
        if gotOwnerId != "user-123" {
                t.Errorf(
                        "Expected Creator ID to be: user-123, Got: %s",
                        gotOwnerId,
                )
        }
}
```

测试 Repo 服务的关键语句被突出显示。一旦从对 GetRepos()函数的调用中获得响应，就会检查切片 resp.Repo 的长度。我们希望它只包含一个 Repository 对象。如果不是这种情况，就无法通过测试。如果发现切片包含一个 Repo 对象，通过访问 Repo 字段来检索它的 Id 和 OwnerId，就像任何其他 Go 切片一样。最后，验证这些字段的值是否符合预期。

可以在本书代码库的 chap8/multiple-services/server/server_test.go 文件中找到完整的测试。

在下一个练习中，你需要扩展 mync grpc 客户端以支持向 Repo 服务发出请求。

练习 8.3 为 Repo 服务实现一个命令行客户端

在练习 8.1 中扩展了 mync grpc 子命令，使其具有如下功能：

```
$ mync grpc -service Users -method UserGet -request
'{"email":"bill@bryson.com"}' localhost:50051
```

现在，请扩展命令以支持向 Repo 服务发出请求，以便用户可以将存储库搜索条件指定为 JSON 格式的字符串。

结果应以 JSON 格式的字符串显示给用户。

在本章的最后一节，让我们了解 gRPC 应用程序中的错误处理。

8.5　错误处理

如你所见，在 gRPC 方法实现中返回两个对象：一个是响应，另一个是错误值。如果我们从方法返回一个非 nil 错误会发生什么？ 让我们看看如果在调用 GetUser()方法时没有传递有效的电子邮件地址会发生什么。

导航到 chap8/user-service/server 目录，如有必要，编译服务器并运行它：

```
$ cd chap8/user-service/server
$ go build -o server
$ ./server
```

从一个单独的终端会话中，导航到 chap8/user-service/client-json 目录，必要时编译客户端，然后指定一个空的 JSON 对象运行它，如下所示：

```
$ cd chap8/user-service/client-json
$ go build -o client
$ ./client localhost:50051 '{}'
2021/05/25 21:12:11 rpc error: code = Unknown desc = invalid email
address
```

我们收到一条错误消息，并且客户端退出。“无效的电子邮件地址(invalid email address)”来自我们从 Users 服务的处理程序返回的错误值：

```
components := strings.Split(in.Email, "@")
if len(components) != 2 {
        return nil, errors.New("invalid email address")
}
```

字符串 "rpc error: code = Unknown desc"来自 gRPC 库，表示在服务器的错误响应中找不到代码。为解决这个问题，需要更新服务器以返回一个有效的错误代码，类似于 HTTP 状态代码。gRPC 支持由 google.golang.org/grpc/codes 包定义的大量错误代码。其中之一是 InvalidArgument，考虑到客户端没有指定有效的电子邮件地址，这听起来很合适。

现在更新服务器以使用以下代码返回错误：

```
import (
      "google.golang.org/grpc/codes"
      "google.golang.org/grpc/status"
)
....
components := strings.Split(in.Email, "@")
if len(components) != 2 {
        return nil, status.Error(
              codes.InvalidArgument,
              "Invalid email address specified",
        )
}
```

我们通过另一个包 google.golang.org/grpc/status 使用 status.Error()函数创建错

误值。该函数的第一个参数是错误代码，第二个参数是描述错误的消息。你可以在本书源代码库的 chap8/user-service-error-handling/server 目录中找到更新的服务器代码。

编译并运行这个新版本的服务器，如下所示：

```
$ ./server
```

现在，如果再次发出请求，将看到如下内容：

```
$ ./client-json localhost:50051 '{}'
2021/05/25 21:45:16 rpc error: code = InvalidArgument desc = Invalid
email address specified
```

可通过使用 status.Convert()函数分别访问错误代码和错误消息来稍微改进客户端的错误处理，如下所示：

```
result, err := getUser(..)
s := status.Convert(err)
if s.Code() != codes.OK {
	log.Fatalf("Request failed: %v -% v\n", s.Code(), s.Message())
}
```

status.Convert()函数返回一个*Status 类型的对象。通过调用它的 Code()方法，我们检索错误代码，如果不是 codes.OK(即服务返回错误)，我们分别记录错误代码和消息。你可在 chap8/user-service-error-handling/client-json 目录中找到更新的客户端代码。

向服务器发送相同的无效输入时，将看到如下所示的错误：

```
2021/05/25 21:59:13 Request failed: InvalidArgument - Invalid email
address specified
```

gRPC 规范还定义了其他几个错误代码，建议你参考 google.golang.org/grpc/codes 包的文档以了解这些错误代码。

8.6　小结

在本章中，我们学习了编写 gRPC 应用程序。开始熟悉编写 gRPC 应用程序的最基本形式；即请求-响应服务器客户端架构。还学习了在不设置昂贵服务器进程的情况下为客户端和服务器编写测试。

然后，我们学习了协议缓冲区以及如何将它们用作 gRPC 应用程序的数据交换格式。还学习了如何在 JSON 和 protobuf 数据格式之间进行转换。然后，我们学习了一些关于在 protobuf 规范中保持向前和向后兼容的知识。接下来，我们学习了在 gRPC 服务器中注册多个服务。最后，通过学习如何在 gRPC 应用程序中返回和处理错误来结束本章。

在下一章中，我们将继续学习高级 gRPC 功能，例如流通信模式、发送二进制数据以及为应用程序实现中间件。

第 9 章 高级 gRPC 应用

在本章的前半部分，将学习如何在 gRPC 应用程序中实现流通信模式。在后半部分，将学习将常见的服务器和客户端功能实现为中间件组件。在此过程中，将学习如何发送和接收二进制数据，并了解有关协议缓冲区的更多知识。

9.1 流通信

正如我们在第 8 章中所看到的，数据在客户端和服务器之间以 protobuf 消息的形式交换。我们学习了按照一元 RPC 模式构建 gRPC 应用程序。在这种模式中，客户端向服务器发送请求，然后等待服务器发回响应。更具体地说，客户端应用程序调用 RPC 方法，将请求作为 protobuf 消息发送，然后等待来自服务器的响应消息。客户端和服务器之间只发生一次消息交换。

接下来，我们将学习三种新的通信模式：服务器端流传输、客户端流传输以及两者的组合双向流传输。在这三种模式中，可在单个方法调用期间交换多个请求和响应消息。让我们从服务器端流传输开始了解这些内容。

9.1.1 服务器端流传输

在服务器端流传输中，当客户端发出请求时，服务器可能会发送多个响应消息。考虑我们在上一章中实现的 Repo 服务的 GetRepos() RPC 方法。可以使用多个 Repo 消息作为响应，而不是在单个消息中发送存储库列表，每个消息都包含存储库的详细信息。让我们看看如何实现这样的应用程序。

首先更新 Repo 服务的 protobuf 规范，如下所示：

```
service Repo {
  rpc GetRepos (RepoGetRequest) returns (stream RepoGetReply) {}
}
```

这里的关键区别是方法返回类型中的流规范。这告诉 Protocol Buffer(协议缓冲区)编译器和 Go gRPC 插件响应将包含 RepoGetReply 消息流。代码清单 9.1 显示了 Repo 服务的完整 protobuf 规范。

代码清单 9.1：Repo 服务的 protobuf 规范

```
// chap9/server-streaming/service/repositories.proto
syntax = "proto3";
import "users.proto";

option go_package = "github.com/username/server-streaming/service";

service Repo {
  rpc GetRepos (RepoGetRequest) returns (stream RepoGetReply) {}
}

message RepoGetRequest {
   string id = 2;
   string creator_id = 1;
}

message Repository {
   string id = 1;
   string name = 2;
   string url = 3;
   User owner = 4;
}

message RepoGetReply {
  Repository repo = 1;
}
```

与服务的原始规范(见代码清单 8.11)相比，有两个关键变化。GetRepos()方法现在返回 RepoGetReply 消息流。RepoGetReply 消息现在将包含单个存储库的详细信息，因此我们从该字段中删除了重复的声明。

创建目录 chap9/server-streaming。在其中创建一个新的子目录 service，然后初始化一个模块，如下所示：

```
$ mkdir -p chap9/server-streaming/service
$ go mod init github.com/username/server-streaming/service
```

接下来，在 service 目录中创建一个新文件 repositories.proto，其内容如代码清单 9.1 所示。将 users.proto 文件从 chap8/multiple-services/service/复制到该目录中。将其中的 go_package 替换为如下代码：

```
    option go_package =
"github.com/username/server-streaming/service";
```

接下来，将生成对应于这两个服务的 Go 代码：

```
$ protoc --go_out=. --go_opt=paths=source_relative \
    --go-grpc_out=. --go-grpc_opt=paths=source_relative \
  users.proto repositories.proto
```

运行上述命令后，你应该会在 service 目录中看到以下文件：users.pb.go、users_grpc.pb.go、repositories.pb.go 和 repositories_grpc.pb.go。

接下来，我们将更新 GetRepos()方法的实现，如下所示：

```
func (s *repoService) GetRepos(
        in *svc.RepoGetRequest,
        stream svc.Repo_GetReposServer,
) error {
        log.Printf(
                "Received request for repo with CreateId: %s Id: %s\n",
                in.CreatorId,
                in.Id,
        )
        repo := svc.Repository{
                Id:    in.Id,
                Owner: &svc.User{
                        Id: in.CreatorId,
                        FirstName: "Jane",
                },
        }
        cnt := 1
        for {
                repo.Name = fmt.Sprintf("repo-%d", cnt)
                repo.Url = fmt.Sprintf(
                        "https://git.example.com/test/%s",
                        repo.Name,
                )
                r := svc.RepoGetReply{
                        Repo: &repo,
```

```
                }
                if err := stream.Send(&r); err != nil {
                        return err
                }
                if cnt>= 5 {
                        break
                }
                cnt++
        }
        return nil
}
```

上述实现有几个关键变化。首先，现在方法实现具有不同的签名。它接收两个参数：传入的请求 in(类型为 RepoGetRequest)，以及一个对象(类型为 Repo_GetReposServer)；它返回一个 error 值。Repo_GetReposServer 类型是 protobuf 编译器生成的接口：

```
type Repo_GetReposServer interface {
        Send(*RepoGetReply) error
        grpc.ServerStream
}
```

实现此接口的类型必须实现 Send()方法，该方法接收 RepoGetReply 消息类型的参数(回复类型)并返回一个错误值。当然，作为应用程序作者，我们不必担心实现这个接口的类型，因为它是由 protobuf 编译器和 Go grpc 插件自动完成的。使用此方法将 RepoGetReply 类型的消息作为响应发送回客户端。嵌入字段 grpc.ServerStream 是 google.golang.org/grpc 包中定义的另一个接口。我们将在本章后面的 9.3 节中了解更多信息。

在方法主体中，我们首先记录一条消息以打印有关传入请求的详细信息。然后，创建一个 Repo 对象作为响应发回。在 for 循环中，进一步自定义这个对象，创建一个 RepoGetReply 消息，然后使用 stream.Send()方法将其作为响应发送给客户端。共发送五个这样的响应消息，每次都会稍微更改 Repo 对象。发送完所有响应后，跳出循环并返回一个 nil 错误值。

代码清单 9.2 显示了 gRPC 服务器的完整代码清单，其中包含 Users 和 Repo 服务的实现。

代码清单 9.2：用于 Users 和 Repo 服务的 gRPC 服务器

```
// chap9/server-streaming/server/server.go
package main

import (
        "context"
```

```
        "errors"
        "fmt"
        "log"
        "net"
        "os"
        "strings"

        svc "github.com/username/server-streaming/service"
        "google.golang.org/grpc"
)

type userService struct {
        svc.UnimplementedUsersServer
}

type repoService struct {
        svc.UnimplementedRepoServer
}
// TODO 插入第 8 章代码清单 8.2 中定义的 GetUser()
// TODO 插入上面定义的 GetRepos()

func registerServices(s *grpc.Server) {
        svc.RegisterUsersServer(s, &userService{})
        svc.RegisterRepoServer(s, &repoService{})
}

func startServer(s *grpc.Server, l net.Listener) error {
        return s.Serve(l)
}

func main() {
        listenAddr := os.Getenv("LISTEN_ADDR")
        if len(listenAddr) == 0 {
                listenAddr = ":50051"
        }

        lis, err := net.Listen("tcp", listenAddr)
        if err != nil {
                log.Fatal(err)
        }
        s := grpc.NewServer()
        registerServices(s)
        log.Fatal(startServer(s, lis))
}
```

在 chap9/server-streaming 中创建一个新的子目录 server，并在其中初始化一个模块，如下所示：

```
$ mkdir -p chap9/server-streaming/server
$ cd chap9/server-streaming/server
$ go mod init github.com/username/server-streaming/server
```

将代码清单 9.2 作为 server.go 保存到 server 目录中。接下来获取 google.golang.org/grpc 包(版本 1.37.0)：

```
$ go get google.golang.org/grpc@v1.37.0
```

然后更新 go.mod 文件，添加对 service 包的依赖，包括替换指令，这样最终的 go.mod 如代码清单 9.3 所示。

代码清单 9.3：服务器的 go.mod 文件

```
// chap9/server-streaming/server/go.mod

module github.com/username/server-streaming/server
go 1.16

require google.golang.org/grpc v1.37.0
require github.com/username/server-streaming/service v0.0.0
replace github.com/username/server-streaming/service => ../service
```

确保你现在可使用 go build 成功编译服务器。接下来将编写一个测试函数来验证服务器的工作情况。与第 8 章一样，将使用 bufconn 包在测试客户端和服务器之间建立一个内存通信通道。假设有一个对象 repoClient，它被配置为与 gRPC 测试服务器中的 Repo 服务进行通信。我们将调用 GetRepos()方法，如下所示：

```
stream, err := repoClient.GetRepos(
      context.Background(),
      &svc.RepoGetRequest{CreatorId: "user-123", Id: "repo-123"},
)
```

对该方法的调用将返回两个值：一个 Repo_GetReposClient 类型的对象 stream 和一个错误值 err。Repo_GetReposClient 类型是 Repo_GetReposServer 类型的客户端等价物，它是一个按如下方式定义的接口：

```
type Repo_GetReposClient interface {
        Recv() (*RepoGetReply, error)
        grpc.ClientStream
}
```

实现该接口的类型必须实现 Recv()方法，该方法返回一个 RepoGetReply 消息(该方法的回复类型)并返回一个错误值。嵌入字段 grpc.ClientStream 是

google.golang.org/grpc 包中定义的另一个接口。我们将在本章后面的 9.3 节中了解更多信息。

使用 Recv()方法从服务器读取响应流：

```
var repos []*svc.Repository
for {
    repo, err := stream.Recv()
    if err == io.EOF {
            break
    }
    if err != nil {
            log.Fatal(err)
    }
    repos = append(repos, repo.Repo)
}
```

我们使用一个无限 for 循环调用 Recv()方法。如果返回的错误值为 io.EOF，则表示没有要读取的消息了，因此跳出循环。如果得到其他任何错误，就会打印错误并终止执行。否则，我们将消息中的存储库详细信息追加到切片 repos。读取服务器响应后，可验证各种详细信息是否与预期响应匹配。代码清单 9.4 显示了用于验证 GetRepos()方法的测试函数的完整代码清单。Users 服务的测试函数这里没有展示，你可在本书的源码库目录 chap9/server-streaming/server 中找到它。

代码清单 9.4：Repo 服务的测试函数

```
// chap9/server-streaming/server/server_test.go
package main

// TODO: 为简洁起见省略了导入部分
// TODO: 插入之前定义的 startTestGrpcServer()

func TestRepoService(t *testing.T) {

        l := startTestGrpcServer()

        bufconnDialer := func(
                ctx context.Context, addr string,
        ) (net.Conn, error) {
                return l.Dial()
        }

        client, err := grpc.DialContext(
                context.Background(),
                "", grpc.WithInsecure(),
                grpc.WithContextDialer(bufconnDialer),
```

```
	)
	if err != nil {
		t.Fatal(err)
	}
	repoClient := svc.NewRepoClient(client)
	stream, err := repoClient.GetRepos(
		context.Background(),
		&svc.RepoGetRequest{
			CreatorId: "user-123",
			Id: "repo-123",
		},
	)
	if err != nil {
		t.Fatal(err)
	}

// TODO: 如前所述，插入 for 循环以从服务器读取流响应

	if len(repos) != 5 {
		t.Fatalf(
			"Expected to get back 5 repos, got back:
%d repos", len(repos))
	}

	for idx, repo := range repos {
		gotRepoName := repo.Name
		expectedRepoName := fmt.Sprintf("repo-%d", idx+1)

		if gotRepoName != expectedRepoName {
			t.Errorf(
				"Expected Repo Name to be: %s, Got: %s",
				expectedRepoName,
				gotRepoName,
			)
		}
	}
}
```

将代码清单 9.4 命名为 server_test.go 保存在 server 目录下。验证是否可以成功完成测试：

```
$ go test -v
=== RUN TestUserService
2021/06/09 08:43:25 Received request for user with Email:
jane@doe.com Id: foo-bar
--- PASS: TestUserService (0.00s)
=== RUN TestRepoService
```

```
2021/06/09 08:43:25 Received request for repo with CreateId:
user-123 Id: repo-123
--- PASS: TestRepoService (0.00s)
PASS
Ok. github.com/practicalgo/code/chap9/server-streaming/server
0.141s
```

服务器端流对于为单个 RPC 方法调用向客户端发送多个响应消息非常有用。流传输许多对象可能比发送一个此类对象的数组更有效。另一个可能有用的场景是发送还不知道最终值的响应时，例如流传输另一个操作的结果。

在练习 9.1 中，你需要在 Repo 服务中实现一个新方法，该方法将模拟运行一个存储库编译任务，然后将编译日志流传输到客户端。

练习 9.1：流传输存储库的编译日志

在 Repo 服务中，创建一个新方法 CreateBuild()，它接收 Repository 类型的消息并返回 RepoBuildLog 消息流。

RepoBuildLog 是一种消息类型，包含两个字段：一个表示生成每行日志的时间戳，另一个包含日志行。更新服务测试(代码清单 9.4)，为这个方法添加一个测试。

9.1.2　客户端流传输

与服务器端流传输类似，在客户端流传输中，客户端调用服务器上的 RPC 方法，然后将其请求作为消息流(而不是单个消息)发送。

让我们向 Repo 服务添加一个新方法 CreateRepo()，它现在将接收消息流作为参数。每条消息都将指定创建新存储库的详细信息。将为这个方法定义一个新的消息类型，RepoCreateRequest。该方法的 protobuf 规范将如下所示：

```
rpc CreateRepo(stream RepoCreateRequest)returns(RepoCreateReply){}
```

这里的关键是消息类型之前的流规范。此方法在服务器中的服务处理程序将如下所示：

```
func (s *repoService) CreateRepo(
      stream svc.Repo_CreateRepoServer,
) error {
      for {
           data, err := stream.Recv()
           if err == io.EOF {
                  // 我们已收到完整的请求
                  // 所以，我们现在可以处理数据
                  r := svc.RepoCreateReply{..}
           }
```

```
        }
        return stream.SendAndClose(&r)
}
```

CreateRepo()方法实现接收一个类型为 svc.Repo_CreateRepoServer 的唯一参数 stream，它是 protobuf 编译器生成的接口类型，定义如下：

```
type Repo_CreateRepoServer interface {
        () (*RepoCreateRequest, error)
        SendAndClose(*RepoCreateReply) error
        grpc.ServerStream
}
```

实现此接口的类型将实现两个方法，Recv()和 SendAndClose()，并将嵌入 ServerStream 接口。Recv()方法用于接收来自客户端的传入消息，因此它返回一个 RepoCreateRequest 值和一个 error 值。SendAndClose()方法用于向客户端发送回复。因此，它接收一个 RepoCreateReply 类型的值作为参数，将响应发送回客户端，然后关闭连接。当然，作为应用程序作者，我们不必考虑实现这种类型。

接下来，介绍如何从客户端应用程序调用 CreateRepo()方法：

```
repoClient := svc.NewRepoClient(client)
stream, err := repoClient.CreateRepo(
        context.Background(),
)
```

请注意，我们不会使用任何请求参数调用 CreateRepo()方法。它只接收一个 context.Context 对象。此方法返回两个值：类型为 Repo_CreateRepoClient 的 stream 和一个 error 值。Repo_CreateRepoClient 类型是一个接口，定义如下：

```
type Repo_CreateRepoClient interface {
        Send(*RepoCreateRequest) error
        CloseAndRecv() (*RepoCreateReply, error)
        grpc.ClientStream
}
```

实现此接口的类型将实现两个方法，Send()和 CloseAndRecv()，并将嵌入 ClientStream 接口。

使用 Send()方法将消息发送到服务器应用程序。因此，必须使用*RepoCreateRequest 类型的对象调用它。

CloseAndRecv()方法用于接收来自服务器的响应。因此，它返回一个 RepoCreateReply 类型的值和一个 error 值。

为将 RepoCreateRequest 消息流发送到服务器，我们将在 for 循环中多次调用 Send()方法，例如：

```
for i := 0; i < 5; i++ {
    r := svc.RepoCreateRequest{
            CreatorId: "user-123",
            Name: "hello-world",
    }
    err := stream.Send(&r)
    if err != nil {
          t.Fatal(err)
    }
}
```

然后，一旦完成了请求消息的流传输，将读取来自服务器的响应：

```
resp, err := stream.CloseAndRecv()
```

你可在本书源代码库的 chap9/client-streaming 目录中找到服务器的完整示例以及验证其功能的测试。接下来，我们将了解并实现结合了客户端流和服务器端流的模式——双向流。

9.1.3　双向流

在双向流中，一旦客户端启动与服务器的连接，每个客户端都可以任意顺序独立读取和写入数据。没有顺序，因此除非应用程序强制执行，否则不能保证顺序。例如，假设我们想要更新 Users 服务以允许用户从服务中获得帮助，类似于通过聊天向网站支持寻求帮助。这种情况下，客户端和服务器之间的通信是双向的：用户(客户端)发起与支持人员(服务器)的对话，然后在两者之间进行信息交换，直到其中一个终止连接。现在将创建只有一个 RPC 方法 GetHelp()的 Users 服务，如代码清单 9.5 所示。

代码清单 9.5：Users 服务的 protobuf 规范

```
// chap9/bidi-streaming/service/users.proto
syntax = "proto3";

option go_package = "github.com/username/bidi-streaming/service";

service Users {
  rpc GetHelp (stream UserHelpRequest) returns (stream
UserHelpReply) {}
}

message User {
 string id = 1;
}
```

```
message UserHelpRequest {
 User user = 1;
 string request = 2;
}

message UserHelpReply {
 string response = 1;
}
```

GetHelp()方法接收 UserHelpRequest 消息流作为请求，并返回 UserHelpReply 消息流。

创建目录 chap9/bidi-streaming，之后在其中创建一个新的子目录 service，并在其中初始化一个模块：

```
$ mkdir -p chap9/bidi-streaming/service
$ go mod init github.com/username/bidi-streaming/service
```

将代码清单 9.5 保存为 service 目录下的 users.proto。生成两个服务对应的 Go 代码：

```
$ protoc --go_out=. --go_opt=paths=source_relative \
  --go-grpc_out=. --go-grpc_opt=paths=source_relative users.proto
```

运行上述命令后，你应该会在 service 目录中看到以下文件：users.pb.go 和 users_grpc.pb.go。现在让我们在服务器上实现 GetHelp()方法：

```
func (s *userService) GetHelp(
      stream svc.Users_GetHelpServer,
) error {
      log.Println("Client connected")
      for {
            request, err := stream.Recv()
            if err == io.EOF {
                  break
            }
            if err != nil {
                  return err
            }
            fmt.Printf("Request received: %s\n",
request.Request)
            response := svc.UserHelpReply{
                  Response: request.Request,
            }
            err = stream.Send(&response)
            if err != nil {
                  return err
            }
```

```
        }
        log.Println("Client disconnected")
        return nil
}
```

GetHelp()方法接收一个 Users_GetHelpServer 类型的参数，它是一个生成的接口，定义如下：

```
type Users_GetHelpServer interface {
        Send(*UserHelpReply) error
        Recv() (*UserHelpRequest, error)
        grpc.ServerStream
}
```

由于服务器将同时接收和发送消息流，因此该接口同时具有 Send()和 Recv()方法，并且它嵌入了 ServerStream 接口。

Send()方法用于向客户端发送 UserHelpReply 类型的回复消息。

Recv()方法用于接收来自客户端的请求。它返回一个 UserHelpRequest 类型的值和一个 error 值。

然后创建一个 for 循环，在其中不断尝试从客户端流中读取值。如果遇到 io.EOF 错误则退出循环，如果遇到任何其他错误则返回一个 error 值。如果从客户端获得有效请求，将构造一个 UserHelpReply 消息，该消息使用 Send()方法将帮助请求消息回显给客户端。代码清单 9.6 展示了实现 Users 服务的 gRPC 服务器应用程序。

代码清单 9.6：Users 服务的服务器

```
// chap9/bidi-streaming/server/server.go
package main

import (
        "fmt"
        "io"
        "log"
        "net"
        "os"

        svc "github.com/username/bidi-streaming/service"
        "google.golang.org/grpc"
)

type userService struct {
        svc.UnimplementedUsersServer
}
```

```
// TODO: 插入上面的 GetHelp()方法

func registerServices(s *grpc.Server) {
	svc.RegisterUsersServer(s, &userService{})
}

func startServer(s *grpc.Server, l net.Listener) error {
	return s.Serve(l)
}

func main() {
	listenAddr := os.Getenv("LISTEN_ADDR")
	if len(listenAddr) == 0 {
		listenAddr = ":50051"
	}

	lis, err := net.Listen("tcp", listenAddr)
	if err != nil {
		log.Fatal(err)
	}
	s := grpc.NewServer()
	registerServices(s)
	log.Fatal(startServer(s, lis))
}
```

在 chap9/bidi-streaming 目录中，创建一个新的子目录 server。在其中初始化一个模块，如下所示：

```
$ mkdir -p chap9/bidi-streaming/server
$ cd chap9/bidi-streaming/server
$ go mod init github.com/username/bidi-streaming/server
```

将代码清单 9.6 在 server 目录中保存为 server.go。接下来，我们将获取 google.golang.org/grpc 包(版本 1.37.0)，如下所示：

```
$ go get google.golang.org/grpc@v1.37.0
```

然后，更新 go.mod 文件，添加对 service 包的依赖，包括 replace 指令，这样最终的 go.mod 就如代码清单 9.7 所示。

代码清单 9.7：服务器的 go.mod 文件

```
// chap9/bidi-streaming/server/go.mod

module github.com/username/bidi-streaming/server
go 1.16
```

```
require google.golang.org/grpc v1.37.0
require github.com/username/bidi-streaming/service v0.0.0

replace github.com/username/bidi-streaming/service => ../service
```

确保你现在可以使用 go build 成功编译服务器。接下来，让我们看看如何设置客户端。看一下这个函数 setupChat()，它接收一个 io.Reader(将从中读取用户的帮助请求)，一个配置的 UsersClient 对象(用于与 Users 服务通信)，以及一个 io.Writer(用于写入服务器响应)。

```
func setupChat(r io.Reader, w io.Writer,c svc.UsersClient) error {
        stream, err := c.GetHelp(context.Background())
        if err != nil {
                return err
        }
        for {
                scanner := bufio.NewScanner(r)
                prompt := "Request: "
                fmt.Fprint(w, prompt)

                scanner.Scan()
                if err := scanner.Err(); err != nil {
                        return err
                }
                msg := scanner.Text()
                if msg == "quit" {
                        break
                }
                request := svc.UserHelpRequest{
                        Request: msg,
                }
                err := stream.Send(&request)
                if err != nil {
                        return err
                }
                resp, err := stream.Recv()
                if err != nil {
                        return err
                }
                fmt.Printf("Response: %s\n", resp.Response)
        }
        return stream.CloseSend()
}
```

首先，调用 GetHelp() RPC 方法，它返回一个 Users_GetHelpClient 类型的值，

生成的接口定义如下：

```
type Users_GetHelpClient interface {
        Send(*UserHelpRequest) error
        Recv() (*UserHelpReply, error)
        grpc.ClientStream
}
```

与 Users_GetHelpServer 类型类似，Users_GetHelpClient 类型定义了发送和接收消息的方法，并嵌入 ClientStream 接口。

一旦获得流，就设置一个 for 循环，以交互方式读取用户输入，然后将其作为 UserHelpRequest 消息发送到服务器。如果用户输入 quit，则连接将关闭。

代码清单 9.8 显示了客户端应用程序的代码清单。

代码清单 9.8：Users 服务的客户端

```
// chap9/bidi-streaming/client/main.go
package main

import (
        "bufio"
        "context"
        "fmt"
        "io"
        "log"
        "os"

        svc "github.com/username/bidi-streaming/service"
        "google.golang.org/grpc"
)

func setupGrpcConn(addr string) (*grpc.ClientConn, error) {
        return grpc.DialContext(
                context.Background(),
                addr,
                grpc.WithInsecure(),
                grpc.WithBlock(),
        )
}

func getUserServiceClient(conn *grpc.ClientConn) svc.UsersClient {
        return svc.NewUsersClient(conn)
}

// TODO 插入之前定义的 setupChat()
```

```
func main() {
        if len(os.Args) != 2 {
                log.Fatal(
                        "Must specify a gRPC server address",
                )
        }
        conn, err := setupGrpcConn(os.Args[1])
        if err != nil {
                log.Fatal(err)
        }
        defer conn.Close()

        c := getUserServiceClient(conn)
        err = setupChat(os.Stdin, os.Stdout, c)
        if err != nil {
                log.Fatal(err)
        }
}
```

在 chap9/bidi-streaming 目录中，创建一个新的 client 子目录，并在其中初始化一个模块，如下所示：

```
$ mkdir -p chap9/bidi-streaming/client
$ cd chap9/bidi-streaming/client
$ go mod init github.com/username/bidi-streaming/client
```

将代码清单 9.8 作为 client.go 保存在 client 目录中。接下来，我们将获取 google.golang.org/grpc 包(版本 1.37.0)：

```
$ go get google.golang.org/grpc@v1.37.0
```

然后，更新 go.mod 文件，添加对 service 包的依赖，包括 replace 指令，这样最终的 go.mod 就如代码清单 9.9 所示。

代码清单 9.9：客户端的 go.mod 文件

```
// chap9/bidi-streaming/client/go.mod

module github.com/username/bidi-streaming/client
go 1.16

require google.golang.org/grpc v1.37.0
require github.com/username/bidi-streaming/service v0.0.0

replace github.com/username/bidi-streaming/service => ../service
```

编译客户端。然后在一个终端中运行服务器。

```
$ cd chap9/bidi-streaming/server
$ go build
$ ./server
```

在另一个单独的终端中，运行客户端：

```
$ ./client localhost:50051
Request: Hello there
Response: Hello there
Request: I need some help
Response: I need some help
Request: quit
```

在服务器端将看到以下消息：

```
2021/06/24 20:46:56 Client connected
Request received: Hello there
Request received: I need some help
2021/06/24 20:47:29 Client disconnected
```

当我们从客户端会话中输入 quit 时，客户端会调用 CloseSend()方法，该方法将关闭服务器上的客户端连接，并返回 io.EOF 错误值。

我们现在已经研究了 gRPC 中可能的三种流通信。与仅交换请求和响应消息的一元 RPC 方法调用相比，在流通信中会交换多个此类消息，如图 9.1 所示。

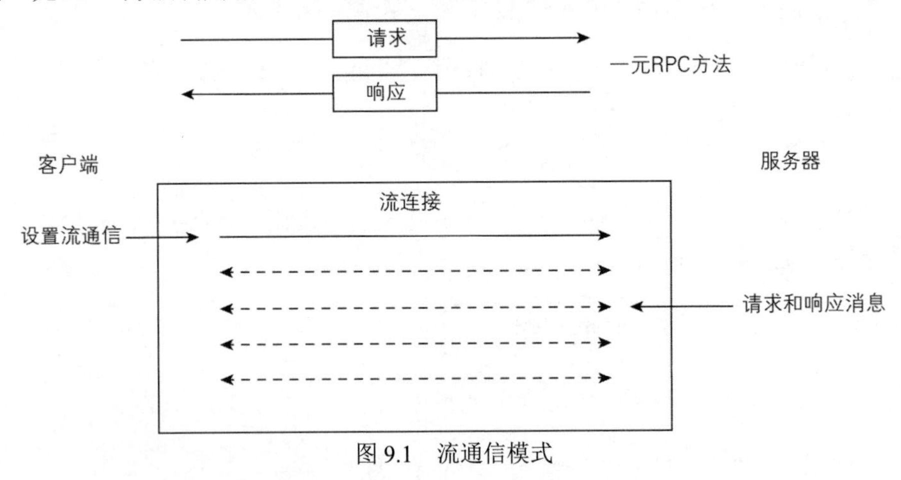

图 9.1　流通信模式

接下来，我们将学习如何利用流传输任意字节的数据。

9.2 接收和发送任意字节

到目前为止，我们只关注 gRPC 服务器应用程序和客户端之间的字符串和整数传输。如何发送和处理任意数据(例如存储在存储库中的.tar.gz 文件)？这就是 bytes 类型的用武之地。让我们更新 RepoCreateRequest 数据类型以添加一个字段 data，它将包含任意字节，例如存储库中文件的内容：

```
message RepoCreateRequest {
   string creator_id = 1;
   string name = 2;
   bytes data = 3;
}
```

在 Go 中可以存储为字节切片的任何内容都可以存储在数据字段中。在客户端发出如下请求让服务器创建一个存储库：

```
repoData := []byte("Arbitrary data")
resp, err := repoClient.CreateRepo(
             context.Background(),
             &svc.RepoCreateRequest{
                    CreatorId: "user-123",
                    Name:      "test-repo",
                    Data:      repoData,
             },
 )
```

在服务器端，该方法将处理包含数据的请求，如下所示：

```
func (s *repoService) CreateRepo(
       ctx context.Context,
       in *svc.RepoCreateRequest,
) (*svc.RepoCreateReply, error) {
       repoId := fmt.Sprintf("%s-%s", in.Name, in.CreatorId)
       repoURL := fmt.Sprintf("https://git.example.com/%s/%s",
in.CreatorId, in.Name)
       data := in.Data
       repo := svc.Repository{
              Id:   repoId,
              Name: in.Name,
              Url:  repoURL,
       }
       r := svc.RepoCreateReply{
              Repo: &repo,
              Size: int32(len(data)),
       }
```

```
        return &r, nil
    }
```

可在本书源代码库的 chap9/binary-data 目录中找到示例代码。这种发送任意字节的机制很简单，当传输的数据大小限制为几个字节时，它可以完美地工作。对于较大的数据传输，建议你使用流通信模式。

在上面的示例场景中，客户端流传输将非常适合。从源(例如文件)增量读取数据字节，然后将包含数据的消息发送到服务器。继续这样做，直到所有数据都被读取。

在流传输中，客户端或服务器分别为请求或响应发送多条消息。我们只希望数据被流传输，因此可以设计 protobuf 消息以包含单个数据字段：

```
message RepoData {
   bytes data = 1;
}
```

但是，很少会在没有任何上下文信息的情况下传输任意字节。例如，前面讨论的 RepoCreateRequest 消息包括 creator_id、name 和 data。如果将此消息类型用于流传输，将必须在所有消息中发送相同的 creator_id 和 name。因此建议改为在流的第一条消息中发送 creator_id 和 name 字段，然后流中的所有后续消息应仅包含 data 字节。

幸运的是，可在定义消息时使用称为 oneof 的协议缓冲区功能来相当优雅地执行此操作。此关键字允许我们定义一条消息，其中在任何给定时间点只能设置一组字段中的一个。让我们使用 oneof 关键字重新定义 RepoCreateRequest 消息，如下所示：

```
message RepoCreateRequest {
   oneof body {
     RepoContext context = 1;
     bytes data = 2;
   }
}
```

我们将 RepoCreateRequest 定义为具有名称 body 的 oneof 字段。该字段只会在消息中设置 context(RepoContext 类型)或 data(bytes 类型)，但不能同时设置两者。新的消息类型 RepoContext 将包含正在创建的存储库的上下文信息，它的定义如下：

```
message RepoContext {
   string creator_id = 1;
   string name = 2;
}
```

代码清单 9.10 显示了更新后的 Repo 服务的 protobuf 规范。

代码清单 9.10：Repo 服务的 protobuf 规范

```
// chap9/bindata-client-streaming/service/repositories.proto

syntax = "proto3";

option go_package = "github.com/username/bindata-client-streaming
/service";

service Repo {
  rpc CreateRepo (stream RepoCreateRequest) returns
(RepoCreateReply) {}
}

message RepoCreateRequest {
  oneof body {
    RepoContext context = 1;
    bytes data = 2;
  }
}

message RepoContext {
  string creator_id = 1;
  string name = 2;
}

message Repository {
  string id = 1;
  string name = 2;
  string url = 3;
}

message RepoCreateReply {
  Repository repo = 1;
  int32 size = 2;
}
```

现在指定 CreateRepo()方法接收一个 RepoCreateRequest 消息流并返回一个 RepoCreateReply 消息。创建目录 chap9/bindata-client-streaming，在其中创建一个新的子目录 service，并初始化一个模块：

```
$ mkdir -p chap9/bindata-client-streaming/service
$ go mod init github.com/username/bindata-client-streaming/service
```

接下来，在 service 目录中创建一个新文件 repositories.proto，其内容如代码清单 9.10 所示。

然后生成该服务对应的 Go 代码：

```
$ protoc --go_out=. --go_opt=paths=source_relative \
    --go-grpc_out=. --go-grpc_opt=paths=source_relative \
  repositories.proto
```

与之前的情况一样，你应该看到生成了两个文件：repositories.pb.go 和 repositories_grpc.pb.go。

接下来，在服务器代码中编写 CreateRepo()方法的实现：

```
func (s *repoService) CreateRepo(
        stream svc.Repo_CreateRepoServer,
) error {
        var repoContext *svc.RepoContext
        var data []byte
        for {
                r, err := stream.Recv()
                if err == io.EOF {
                        break
                }
                switch t := r.Body.(type) {
                case *svc.RepoCreateRequest_Context:
                        repoContext = r.GetContext()
                case *svc.RepoCreateRequest_Data:
                        b := r.GetData()
                        data = append(data, b…)
                case nil:
                        return status.Error(
                                codes.InvalidArgument,
                                "Message doesn't contain context or
                                data",
                        )
                default:
                        return status.Errorf(
                                codes.FailedPrecondition,
                                "Unexpected message type: %s",
                                t,
                        )
                }
        }
 // TODO：创建响应消息
 }
```

该方法接收 Repo_CreateRepoServer 类型的单个参数流，并返回一个 error 值。

Repo_CreateRepoServer 是一个生成的接口，定义如下：

```
type Repo_CreateRepoServer interface {
       SendAndClose(*RepoCreateReply) error
       Recv() (*RepoCreateRequest, error)
       grpc.ServerStream
}
```

因此，我们将使用流从客户端读取传入的流，然后将响应写回。

在方法体内，我们声明了一个 RepoContext 类型的对象 repoContext 和一个字节切片 data。我们会将传入的与 repo 相关的上下文信息存储在 repoContext 对象中，并将存储库内容存储在 data 中。

接下来定义一个 for 循环，以使用 stream.Recv()从流中连续读取，直至遇到 io.EOF 错误。现在，当使用 Recv()方法读取对象时，它的类型为 RepoCreateRequest。但是，我们知道只会设置其中一个字段(context 或 data)。为了弄清楚设置了哪一个，我们需要查看 r.Body 的类型，其中 Body 是 oneof 字段(protobuf 中的 body)：

(1) 如果类型是 RepoCreateRequest_Context，则设置了 context 字段，我们通过调用 GetContext()方法来检索它，将检索到的值分配给 repoContext 对象。

(2) 如果类型是 RepoCreateRequest_Data，我们通过调用 GetData()方法检索字节并将其追加到 data 切片中。

(3) 如果类型为 nil 或以上两种都不是，给客户端返回一个错误。

使用 switch...case 语句来完成上述逻辑。图 9.2 总结了 protobuf 规范和为 Body 字段生成的 Go 类型之间的映射。

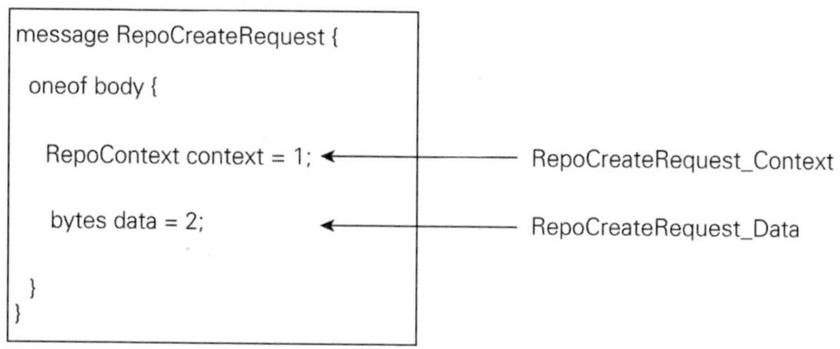

图 9.2　protobuf oneof 字段和生成的等效 Go 类型

一旦读取了完整请求，就会构造一个响应消息并使用为流对象定义的 SendAndClose()方法将其发送到客户端：

```
repo := svc.Repository{
            Name: repoContext.Name,
            Url: fmt.Sprintf(
```

```
                    "https://git.example.com/%s/%s",
                    repoContext.CreatorId,
                    repoContext.Name,
            ),
    }
    r := svc.RepoCreateReply{
            Repo: &repo,
            Size: int32(len(data)),
    }
    return stream.SendAndClose(&r)
```

代码清单 9.11 显示了 Repo 服务的服务器实现。

代码清单 9.11：Repo 服务的服务器端

```
// chap9/bindata-client-streaming/server/server.go
package main

import (
        "fmt"
        "io"
        "log"
        "net"
        "os"

        svc "github.com/username/bindata-client-streaming/service"
        "google.golang.org/grpc"
        "google.golang.org/grpc/codes"
        "google.golang.org/grpc/status"
)

type repoService struct {
        svc.UnimplementedRepoServer
}

// TODO 插入之前定义的 CreateRepo()

func registerServices(s *grpc.Server) {
        svc.RegisterRepoServer(s, &repoService{})
}

func startServer(s *grpc.Server, l net.Listener) error {
        return s.Serve(l)
}

func main() {
        listenAddr := os.Getenv("LISTEN_ADDR")
```

```
        if len(listenAddr) == 0 {
                listenAddr = ":50051"
        }

        lis, err := net.Listen("tcp", listenAddr)
        if err != nil {
                log.Fatal(err)
        }
        s := grpc.NewServer()
        registerServices(s)
        log.Fatal(startServer(s, lis))
}
```

在 chap9/bindata-client-streaming 中创建一个目录 server，并在其中初始化一个模块，如下所示：

```
$ mkdir -p chap9/bindata-client-streaming/server
$ cd chap9/bindata-client-streaming/server
$ go mod init github.com/username/bindata-client-streaming/server
```

将代码清单 9.11 保存为 server.go。获取 google.golang.org/grpc 包，如下所示：

```
$ go get google.golang.org/grpc@v1.37.0
```

在 go.mod 文件中设置 replace 指令，以便将对 github.com/username/bindata-client-streaming/service 包的引用替换成.../service 目录。最终的 go.mod 文件如代码清单 9.12 所示。

代码清单 9.12：用于 Repo 服务的服务器实现的 go.mod 文件

```
// chap9/bindata-client-streaming/server/go.mod
module github.com/username/bindata-client-streaming/server

go 1.16

require google.golang.org/grpc v1.37.0

require github.com/username/bindata-client-streaming/service v0.0.0

replace github.com/username/bindata-client-streaming/
service v0.0.0 => ../service
```

在继续之前，请确保你可以编译服务器。

调用 CreateRepo()方法从测试函数或客户端应用程序创建存储库涉及两个关键步骤：

(1) 第一条消息将发送一个仅包含 context 字段集的 RepoCreateContext 对象。

此消息将用于向服务器传递存储库名称和所有者。

(2) 第二个和后续消息(如果有)将发送一个仅包含 data 字段集的 RepoCreateContext 对象。这些消息将用于传输要在存储库中创建的数据。

以下代码片段将实现第一步(省略错误处理)：

```
stream, err := repoClient.CreateRepo(context.Background())
c := svc.RepoCreateRequest_Context{
	Context: &svc.RepoContext{
		CreatorId: "user-123",
		Name:     "test-repo",
	},
}
r := svc.RepoCreateRequest{
	Body: &c,
}
err = stream.Send(&r)
```

创建一个包含 Context 字段的 RepoCreateRequest_Context 对象 c，它是一个 RepoContext 类型的对象，其中包含要创建的存储库的 CreatorId 和 Name。然后创建一个 RepoCreateRequest 类型的对象，并将 Body 的值指定为指向对象 c 的指针。最后调用 stream 对象的 Send()方法，将 RepoCreateRequest 对象作为第一条消息发送。

为了实现第二步，将首先设置一个从中读取数据的源：

```
data := "Arbitrary Data Bytes"
repoData := strings.NewReader(data)
```

strings.NewReader()函数返回一个满足 io.Reader 接口的对象，因此我们可以使用任何兼容的函数来读取字节并将其发送到服务器：

```
for {
	b, err := repoData.ReadByte()
	if err == io.EOF {
		break
	}
	bData := svc.RepoCreateRequest_Data{
		Data: []byte{b},
	}
	r := svc.RepoCreateRequest{
		Body: &bData,
	}
	err = stream.Send(&r)
	if err != nil {
		t.Fatal(err)
	}
```

```
}
```

从 repoData 中一次读取一个字节。读取的字节存储在 b 中。然后创建一个类型为 RepoCreateRequest_Data 的对象，其 Data 字段包含一个字节切片，该字节切片包含 b 中的字节。接下来，创建一个 RepoCreateRequest 对象，其中 Body 字段现在指向 RepoCreateRequest_Data 对象。最后，调用 Send()方法来发送这条消息。我们继续这样做，直到从 repoData 中读取所有字节。之后，将从服务器读取响应并验证响应是否包含预期的数据：

```
resp, err := stream.CloseAndRecv()
        if err != nil {
                t.Fatal(err)
        }
        expectedSize := int32(len(data))
        if resp.Size != expectedSize {
                t.Errorf(
                        "Expected Repo Created to be: %d bytes
                       Got back: %d",
                        expectedSize,
                        resp.Size,
                )
        }
        expectedRepoUrl :=
        "https://git.example.com/user-123/test-repo"
        if resp.Repo.Url != expectedRepoUrl {
                t.Errorf(
                        "Expected Repo URL to be: %s, Got: %s",
                        expectedRepoUrl,
                        resp.Repo.Url,
                )
        }
```

可在本书源码库目录 chap9/bindata-client-streaming/server/的 server_test.go 文件中找到完整的测试函数。接下来，将学习使用拦截器在 gRPC 客户端和服务器应用程序中实现常见功能。不过，在继续之前，你需要尝试一个练习(练习 9.2)。

练习 9.2：从文件创建存储库内容

为 Repo 服务创建一个客户端应用程序，该应用程序使用客户端流创建一个存储库，它允许用户将存储库的内容指定为.tar.gz 文件。客户端应用程序将期望用户将文件的路径指定为一个标志(flag)。

9.3 使用拦截器实现中间件

中间件在 gRPC 客户端和服务器中的作用与它对 HTTP 客户端和服务器的作用相同。它允许在应用程序中实现常见功能，例如发出日志、发布指标、附加元数据(如请求标识符)以及添加身份验证信息。

在 gRPC 应用程序中实现中间件逻辑是通过编写称为拦截器的组件来实现的。根据我们使用的通信模式(一元 RPC 或流传输模式之一)，拦截器实现细节会有所不同。首先，让我们学习如何实现客户端拦截器。

将为第 8 章中创建的 Users 服务实现拦截器。创建一个目录 chap9/interceptors，并在其中复制第 8 章的 service、client 和 server 目录：

```
$ mkdir -p chap9/interceptors/
$ cd chap9/interceptors
$ cp -r ../../chap8/user-service/{service,client,server} .
```

现在，更新 service 目录中的 go.mod 文件，使其如代码清单 9.13 所示。

代码清单 9.13：Users 服务的 go.mod 文件

```
// chap9/interceptors/service/go.mod
module github.com/username/interceptors/service

go 1.16
```

生成对应于 protobuf 规范的 Go 代码：

```
$ cd service
$ protoc --go_out=. --go_opt=paths=source_relative \
    --go-grpc_out=. --go-grpc_opt=paths=source_relative \
  users.proto
```

现在，更新 server 目录中的 go.mod 文件，使其如代码清单 9.14 所示。

代码清单 9.14：Users 服务器的 go.mod 文件

```
// chap9/interceptors/server/go.mod
module github.com/username/interceptors/server

go 1.16
require google.golang.org/grpc v1.37.0
require github.com/username/interceptors/service v0.0.0
replace github.com/username/interceptors/service => ../service
```

确保 service 包的导入路径已经在 server.go 中更新，如下所示：

```
users "github.com/username/interceptors/service"
```

对 server_test.go 文件中的导入执行相同的操作。在继续之前确保测试通过。现在，将客户端目录中的 go.mod 文件更新为如代码清单 9.15 所示。

代码清单 9.15：Users 客户端的 go.mod 文件

```
// chap9/interceptors/client/go.mod
module github.com/username/interceptors/client

go 1.16

require (
        github.com/usernameinterceptors/service v0.0.0
        google.golang.org/grpc v1.37.0
)

replace github.com/interceptors/service => ../service
```

确保在 client.go 中已经更新了 service 包的导入路径，如下所示：

```
users "github.com/username/interceptors/service"
```

对 client_test.go 文件中的导入执行相同的操作。在继续之前确保测试通过。

9.3.1　客户端拦截器

有如下两种客户端拦截器。

- **一元客户端拦截器**：此类别的拦截器将仅拦截一元 RPC 方法调用。
- **流客户端拦截器**：此类拦截器将仅拦截流 RPC 方法调用。

一元客户端拦截器是 grpc.UnaryClient 拦截器类型的函数，声明如下：

```
type UnaryClientInterceptor func(
        ctx context.Context, method string,
        req, reply interface{}, cc *ClientConn,
        invoker UnaryInvoker,
        opts ...CallOption,
) error
```

该函数的各种参数如下：

- ctx 是与 RPC 方法调用关联的上下文。
- method 是 RPC 方法名称。
- req 和 reply 分别是请求和响应消息。
- cc 是底层的 grpc.ClientConn 对象。
- invoker 要么是最初拦截的 RPC 方法调用，要么是另一个拦截器。

- opts 是原始 RPC 方法被调用时使用的 grpc.CallOption 类型的任何值。

正如你将要看到的，这些参数中的大多数都按原样传递给原始的 RPC 方法调用。让我们编写第一个拦截器，它对 Users 服务传出的任何一元 RPC 调用请求添加一个唯一标识符：

```
func metadataUnaryInterceptor(
        ctx context.Context,
        method string,
        req, reply interface{},
        cc *grpc.ClientConn,
        invoker grpc.UnaryInvoker,
        opts …grpc.CallOption,
) error {
        ctxWithMetadata := metadata.AppendToOutgoingContext(
                ctx,
                "Request-Id",
                "request-123",
        )
        return invoker(
                ctxWithMetadata,
                method,
                req,
                reply,
                cc,
                opts…,
        )
}
```

将请求标识符添加到传出方法调用的上下文中。在 gRPC 中，这是使用 google.golang.org/grpc/metadata 包完成的，该包提供了存储和检索 RPC 方法调用的元数据的功能。调用 AppendToOutgoingContext()函数时会使用原始上下文 ctx 和键值对作为元数据添加，它返回一个新上下文，然后将用于调用 RPC 方法而不是使用原始上下文。因此，这里为请求标识符添加键 Request-Id，并添加一个假值 request-123 作为元数据。然后使用新创建的上下文 ctxWithMetadata 调用原始 RPC 方法。返回调用 invoker()得到的错误值。

要将 metadataUnaryInterceptor 注册为客户端拦截器，需要指定通过调用 grpc.WithUnaryInterceptor()函数获得的新 grpc.DialOption，并将 metadataUnaryInterceptor 函数作为参数传递给它。最终的 setupGrpcConn()函数将如下所示：

```
func setupGrpcConn(addr string) (*grpc.ClientConn, error) {
    return grpc.DialContext(
            context.Background(),
            addr,
            grpc.WithInsecure(),
```

```
            grpc.WithBlock(),
            grpc.WithUnaryInterceptor(metadataUnaryInterceptor),
    )
}
```

更新 client.go 文件以添加 metadataUnaryInterceptor()函数定义并更新 setupGrpcConn()函数以添加上面的 DialOption。在继续之前，请确保可以编译客户端。

现在让我们继续编写一个拦截器来为流 RPC 方法调用附加一个请求标识符。更新 chap9/interceptors/service/users.proto 中的 protobuf 规范，将 GetHelp()添加到 Users 服务，如代码清单 9.16 所示。

代码清单 9.16：更新了 Users 服务的 protobuf 规范

```
//chap9/interceptors/service/users.proto
syntax = "proto3";

option go_package = "github.com/username/interceptors/service/users";

service Users {
    rpc GetUser (UserGetRequest) returns (UserGetReply) {}
    rpc GetHelp (stream UserHelpRequest) returns (stream UserHelpReply) {}
}

message UserGetRequest {
    string email = 1;
    string id = 2;
}

message User {
    string id = 1;
    string first_name = 2;
    string last_name = 3;
    int32 age = 4;
}

message UserGetReply {
  User user = 1;
}

message UserHelpRequest {
    User user = 1;
    string request = 2;
}
```

```
message UserHelpReply {
   string response = 1;
}
```

重新生成 protobuf 规范对应的 Go 代码，如下所示：

```
$ cd chap9/intereceptors/service
$ protoc --go_out=. --go_opt=paths=source_relative \
    --go-grpc_out=. --go-grpc_opt=paths=source_relative \
  users.proto
```

接下来，通过在代码清单 9.8 中的 chap9/intereceptors/client/main.go 中插入 setupChat()方法的定义来更新客户端。

现在，将编写拦截器来拦截流 RPC 方法调用。客户端流拦截器是一个 grpc.StreamClientInterceptor 类型的函数，声明如下：

```
type StreamClientInterceptor func(
        ctx context.Context,
        desc *StreamDesc,
        cc *ClientConn,
        method string,
        streamer Streamer,
        opts ...CallOption,
) (ClientStream, error)
```

该函数的各种参数如下：

- ctx 是与 RPC 方法调用关联的上下文。
- desc 是一个*grpc.StreamDesc 类型的对象，其中包含与流本身相关的各种属性，例如 RPC 方法名称、方法的服务处理程序以及流是否支持发送和接收操作。
- cc 是底层的 grpc.ClientConn 对象。
- method 是 RPC 方法名称。
- streamer 是最初拦截的 RPC 流方法调用或另一个流拦截器(当你有一串流拦截器时)。
- opts 是原始 RPC 方法被调用时使用的 grpc.CallOption 类型的任何值。

流 RPC 方法调用的元数据拦截器的代码如下：

```
func metadataStreamInterceptor(
      ctx context.Context,
      desc *grpc.StreamDesc,
      cc *grpc.ClientConn,
      method string,
      streamer grpc.Streamer,
      opts …grpc.CallOption,
```

```
) (grpc.ClientStream, error) {
        ctxWithMetadata := metadata.AppendToOutgoingContext(
                ctx,
                "Request-Id",
                "request-123",
        )
        clientStream, err := streamer(
                ctxWithMetadata,
                desc,
                cc,
                method,
                opts…,
        )
        return clientStream, err
}
```

与一元拦截器一样，通过使用 AppendToOutgoingContext()函数和创建的上下文将请求标识符添加到传入请求上下文中以设置流通信。要注册拦截器，需要使用 grpc.WithStreamInterceptor(metadataStreamInterceptor)创建一个新的 DialOption，然后将其指定给 grpc.DialContext()函数。更新后的 setupGrpcConn()函数将如下所示：

```
func setupGrpcConn(addr string) (*grpc.ClientConn, error) {
       return grpc.DialContext(
          context.Background(),
          addr,
          grpc.WithInsecure(),
          grpc.WithBlock(),
          grpc.WithUnaryInterceptor(metadataUnaryInterceptor),
          grpc.WithStreamInterceptor(metadataStreamInterceptor),
       )
}
```

代码清单 9.17 展示了完整的客户端应用程序。

代码清单 9.17：带有拦截器的 Users 服务的客户端应用程序

```
// chap9/interceptors/client/main.go
package main

import (
       "bufio"
       "context"
       "fmt"
       "io"
       "log"
```

```
        "os"

        svc "github.com/username/interceptors/service"
        "google.golang.org/grpc"
        "google.golang.org/grpc/metadata"
)

// TODO 插入之前定义的 metadataUnaryInterceptor()
// TODO 插入之前定义的 metadataStreamInterceptor()
// TODO 插入之前定义的 setupGrpcConn()

func getUserServiceClient(conn *grpc.ClientConn) svc.UsersClient {
        return svc.NewUsersClient(conn)
}

// TODO 插入代码清单 8.1 中的 GetUser()定义
// TODO 插入代码清单 9.8 中的 setupChat()定义

func main() {
        if len(os.Args) != 3 {
                log.Fatal(
                        "Specify a gRPC server and method to call",
                )
        }
        serverAddr := os.Args[1]
        methodName := os.Args[2]

        conn, err := setupGrpcConn(serverAddr)
        if err != nil {
                log.Fatal(err)
        }
        defer conn.Close()

        c := getUserServiceClient(conn)

        switch methodName {
        case "GetUser":
                result, err := getUser(
                        c,
                        &svc.UserGetRequest{Email: "jane@doe.com"},
                )
                if err != nil {
                        log.Fatal(err)
                }
                fmt.Fprintf(
                        os.Stdout, "User: %s %s\n",
                        result.User.FirstName,
```

```
                        result.User.LastName,
                )
        case "GetHelp":
                err = setupChat(os.Stdin, os.Stdout, c)
                if err != nil {
                        log.Fatal(err)
                }
        default:
                log.Fatal("Unrecognized method name")
        }
}
```

我们编写了 main()函数，以便 Users 服务的客户端应用程序可以被要求调用 GetUser()或 GetHelp()方法。要指定的第一个命令行参数是 gRPC 服务器的地址，第二个参数是要调用的 RPC 方法。在继续实现服务器端拦截器之前，请确保可以编译客户端。

9.3.2　服务器端拦截器

与客户端拦截器类似，服务器端拦截器也有以下两种。

- **一元服务器拦截器：**此类别的拦截器将仅拦截传入的一元 RPC 方法调用。
- **流服务器拦截器：**此类别的拦截器将仅拦截传入的流 RPC 方法调用。

让我们首先实现一个服务器拦截器来记录一元 RPC 方法调用的请求详细信息，包括上一节中在客户端中设置的请求标识符、方法名称等。服务器端一元拦截器是 grpc.UnaryServerInterceptor 类型的函数，声明如下：

```
type UnaryServerInterceptor func(
        ctx context.Context,
        req interface{},
        info *UnaryServerInfo,
        handler UnaryHandler,
) (resp interface{}, err error)
```

该函数的各种参数如下：

- ctx 是与 RPC 方法调用关联的上下文。
- req 是传入的请求。
- info 是*UnaryServerInfo 类型的对象，其中包含与服务实现相关的数据以及它所拦截的 RPC 方法。
- handler 是实现 RPC 方法的函数，如 GetHelp()或 GetUser()。

因此，一元 RPC 方法调用的日志服务器拦截器将定义如下：

```
func loggingUnaryInterceptor(
        ctx context.Context,
```

```
        req interface{},
        info *grpc.UnaryServerInfo,
        handler grpc.UnaryHandler,
) (interface{}, error) {
        start := time.Now()
        resp, err := handler(ctx, req)
        logMessage(ctx, info.FullMethod, time.Since(start), err)
        return resp, err
}
```

将当前时间存储在 start 中并调用 handler()函数，将上下文和请求本身传递给它。一旦 RPC 方法完成执行，我们调用 logMessage()函数(稍后将讨论其实现)来记录各种调用数据以及调用的延迟。*UnaryServerInfo 对象的 FullMethod 属性 info 包含与服务名称一起调用的 RPC 方法的名称。最后，从这个拦截器返回响应和错误值。

流服务器拦截器定义为 grpc.StreamServerInterceptor 类型的函数，声明如下：

```
type StreamServerInterceptor func(srv interface{}, ss ServerStream,
info *StreamServerInfo, handler StreamHandler) error
```

该函数的各种参数如下：

- srv 是调用拦截器时传递的 gRPC 服务器的实现。它将按原样传递给下一个拦截器或实际的方法调用。
- ss 是 grpc.ServerStream 类型的对象，其中包含描述流连接的服务器端行为的字段。
- info 是*grpc.StreamServerInfo 类型的对象，其中包含 RPC 方法的名称以及流是客户端流还是服务器端流。
- handler 是实现流式 RPC 方法的函数，在本例中为 GetHelp()。

流 RPC 调用的日志拦截器的实现如下：

```
func loggingStreamInterceptor(
      srv interface{},
      stream grpc.ServerStream,
      info *grpc.StreamServerInfo,
      handler grpc.StreamHandler,
) error {
      start := time.Now()
      err := handler(srv, stream)
      ctx := stream.Context()
      logMessage(ctx, info.FullMethod, time.Since(start), err)
      return err
}
```

我们存储当前时间，然后调用处理程序开始流通信。接下来，通过调用

Context()方法检索与调用关联的上下文。然后调用 logMessage()函数来记录 RPC 方法调用的详细信息。最后，返回从处理程序调用获得的错误值。

现在看一下 logMessage()函数的定义：

```
func logMessage(
        ctx context.Context,
        method string,
        latency time.Duration,
        err error,
) {
        var requestId string
        md, ok := metadata.FromIncomingContext(ctx)
        if !ok {
                log.Print("No metadata")
        } else {
                if len(md.Get("Request-Id")) != 0 {
                        requestId = md.Get("Request-Id")[0]
                }
        }
        log.Printf("Method:%s, Duration:%s, Error:%v,
        Request-Id:%s",
                method,
                latency,
                err,
                requestId,
        )
}
```

函数中的关键语句在上面突出显示。我们首先尝试使用元数据包中的 FromIncomingContext()函数从调用上下文中检索元数据。该函数返回两个值：一个是 metadata.MD 类型(这是一个定义为 MD map[string][]string 类型的映射)和一个布尔值 ok。如果在上下文中找到元数据，则 ok 设置为 true，否则设置为 false。因此，我们在函数中检查该值是否为 true，然后尝试获取与 Request-Id 键对应的值(字符串切片)。如果找到，将 requestId 的值设置为切片的第一个元素，然后调用 log.Printf()函数对其进行记录。代码清单 9.18 显示了完整的客户端应用程序。

代码清单 9.18：带有拦截器的 Users 服务的服务器应用程序

```
// chap9/interceptors/server/server.go
package main

import (
       "context"
       "errors"
```

```
        "fmt"
        "io"
        "log"
        "net"
        "os"
        "strings"
        "time"

        svc "github.com/username/interceptors/service"
        "google.golang.org/grpc"
        "google.golang.org/grpc/metadata"
)

type userService struct {
 svc.UnimplementedUsersServer
}

// TODO 插入之前定义的 logMessage()
// TODO 插入之前定义的 loggingUnaryInterceptor()
// TODO 插入之前定义的 loggingStreamInterceptor()
// TODO 插入第 8 章代码清单 8.1 中定义的 GetUser()
// TODO 插入代码清单 9.6 中定义 GetHelp()

func registerServices(s *grpc.Server) {
        svc.RegisterUsersServer(s, &userService{})
}

func startServer(s *grpc.Server, l net.Listener) error {
        return s.Serve(l)
}

func main() {
        listenAddr := os.Getenv("LISTEN_ADDR")
        if len(listenAddr) == 0 {
                listenAddr = ":50051"
        }

        lis, err := net.Listen("tcp", listenAddr)
        if err != nil {
                log.Fatal(err)
        }
        s := grpc.NewServer(
                grpc.UnaryInterceptor(loggingUnaryInterceptor),
                grpc.StreamInterceptor(loggingStreamInterceptor),
        )
        registerServices(s)
```

```
        log.Fatal(startServer(s, lis))
    }
```

为了向 gRPC 服务器注册拦截器，我们使用两个值调用 grpc.NewServer()函数，这两个值都是 grpc.ServerOption 类型(类似于客户端应用程序的 grpc.DialOption)。它们是通过调用分别具有 loggingUnaryInterceptor 和 logginStreamInterceptor 值的 grpc.UnaryInterceptor()和 grpc.StreamInterceptor()函数获得的。编译服务器并运行：

```
$ cd chap9/interceptors/server
$ go build
$ ./server
```

现在，首先从一个新的终端会话中运行客户端应用程序调用 GetUser 方法：

```
$ cd chap9/interceptors/client
$ go build
$ ./client localhost:50051 GetUser
User: jane doe.com
```

在服务器运行的终端会话中，将看到如下日志：

```
    2021/06/26 22:14:04 Received request for user with Email:
jane@doe.com Id:
    2021/06/26 22:14:04 Method:/Users/GetUser, Duration:214.333µs,
Error:<nil>,
    Request-Id: request-123
```

RPC 方法名称与服务名称、方法调用完成所用的持续时间以及客户端中指定的 Request-Id 值一起记录。

接下来，从客户端调用 GetHelp 方法：

```
Request: Hello there
Response: Hello there
Request: how are you
Response: how are you
Request: quit
```

在服务器端，将看到以下日志：

```
2021/06/26 22:24:40 Client connected
Request received: Hello there
Request received: how are you
2021/06/26 22:24:46 Client disconnected
2021/06/26 22:24:46 Method:/Users/GetHelp, Duration:6.186660625s,
Error:<nil>, Request-Id: request-123
```

正如你将看到的，报告的持续时间是 RPC 流连接处于活动状态的整个时间，换句话说，只要继续与客户端进行通信即可。

到目前为止，我们编写的客户端和服务器拦截器允许我们拦截 RPC 方法调用的开始和结束。对于一元 RPC 方法调用，这正是我们想要的。但是，对于流方法调用，客户端拦截器不会等待整个流通信完成，而是在设置流通信通道后立即返回(参见图 9.3)。因此，如果我们想记录整个流通信的持续时间，则需要以不同的方式实现客户端拦截器。同样，对于服务器端拦截器，如果我们想实现一个拦截器以在每次消息交换期间运行自定义代码怎么办？ 这两种情况的解决方案是自定义流来包装原始客户端或服务器流。

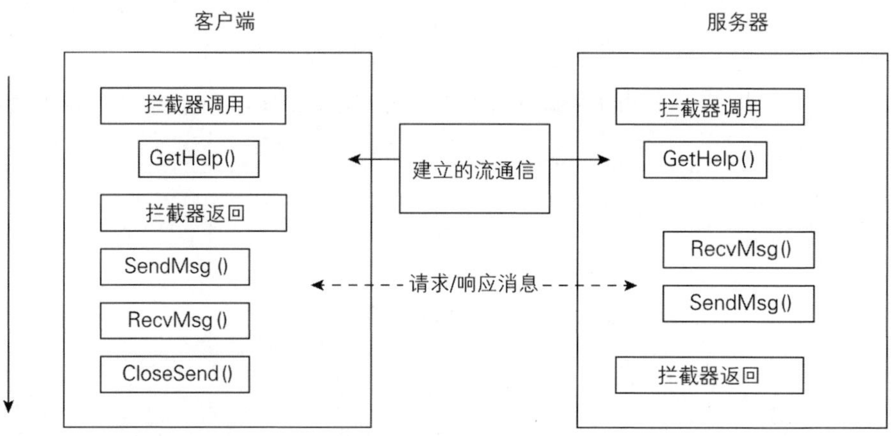

图 9.3 拦截器和流通信

9.3.3 包装流

首先，让我们看一个包装客户端流的示例：

```
type wrappedClientStream struct {
    grpc.ClientStream
}
```

然后，我们为三个方法添加自定义实现：SendMsg()、RecvMsg()和 CloseSend()。首先，让我们看一下 SendMsg()方法的实现：

```
func (s wrappedClientStream) SendMsg(m interface{}) error {
    log.Printf("Send msg called: %T", m)
    return s.Stream.SendMsg(m)
}
```

每次客户端向服务器发送消息时，都会调用上述方法。将记录一条消息，然后调用底层流的 SendMsg()。类似地，自定义的 RecvMsg()实现如下：

```
func (s wrappedClientStream) RecvMsg(m interface{}) error {
        log.Printf("Recv msg called: %T", m)
        return s.Stream.RecvMsg(m)
```

```
}
```

最后，我们将实现自定义的 CloseSend()方法，如下所示：

```
func (s wrappedClientStream) CloseSend() error {
        log.Println("CloseSend() called")
        return s.ClientStream.CloseSend()
}
```

接下来，将使用包装的客户端流编写一个拦截器，如下所示：

```
func exampleStreamingInterceptor(
        ctx context.Context,
        desc *grpc.StreamDesc,
        cc *grpc.ClientConn,
        method string,
        streamer grpc.Streamer,
        opts ...grpc.CallOption,
) (grpc.ClientStream, error) {
        stream, err := streamer(
                ctx,
                desc,
                cc, method,
                opts...,
        )
        clientStream := wrappedClientStream{
                ClientStream: stream,
        }
        return clientStream, err
}
```

要创建一个包装的服务器流，需要创建一个包装 grpc.ServerStream 的结构：

```
type wrappedServerStream struct {
        grpc.ServerStream
}
```

然后，将实现想要在其中运行自定义代码的方法。关键操作是消息发送和接收；因此，将覆盖 SendMsg()和 RecvMsg()方法：

```
func (s wrappedServerStream) SendMsg(m interface{}) error {
        log.Printf("Send msg called: %T", m)
        return s.ServerStream.SendMsg(m)
}
func (s wrappedServerStream) RecvMsg(m interface{}) error {
        log.Printf("Waiting to receive a message: %T", m)
        return s.ServerStream.RecvMsg(m)
}
```

一旦创建一个包装的服务器流并实现自定义方法，我们将更新之前编写的日志拦截器，如下所示：

```
func loggingStreamInterceptor(
        srv interface{},
        stream grpc.ServerStream,
        info *grpc.StreamServerInfo,
        handler grpc.StreamHandler,
) error {
        serverStream := wrappedServerStream{
                ServerStream: stream,
        }
        err := handler(srv, serverStream)
        // 其他一切都保持不变
        // ...
        return err
}
```

包装客户端和服务器流允许拦截器在通过流连接进行的每次消息交换期间运行自定义代码。这使得编写需要了解正在交换的消息的拦截器成为可能，例如从缓存中存储或检索数据或实现速率限制机制。接下来，我们将学习如何创建拦截器链。

9.3.4 链接拦截器

由于拦截器用于实现应用程序中的通用功能，将拦截器链接在一起允许我们为应用程序集成多个拦截器。让我们首先尝试一个客户端应用程序的示例。将在创建 DialContext 时设置链。这是一个更新后的 setupGrpcConn()函数：

```
func setupGrpcConn(addr string) (*grpc.ClientConn, error) {
        return grpc.DialContext(
                context.Background(),
                addr,
                grpc.WithInsecure(),
                grpc.WithBlock(),
                grpc.WithChainUnaryInterceptor(
                        loggingUnaryInterceptor,
                        metadataUnaryInterceptor,
                ),
                grpc.WithChainStreamInterceptor(
                        loggingStreamingInterceptor,
                        metadataStreamingInterceptor,
                ),
        )
}
```

google.golang.org/grpc 包中定义的 WithChainUnaryInterceptor()函数用于注册多个拦截器。这里，loggingUnaryInterceptor 和 metadataUnaryInterceptor 就是两个这样的拦截器。同一个包中的 WithChainStreamInterceptor()函数用于注册多个流拦截器：本例中的 loggingStreamingInterceptor 和 metadataStreamingInterceptor。在这两种情况下，最内层的拦截器首先执行。

可在本书源代码库的 chap9/interceptor-chain/client 中找到一个完整的客户端应用程序，它展示了如何设置客户端拦截器链。loggingStreamingInterceptor 的实现还演示了包装客户端流。

为在服务器端设置拦截器链，需要在创建 grpc.Server 对象时注册拦截器：

```
s := grpc.NewServer(
        grpc.ChainUnaryInterceptor(
                metricUnaryInterceptor,
                loggingUnaryInterceptor,
        ),
        grpc.ChainStreamInterceptor(
                metricStreamInterceptor,
                loggingStreamInterceptor,
        ),
)
```

ChainUnaryInterceptor()和 ChainStreamInterceptor()函数用于注册多个拦截器，最内层的拦截器首先执行。你可以在本书源代码库的 chap9/interceptor-chain/server 中找到一个完整的服务器应用程序，它展示了如何设置服务器拦截器链。loggingStreamingInterceptor 的实现还演示了包装服务器流。

在这些部分中，我们学习了如何在 gRPC 应用程序中编写拦截器。还学习了如何为客户端和服务器应用程序之间的一元和流式 RPC 通信编写拦截器。接下来，应用你的理解尝试最后一个练习(练习 9.3)。

练习 9.3：记录流中交换的消息数量

实现客户端拦截器和服务器端拦截器，以记录通过存储库服务中的 GetHelp()方法调用交换的消息数。使用本书源代码库中 chap9/intereceptor-chain 中的代码作为起点。

9.4　小结

我们在本章学习了如何构建超越一元 RPC 方法的 gRPC 应用程序。我们学会了实现各种流通信模式，从客户端流开始到服务器端流传输，最后以双向流传输结束。这些技术允许在客户端和服务器应用程序之间有效地传输数据。

然后，我们学习了如何在客户端和服务器应用程序之间交换数字和字符串之外的任意数据。还学习了如何利用流来更有效地传输数据。

接下来，我们学习了使用拦截器为 gRPC 应用程序实现中间件。我们学习了如何为一元和流通信模式实现客户端和服务器端拦截器。还学习了如何将元数据附加到请求中。

我们将在下一章中学习如何在 gRPC 应用程序中实现各种技术，以使其具有可扩展性和安全性。

第10章 生产级 gRPC 应用

在本章中，我们将从学习如何实现安全的(启用 TLS)gRPC 应用程序开始。然后，我们将学习在服务器应用程序中实施健康检查、处理运行时错误和取消处理的技术。之后，我们将学习提高客户端应用程序健壮性的技术，例如为各种操作配置超时和处理瞬态故障。在最后一节中，我们将了解 gRPC 库如何在内部管理客户端和服务器之间的连接。

10.1 使用 TLS 保护通信

到目前为止，我们编写的客户端和服务器应用程序通过不安全的通道进行通信——在客户端中使用 setupGrpcConnection()函数设置与服务器的通信：

```
func setupGrpcConnection(addr string) (*grpc.ClientConn, error) {
	return grpc.DialContext(
		context.Background(),
		addr,
		grpc.WithInsecure(),
		grpc.WithBlock(),
	)
}
```

grpc.WithInsecure() DialOption 明确指出客户端必须通过不安全的通道与服务

器通信。当然，这只是因为服务器应用程序没有配置为通过一个安全的通道进行通信。你应该记得我们在第 7 章中使用 TLS 来保护 HTTP 客户端和服务器应用程序之间的通信。可以使用相同的技术在 gRPC 应用程序之间建立一个安全的通信通道。

首先配置一个只允许通过 TLS 进行通信的 gRPC 服务器(忽略错误处理)：

```
tlsCertFile := os.Getenv("TLS_CERT_FILE_PATH")
tlsKeyFile := os.Getenv("TLS_KEY_FILE_PATH")
creds, err := credentials.NewServerTLSFromFile(
        tlsCertFile,
        tlsKeyFile,
)
credsOption := grpc.Creds(creds)
s := grpc.NewServer(credsOption)
```

首先从 google.golang.org/grpc/credentials 包中调用 credentials.NewServerTLSFromFile()函数，将 TLS 证书和相应的私钥传递给它。此函数的返回类型为 credentials.TransportCredentials 的对象 creds 和一个错误值。然后将 creds 作为参数调用 grpc.Creds()函数。此函数返回一个 grpc.ServerOption 类型的值 credsOption。最后用这个值调用 grpc.NewServer()函数。

与 HTTP over TLS 服务器不同，一般来讲，启用 TLS 的服务器使用不同的端口，我们将为启用 TLS 的 gRPC 服务器使用相同的端口 50051。

接下来，需要配置客户端应用程序以通过 TLS 与服务器通信：

```
func setupGrpcConn(
       addr string,
       tlsCertFile string,
) (*grpc.ClientConn, error) {
     creds,err:=credentials.NewClientTLSFromFile(tlsCertFile,"")
       if err != nil {
              return nil, err
       }
       credsOption := grpc.WithTransportCredentials(creds)
       return grpc.DialContext(
              context.Background(),
              addr,
              credsOption,
              grpc.WithBlock(),
       )
}
```

我们更新了 setupGrpcConn()以返回一个*grpc.ClientConn 对象，该对象被配置为通过 TLS 与服务器通信。它现在需要一个额外的参数 tlsCertFile，这是一个包含客户端应该信任的 TLS 证书路径的字符串。我们使用 TLS 证书路径作为第一个参数调用 google.golang.org/grpc/credentials 包中定义的 NewClientTLSFromFile()函数，第二个参数如果非空，将覆盖在证书中找到的主机名，并且该主机名将被信任。我们将为 localhost 主机名生成 TLS 证书，这是我们希望客户端信任的主机名。因此指定一个空字符串。该函数返回一个类型为 credentials.TransportCredentials 的值 creds 和一个错误值。然后通过调用 grpc.WithTransportCredentials()函数创建一个 ClientOption 类型的值 credsOption，该值与凭证对应，并将 creds 作为参数传递。最后调用 DialContext()，将 credsOption 作为 ClientOption 传递。tlsCertFile 指向的证书必须与服务器使用的一样。

最后一步是生成自签名 TLS 证书。与第 7 章一样，将使用 openssl 命令执行此操作，并使用一组略有不同的参数，以符合底层 Go 库的客户端 TLS 验证要求：

```
$ openssl req -x509 -newkey rsa:4096 -keyout server.key -out
server.crt \
  -days 365 \
  -subj "/C=AU/ST=NSW/L=Sydney/O=Echorand/OU=Org/CN=localhost" \
  -extensions san \
  -config <(echo '[req]'; echo 'distinguished_name=req';
           echo '[san]'; echo 'subjectAltName=DNS:localhost') \
  -nodes
```

这将创建两个文件 server.key 和 server.crt，分别对应于 TLS 密钥和证书。现在可将这些文件指向服务器并将证书指向客户端。

你可在本书代码库的 chap10/user-service-tls 目录中找到服务器和客户端应用程序的代码。服务器实现了我们在第 8 章中首次实现的 Users 服务，现在与客户端的通信通过 TLS 加密通道进行。还会发现服务器和客户端测试已更新为通过 TLS 进行通信。

让我们快速演示一下我们将如何运行应用程序。首先是服务器：

```
$ cd chap10/user-service-tls/server
$ go build
$ TLS_KEY_FILE_PATH=../tls/server.key \
  TLS_CERT_FILE_PATH=../tls/server.crt \
  ./server
```

在一个独立终端运行客户端：

```
$ cd chap10/user-service-tls/client
$ go build
$ TLS_CERT_FILE_PATH=../tls/server.crt \
  ./client localhost:50051
User: jane doe.com
```

正如我们在第 7 章中讨论的，手动生成和分发证书是不可扩展的。如果服务是内部服务，请使用 cfssl(参见[1])等工具实施内部可信 CA，然后拥有生成证书和信任 CA 的机制。

对于面向公众的服务，你可能发现 autocert(参见[2])对于从 Let's Encrypt(一个免费且开放的证书颁发机构)获取证书很有用。

接下来，我们将学习使服务器应用程序健壮的各种技术。

10.2 服务器健壮性

下面我们将首先学习如何在服务器应用程序中实施健康检查。然后学习如何使应用程序免受未处理的运行时错误的影响。之后，我们将学习如何使用拦截器终止请求处理以防止资源耗尽。

10.2.1 实施健康检查

当服务器启动时，可能需要几秒钟的时间来创建网络侦听器、注册 gRPC 服务并建立与数据存储或其他服务的连接。因此，它可能不会立即准备好处理客户端请求。最重要的是，服务器在运行期间可能会因请求而变得过载，以至于它不应该真正接受任何新的请求。这两种情况下，建议在服务中添加一个 RPC 方法，用于探测服务器是否健康。通常，此探测将由另一个应用程序执行，例如负载均衡或代理服务，它们根据运行状况探测是否成功将请求转发到服务器。

gRPC 健康检查协议定义了专用的 Health gRPC 服务规范。它定义了此类服务必须遵循的 protobuf 规范：

```
syntax = "proto3";
package grpc.health.v1;

message HealthCheckRequest {
  string service = 1;
}

message HealthCheckResponse {
  enum ServingStatus {
    UNKNOWN = 0;
    SERVING = 1;
    NOT_SERVING = 2;
    SERVICE_UNKNOWN = 3;  // Used only by the Watch method.
  }
```

```
  ServingStatus status = 1;
}

service Health {
  rpc Check(HealthCheckRequest) returns (HealthCheckResponse);
  rpc Watch(HealthCheckRequest) returns (stream
  HealthCheckResponse);
}
```

HealthCheckRequest 消息被另一个应用程序(如负载均衡)用于请求服务器的运行状况。它包含一个字符串字段 service，表示客户端正在查询其健康状况的服务名称。正如你将看到的，可以配置各个服务的运行状况。

HealthCheckResponse 消息用于发送健康检查请求的结果。它包含单个 ServingStatus 类型的字段 status(枚举类型)。status 的值将是以下四个之一：

```
UNKNOWN
SERVING
NOT_SERVING
SERVICE_UNKNOWN
```

google.golang.org/grpc/health/grpc_health_v1 包含基于上述 protobuf 规范为 Health 服务生成的 Go 代码。google.golang.org/grpc/health/包含 Health 服务的实现。因此，要向 gRPC 服务器注册 Health 服务，需要更新注册其他服务的代码，如下所示：

```
import (
      healthsvc "google.golang.org/grpc/health"
      healthz "google.golang.org/grpc/health/grpc_health_v1"
)
func registerServices(s *grpc.Server, h *healthz.Server) {
      svc.RegisterUsersServer(s, &userService{})
      healthsvc.RegisterHealthServer(s, h)
}
```

registerServices()函数接收一个额外的参数——healthz.Server 类型的值，它在 google.golang.org/grpc/health 包中定义，指向 Health 服务实现。我们调用 grpc_health_v1 包中定义的 RegisterHealthServer()函数注册 Health 服务。

我们将调用 registerServices()函数，如下所示：

```
s := grpc.NewServer()
h := healthz.NewServer()
registerServices(s, h)
```

调用 grpc_health_v1 包中定义的 NewServer()函数，它初始化 Health 服务的内部数据结构。这将返回一个*healthz.Server 类型的对象——Health 的实现。然后使用*grpc.Server 和*healthz.Server 调用 registerServices()函数。除了 Users 服务外，gRPC 服务器现在可处理对 Health 服务的请求。

接下来，将为各个服务配置健康状态。healthz.Server 对象的 SetServingStatus()方法用于设置服务的状态。它接收两个参数——service(一个字符串，表示服务名称)和一个 ServiceStatus 类型的值(一个定义为 HealthCheckResponse 消息一部分的枚举)。我们将定义一个辅助函数来包装这个逻辑，如下所示：

```
func updateServiceHealth(
        h *healthz.Server,
        service string,
        status healthsvc.HealthCheckResponse_ServingStatus,
) {
        h.SetServingStatus(
                service,
                status,
        )
}
```

在服务端，调用 registerServices()函数后，我们将设置 Users 服务的健康状态，如下所示：

```
s := grpc.NewServer()
h := healthz.NewServer()
registerServices(s, h)
updateServiceHealth(
        h,
        svc.Users_ServiceDesc.ServiceName,
        healthsvc.HealthCheckResponse_SERVING,
)
```

我们使用 Users_ServiceDesc.ServiceName 属性获取 Users 服务的名称，然后通过调用 SetServingStatus()方法将服务的健康状态设置为 HealthCheckResponse_SERVING。你可在本书代码库的 chap10/server healthcheck/server 目录中找到注册 Users 服务(如第 9 章所述)和 Health 服务的 gRPC 服务器代码。

现在编写一些测试来验证 Health 服务的行为。在所有测试中，我们首先需要创建一个客户端来与 Health 服务进行通信。将通过定义以下函数来实现：

```
package main

import (
        // 其他导入
        healthsvc "google.golang.org/grpc/health/grpc_health_v1"
)
```

```
func getHealthSvcClient(
	l *bufconn.Listener,
) (healthsvc.HealthClient, error) {

	bufconnDialer := func(
		ctx context.Context, addr string,
	) (net.Conn, error) {
		return l.Dial()
	}

	client, err := grpc.DialContext(
		context.Background(),
		"", grpc.WithInsecure(),
		grpc.WithContextDialer(bufconnDialer),
	)
	if err != nil {
		return nil, err
	}
	return healthsvc.NewHealthClient(client), nil
}
```

使用 bufconn.Listener 类型的对象 l 调用 getHealthSvcClient()，它返回一个 healthsvc.HealthClient 类型的值和一个错误。在函数内部，我们创建一个拨号器 bufconnDialer，然后用它来创建一个*grpc.ClientConn 对象 client。之后，我们调用 grpc_health_v1 包中定义的 NewHealthClient()函数来创建 healthsvc.HealthClient 对象。

我们将要编写的第一个测试函数使用空的 HealthCheckRequest 对象调用 Health 服务的 Check()方法：

```
func TestHealthService(t *testing.T) {

	l := startTestGrpcServer()
	healthClient, err := getHealthSvcClient(l)
	if err != nil {
		t.Fatal(err)
	}

	resp, err := healthClient.Check(
		context.Background(),
		&healthsvc.HealthCheckRequest{},
	)
	if err != nil {
		t.Fatal(err)
	}
	serviceHealthStatus := resp.Status.String()
```

```
        if serviceHealthStatus != "SERVING" {
                t.Fatalf(
                        "Expected health: SERVING, Got: %s",
                        serviceHealthStatus,
                )
        }
}
```

使用 startTestGrpcServer()函数创建一个测试服务器(正如我们在第 8 章和第 9 章中定义的那样)。然后将返回的*bufconn.Listener 对象作为参数传递给前面定义的 getHealthSvcClient()函数，以获取一个配置好的客户端与 Health 服务进行通信。

然后，使用空的 HealthCheckRequest 值调用 Check()方法。再检查返回的 HealthCheckResponse 类型的值，以确保 Status 字段的值与我们期望的值匹配。当未指定服务名称，并且服务器能成功响应请求时，响应状态设置为 1(或 SERVING)。由于 status 字段是枚举类型，所以调用定义好的 String()方法来获取对应的字符串值，不管你是否设置了注册服务的健康状态，也不管它们是否健康。

要检查 Users 服务的健康状态，需要调用 Check()方法，如下所示：

```
resp, err := healthClient.Check(
        context.Background(),
        &healthsvc.HealthCheckRequest{
                Service: "Users",
        },
)
```

如果指定一个没有设置健康状态的服务，将得到一个非 nil 错误的响应，并且响应的值 resp 将为 nil。错误响应代码将设置为 codes.NotFound，如 google.golang.org/grpc/codes 包中所定义。以下测试将验证该行为：

```
func TestHealthServiceUnknown(t *testing.T) {

        l := startTestGrpcServer()
        healthClient, err := getHealthSvcClient(l)
        if err != nil {
                t.Fatal(err)
        }

        _, err = healthClient.Check(
                context.Background(),
                &healthsvc.HealthCheckRequest{
                        Service: "Repo",
                },
        )
        if err == nil {
                t.Fatalf("Expected non-nil error, Got nil error")
```

```
        }
        expectedError := status.Errorf(
                codes.NotFound, "unknown service",
        )
        if !errors.Is(err, expectedError) {
                t.Fatalf(
                        "Expected error %v, Got; %v",
                        err,
                        expectedError,
                )
        }
}
```

上面突出显示了关键语句。我们使用 google.golang.org/grpc/status 包的 Errorf() 函数构造一个错误值，然后使用 errors 包中的 errors.Is()函数来检查返回的错误和预期的错误是否匹配。

接下来，让我们看一下在 Health 服务中定义的第二个方法 Watch()。这是一种服务器端的流 RPC 方法，当健康检查客户端希望收到服务中任何健康状态更改的通知时，它很有用。让我们看看它是如何工作的。

我们使用两个参数调用该方法——一个 context.Context 对象和一个 HealthCheckRequest 对象，指定我们要监视 Users 服务的健康状态：

```
client, err := healthClient.Watch(
        context.Background(),
        &healthsvc.HealthCheckRequest{
                Service: "Users",
        },
)
```

Watch()方法返回两个值：类型为 Health_WatchClient 的客户端和一个错误值。Health_WatchClient 是 grpc_health_v1 包中定义的接口，如下所示：

```
type Health_WatchClient interface {
        Recv() (*HealthCheckResponse, error)
        grpc.ClientStream
}
```

Recv()方法将返回一个 HealthCheckResponse 类型的对象和错误值。然后编写一个无条件的 for 循环，将在其中调用 Recv()方法以在可用时从服务器获取响应：

```
for {
      resp, err := client.Recv()
      if err == io.EOF {
            break
      }
```

```
        if err != nil {
            log.Printf("Error in Watch: %#v\n", err)
        }
        log.Printf("Health Status: %#v", resp)
        if resp.Status != healthsvc.HealthCheckResponse_SERVING {
            log.Printf("Unhealthy: %#v", resp)
        }
    }
```

第一次调用 Recv()时，会收到一个包含 Users 服务健康状态的响应。之后，我们只会在服务的健康状态发生变化时得到响应。

以下测试函数验证该行为：

```
func TestHealthServiceWatch(t *testing.T) {

        // TODO 设置和获取 healthClient

        client, err := healthClient.Watch(
                context.Background(),
                &healthsvc.HealthCheckRequest{
                        Service: "Users",
                },
        )
        if err != nil {
                t.Fatal(err)
        }

        resp, err := client.Recv()
        if err != nil {
                t.Fatalf("Error in Watch: %#v\n", err)
        }
        if resp.Status != healthsvc.HealthCheckResponse_SERVING {
                t.Errorf(
                        "Expected SERVING, Got: %#v",
                        resp.Status.String(),
                )
        }

        updateServiceHealth(
                h,
                "Users",
                healthsvc.HealthCheckResponse_NOT_SERVING,
        )

        resp, err = client.Recv()
        if err != nil {
```

```
                t.Fatalf("Error in Watch: %#v\n", err)
            }
            if resp.Status!=healthsvc.HealthCheckResponse_NOT_SERVING
{
                t.Errorf(
                    "Expected NOT_SERVING, Got: %#v",
                    resp.Status.String(),
                )
            }
    }
```

我们调用 Watch()方法，然后调用一次 Recv()方法。我们验证健康状态报告为 SERVING。然后调用 updateServiceHealth()将服务的健康状态更改为 NOT_SERVING。我们再次调用 Recv()方法。这一次，我们验证响应的状态字段值为 NOT_SERVING。因此，尽管客户端必须定期调用 Check()方法以了解服务器中的任何健康状态变化，但 Watch()方法会通知客户端，然后客户端可以做出适当的反应。

你可在本书代码库的 chap10/server-healthcheck/server 目录下的 health_test.go 文件中找到所有测试函数的源代码。

在下一节中，我们将学习如何通过实现拦截器来设置恢复机制，以在发生运行中错误时阻止服务器终止。不过，在此之前，你需要在本章的第一个练习(练习 10.1)中为 Health 服务实现一个客户端。

练习 10.1：一个健康检查客户端

为 Health 服务实现一个命令行客户端。客户端应该同时支持 Check 和 Watch 方法。如果健康状态不成功，客户端应该使用非零退出代码退出。

应用程序应该允许客户端与服务器建立不安全或 TLS 加密的通信通道。还应该支持接受特定的服务名称，并检查其健康状况。

10.2.2　处理运行时错误

当客户端应用程序向 gRPC 服务器发出请求时，该请求将在一个单独的协程中处理——就像 HTTP 服务器一样。但是，与 HTTP 服务器不同的是，如果在请求处理过程中发生未处理的运行时错误，例如由调用 panic()函数引起的错误，它将终止整个服务器进程，这也将终止当前正在处理的任何其他请求。这是否可取主要取决于特定应用程序行为。假设我们不认为这是可取的，并且希望在服务器应用程序中实现一种机制，以便继续处理现有请求以及新请求(即使在处理另一个请求时出现未处理的错误)。实现这种机制的常规方法是定义一个服务器端拦截器。在这个拦截器中，我们将设置一个对另一个函数的延迟调用，这里调用 recover()函数并记录错误(如果有)。当发生运行时错误时，将调用此延迟函数，而不是终止应用程序。

首先，让我们看一下一元拦截器：

```
func panicUnaryInterceptor(
	ctx context.Context,
	req interface{},
	info *grpc.UnaryServerInfo,
	handler grpc.UnaryHandler,
) (resp interface{}, err error) {
	defer func() {
		if r := recover(); r != nil {
			log.Printf("Panic recovered: %v", r)
			err = status.Error(
				codes.Internal,
				"Unexpected error happened",
			)
		}
	}()
	resp, err = handler(ctx, req)
	return
}
```

我们已经定义了拦截器来使用命名的返回值：resp 和 err。这允许我们设置出现运行时错误时返回的值。当发生运行时错误时，recover()函数返回一个非 nil 值。我们记录这个值并将 err 分配给使用 status.Error()函数创建的新错误值。我们将响应代码设置为 codes.Internal 并将错误配置为自定义的错误消息。这样，我们将在服务器端记录实际错误，但只向客户端发送一条简短的错误消息。根据应用程序的不同，这是在发生意外运行时错误时运行任何其他操作的机会。resp 的默认值(即 nil)将作为 RPC 请求的响应返回。

服务器端流拦截器将进行类似配置。流拦截器的一个有趣方面是，无论运行时错误是在初始流设置期间引起的，还是在随后的一次消息交换期间引起的，它都同样有效。

本书代码库的目录 chap10/svc-panic-handling 包含第 9 章，介绍的拦截器链(chap9/interceptor-chain)中 gRPC 应用程序的修改版本。服务器已更新为将紧急处理拦截器注册为一元和流 RPC 方法调用的最内层拦截器：

```
s := grpc.NewServer(
	grpc.ChainUnaryInterceptor(
			metricUnaryInterceptor,
			loggingUnaryInterceptor,
			panicUnaryInterceptor,
		),
		grpc.ChainStreamInterceptor(
```

```
                        metricStreamInterceptor,
                        loggingStreamInterceptor,
                        panicStreamInterceptor,
                ),
        )
```

将 panic 处理拦截器注册为最内层的拦截器意味着服务处理程序中的运行时错误不会妨碍其他拦截器的功能。当然，这是假设在任何外部拦截器中都不会出现运行时错误，这种假设可能成立也可能不成立。当然，我们可附加两倍于最外层和最内层拦截器的紧急处理拦截器来包裹其他所有拦截器。

为了说明拦截器的工作原理，服务器和客户端应用程序已按如下所述进行了修改。

如果用户的电子邮件地址格式为 panic@example.com，则 Users 服务的 GetUser()方法被修改为调用 panic()函数：

```
components := strings.Split(in.Email, "@")
if len(components) != 2 {
        return nil, errors.New("invalid email address")
}
if components[0] == "panic" {
        panic("I was asked to panic")
}
```

客户端应用程序被修改为接收对应于用户电子邮件地址的第三个参数，然后在对 GetUser()方法的请求中指定该参数。

GetHelp()方法修改为在传入请求消息为 panic 时调用 panic()：

```
fmt.Printf("Request received: %s\n", request.Request)
if request.Request == "panic" {
        panic("I was asked to panic")
}
```

现在让我们从终端编译和运行服务器：

```
$ cd chap10/svc-panic-handling/server
$ go build
$ ./server
```

在单独的终端中编译并运行客户端：

```
$ cd chap10/svc-panic-handling/client
$ go build
```

然后，让我们调用 GetUser()方法：

```
$ ./client localhost:50051 GetUser panic@example.com
```

```
2021/07/05 21:02:25 Method:/Users/GetUser, Duration:1.494875ms,
Error:rpc error: code = Internal desc = Unexpected error happened
2021/07/05 21:02:25 rpc error: code = Internal desc = Unexpected
error happened
```

可以看到，客户端没有获得成功的响应，而是从服务器收到一个错误消息。code 和 desc 字段的值是我们在 panic 处理拦截器中设置的值。

在服务器端将看到以下日志消息：

```
    2021/07/05 21:02:25 Received request for user with Email:
panic@example.com
    Id:
    2021/07/05 21:02:25 Panic recovered: I was asked to panic
    2021/07/05 21:02:25 Method:/Users/GetUser, Error:rpc error:
    code = Internal desc = Unexpected error happened,
    Request-Id:[request-123]
    2021/07/05 21:02:25 Method:/Users/GetUser, Duration:160.291µs
```

接下来，调用 GetHelp()方法：

```
$ ./client localhost:50051 GetHelp
Request: panic
2021/07/05 21:07:37 Send msg called: *users.UserHelpRequest
2021/07/05 21:07:37 Recv msg called: *users.UserHelpReply
2021/07/05 21:07:37 rpc error: code = Internal desc = Unexpected
error happened
```

在服务器端将看到以下日志：

```
Request received: panic
2021/07/05 21:07:37 Panic recovered: I was asked to panic
2021/07/05 21:07:37 Method:/Users/GetHelp, Error:rpc error: code =
Internal desc = Unexpected error happened, Request-Id:[request-123]
2021/07/05 21:07:37 Method:/Users/GetHelp, Duration:1.302932917s
```

编写一个拦截器来恢复运行时错误可让服务器在继续处理其他请求的同时保持运行。它还允许我们记录错误原因、发布指标以便监控错误，或运行任何自定义清理和回滚过程。

接下来，我们将学习当操作花费的时间超过配置的时间间隔或客户端断开连接时终止请求处理的技术。

10.2.3 终止请求处理

假设我们想对 RPC 方法的执行时间施加一个上限。根据服务的历史行为，我们知道对于某些恶意用户请求，RPC 方法可能需要比 300 毫秒更长的时间。这种情况下，我们只想终止请求。使用服务器端拦截器，可在所有服务处理程序中实现此类逻辑。

以下函数实现了一元 RPC 超时拦截器：

```
func timeoutUnaryInterceptor(
	ctx context.Context,
	req interface{},
	info *grpc.UnaryServerInfo,
	handler grpc.UnaryHandler,
) (interface{}, error) {
	var resp interface{}
	var err error

	ctxWithTimeout, cancel := context.WithTimeout(
		ctx,
		300*time.Millisecond,
	)
	defer cancel()

	ch := make(chan error)

	go func() {
		resp, err = handler(ctxWithTimeout, req)
		ch <- err
	}()

	select {
	case <-ctxWithTimeout.Done():
		cancel()
		err = status.Error(
			codes.DeadlineExceeded,
			fmt.Sprintf(
				"%s: Deadline exceeded",
				info.FullMethod,
			),
		)
		return resp, err
	case <-ch:

	}
	return resp, err
}
```

上面的拦截器使用 context.WithTimeout()函数调用并使用传入的上下文 ctx 作为父上下文创建一个新的 context.Context 对象 ctxWithTimeout。超时设置为 300 毫秒，这是我们配置的服务处理程序完成执行的最大持续时间。我们在协程中执行处理程序方法，然后使用 select 语句等待接收通道 err 上的值或函数调用 ctxWithTimeout.Done()。当处理程序方法完成执行时，将准备好从 err 读取值。

另一方面，ctxWithTimeout.Done()函数将在 300 毫秒后返回。如果后者首先发生，我们则取消上下文，创建一个新的错误值并将代码设置为 codes.DeadLineExceeded，并将其与 resp 的 nil 值一起返回。

使用上述拦截器配置服务端的结果是任何花费超过300毫秒的RPC方法都将被终止。如果以拦截器取消上下文的方式编写服务方法来取消正在进行的处理(正如你在第 7 章中所了解的那样)，服务器资源也会及时释放以用于处理其他请求。将通过编写一个测试函数来验证拦截器的工作，而不是通过运行 gRPC 服务器来验证。这还将演示如何为服务器端一元 RPC 拦截器编写单元测试。

我们将使用预期的参数直接调用 timeoutUnaryInterceptor()函数，如下所示：

```
func TestUnaryTimeOutInterceptor(t *testing.T) {
	req := svc.UserGetRequest{}
	unaryInfo := &grpc.UnaryServerInfo{
		FullMethod: "Users.GetUser",
	}
	testUnaryHandler := func(
		ctx context.Context,
		req interface{},
		) (interface{}, error) {
		time.Sleep(500 * time.Millisecond)
		return svc.UserGetReply{}, nil
	}

	_, err := timeoutUnaryInterceptor(
		context.Background(),
		req,
		unaryInfo,
		testUnaryHandler,
	)
	if err == nil {
		t.Fatal(err)
	}
	expectedErr := status.Errorf(
		codes.DeadlineExceeded,
		"Users.GetUser: Deadline exceeded",
	)
	if !errors.Is(err, expectedErr) {
		t.Errorf(
			"Expected error: %v Got: %v\n",
			expectedErr,
			err,
		)
```

```
        }
}
```

timeoutUnaryInterceptor()函数以四个对象作为参数被调用。我们在上面的测试函数中创建了这些对象，如下所示。

- **context**：context.Context 类型的对象。上下文对象是通过调用 context.Background()函数创建的。
- **req**：一个包含空 interface{}类型的请求 RPC 消息的对象。我们创建一个空的 svc.UserGetRequest{}对象并将其分配给 req。
- **info**：grpc.UnaryServerInfo 类型的对象。我们创建一个 grpc.UnaryServerInfo 类型的对象，将 FullMethod 字段(一个字符串)设置为“Users.GetUser”。
- **handler**：类型为 grpc.UnaryHandler 的函数。我们创建一个 testUnaryHandler()函数作为测试函数的服务处理程序。我们设置休眠 500 毫秒，以便可以验证拦截器的行为，然后返回一个空的 UserGetReply 对象作为响应。

现在假设要为流 RPC 方法实现这种行为。我们知道，在流 RPC 方法的情况下，流连接很可能是长期存在的。请求和响应将包含一个消息流，在流上的连续消息之间可能存在延迟。如果也想对流 RPC 方法进行强制超时该怎么办？例如，假设在客户端流传输方法或双向流传输 RPC 方法中，如果我们在过去 60 秒内没有收到来自客户端的消息，将终止连接。为了实现这一点，我们将实现一个等效于 timeoutUnaryInterceptor()的流服务器端拦截器。当服务器等待接收消息并且计时器将根据消息重置时，将实施最大超时策略。定义了一个新的类型 wrappedServerStream 来包装底层的 ServerStream 对象，并在 RecvMsg()方法中实现超时逻辑：

```
type wrappedServerStream struct {
        RecvMsgTimeout time.Duration
        grpc.ServerStream
}

func (s wrappedServerStream) SendMsg(m interface{}) error {
        return s.ServerStream.SendMsg(m)
}

func (s wrappedServerStream) RecvMsg(m interface{}) error {
        ch := make(chan error)
        t := time.NewTimer(s.RecvMsgTimeout)
        go func() {
                log.Printf("Waiting to receive a message: %T", m)
                ch <- s.ServerStream.RecvMsg(m)
        }()
```

```
		select {
		case <-t.C:
			return status.Error(
				codes.DeadlineExceeded,
				"Deadline exceeded",
			)
		case err := <-ch:
			return err
		}
}
```

我们使用两个字段定义 WrappedServerStream 结构：类型为 time.Duration 的 RecvMsgTimeout 和嵌入的 grpc.ServerStream 对象。我们实现的 SendMsg()方法调用嵌入流的 SendMsg()方法。在 RecvMsg()方法中，创建一个 time.Timer 对象，将 RecvMsgTimeout 的值作为参数传递给 time.NewTimer()函数。返回的对象 t 包含一个字段 C，一个类型为 chan Time 的通道。然后在协程中调用底层流的 RecvMsg()方法。

使用 select 语句，我们等待从两个通道(–t.C 和 ch)中的任何一个接收值。当 RecvMsgTimeout 中指定的持续时间超时，第一个通道接收一个值。下面定义拦截器。

```
func timeoutStreamInterceptor(
	srv interface{},
	stream grpc.ServerStream,
	info *grpc.StreamServerInfo,
	handler grpc.StreamHandler,
) error {
	serverStream := wrappedServerStream{
		RecvMsgTimeout: 500 * time.Millisecond,
		ServerStream:   stream,
	}
	err := handler(srv, serverStream)
	return err
}
```

拦截器定义了一个 500 毫秒的持续时间 RecvMsgTimeout。接下来将通过编写单元测试来验证拦截器的工作。必须使用以下参数调用 timeoutStreaming-Interceptor()函数。

- **srv**：是 interface{}类型，因此可以是任何类型的对象。在这里，我们将使用一个字符串 test。
- **stream**：是一个实现 grpc.ServerStream 接口类型的对象。在我们的测试中，将定义一个新类型 testStream 来实现这个接口。在 RecvMsg()方法中，将通过休眠 700 毫秒来模拟无响应客户端行为，这超过了拦截器的超时时间。

- **info**：是一个*grpc.ServerInfo 类型的对象，如下所示：

```
streamInfo := &grpc.StreamServerInfo{
              FullMethod: "Users.GetUser",
              IsClientStream: true,
              IsServerStream: true,
      }
```

- **handler**：是一个双向(或服务器端)流 RPC 方法处理程序。在我们的测试中实现了以下测试处理程序(函数)：

```
testHandler := func(
                    srv interface{},
                    stream grpc.ServerStream,
             ) (err error) {
              for {
                    m := svc.UserHelpRequest{}
                    err := stream.RecvMsg(&m)
                    if err == io.EOF {
                           break
                    }
                    if err != nil {
                           return err

                    }
                    r := svc.UserHelpReply{}
                    err = stream.SendMsg(&r)
                    if err == io.EOF {
                           break
                    }
                    if err != nil {
                           return err

                    }
              }
              return nil
      }
```

现在创建了所有不同的对象，我们可以定义测试函数：

```
type testStream struct {
       grpc.ServerStream
}

func (s testStream) SendMsg(m interface{}) error {
```

```
        log.Println("Test Stream - SendMsg")
        return nil
}

func (s testStream) RecvMsg(m interface{}) error {
        log.Println("Test Stream - RecvMsg - Going to sleep")
        time.Sleep(700 * time.Millisecond)
        return nil
}

func TestStreamingTimeOutInterceptor(t *testing.T) {

        streamInfo := &grpc.StreamServerInfo{
                FullMethod:     "Users.GetUser",
                IsClientStream: true,
                IsServerStream: true,
        }

        testStream := testStream{}

// TODO - 如上定义 testHandler

        err := timeoutStreamInterceptor(
                "test",
                testStream,
                streamInfo,
                testHandler,
        )
        expectedErr := status.Errorf(
                codes.DeadlineExceeded,
                "Deadline exceeded",
        )
        if !errors.Is(err, expectedErr) {
                t.Errorf(
                        "Expected error: %v Got: %v\n",
                        expectedErr,
                        err,
                )
        }
}
```

你可以在本书源代码库的 chap10/svc-timeout 目录中找到一个 gRPC 服务器应用程序的示例，其中包含超时拦截器实现和单元测试。

我们希望在服务器应用程序中拥有的另一个能力是对客户端发起的请求终止事件做出反应，例如上下文取消或网络故障。这种情况下，服务器也应该尽快终止请求处理。在拦截器中为一元 RPC 方法实现这一点看起来与超时拦截器非常相似：

```
func clientDisconnectUnaryInterceptor(
        ctx context.Context,
        req interface{},
        info *grpc.UnaryServerInfo,
        handler grpc.UnaryHandler,
) (interface{}, error) {
        var resp interface{}
        var err error

        ch := make(chan error)

        go func() {
                resp, err = handler(ctx, req)
                ch <- err
        }()

        select {
        case <-ctx.Done():
                err = status.Error(
                        codes.Canceled,
                        fmt.Sprintf(
                                "%s: Request canceled",
                                info.FullMethod,
                        ),
                )
                return resp, err
        case <-ch:

        }
        return resp, err
}
```

上面代码突出显示了关键语句。我们在协程中调用 RPC 方法处理程序。然后，我们使用 select 语句等待接收由 ctx.Done()方法返回的通道上的值，这表明客户端连接已关闭，或者是处理程序执行的结果。如果第一个事件首先发生，我们则创建一个错误值，指示请求已被取消并返回错误。

流拦截器的实现看起来与一元拦截器非常相似：

```
func clientDisconnectStreamInterceptor(
        srv interface{},
        stream grpc.ServerStream,
        info *grpc.StreamServerInfo,
        handler grpc.StreamHandler,
) (err error) {
```

```
		ch := make(chan error)

		go func() {
			err = handler(srv, stream)
			ch <- err
		}()

		select {
		case <-stream.Context().Done():
			err = status.Error(
				codes.Canceled,
				fmt.Sprintf(
					"%s: Request canceled",
					info.FullMethod,
				),
			)
			return
		case <-ch:

		}
		return
}
```

我们再一次在协程中调用 RPC 方法处理程序，然后使用 select 语句等待 stream.Context.Done()方法返回的通道关闭，这表明客户端连接已经关闭，或者是处理程序执行的结果。如果第一个事件首先发生，则创建一个错误值，指示请求已被取消并返回错误。你可以在本书源代码库的 chap10/svc-client-dxn 目录中找到带有拦截器实现的服务器应用程序示例，包括单元测试。

在继续下一部分内容之前(将重点关注提高客户端应用程序的弹性)，你需要尝试一个练习，即练习 10.2。

练习 10.2：实现带有超时的优雅关机

要优雅地停止 gRPC 服务器，你需要调用 grpc.Server 对象的 GracefulStop()方法。但是，它不允许调用者配置最大持续时间，在该持续时间内它将尝试等待现有请求处理完成。你在本练习中的目标是实现服务器的限时正常关闭。时间到期后，代码应调用 Stop()方法进行硬关机。

在调用 GracefulStop()方法之前，将所有服务的健康状态更新为 NOT_SERVING。这意味着当你等待方法返回时，任何运行状况检查请求都会返回有关服务运行状况的适当更新。

10.3　客户端健壮性

在本节中，我们将学习提高客户端应用程序健壮性的技术。首先将学习可以配置的各种超时。然后，我们将学习传输 RPC 方法调用的底层连接的行为，最后研究提高单个方法调用弹性的技术。

我们将使用注册了 Users 服务的 gRPC 服务器。该服务定义了两个 RPC 方法：GetUser()和 GetHelp()。我们的示例客户端可以根据指定的命令行参数调用这些方法中的任何一个。你可在本书源代码库的 chap10/client-resiliency 目录中找到应用程序的代码。

10.3.1　提高连接配置

在进行任何 RPC 方法调用之前，我们在客户端执行的第一步是与服务器建立连接通道。为了刷新你的记忆，我们一直在使用以下代码创建连接通道：

```
func setupGrpcConn(addr string) (*grpc.ClientConn, error) {
        return grpc.DialContext(
                context.Background(),
                addr,
                grpc.WithBlock(),
        )
        return conn, err
}
```

grpc.WithBlock()将导致上述对 DialContext()函数的调用在建立成功连接之前不会返回。事实上，如果没有指定该选项，连接建立过程不会立即开始。它会在未来的某个时间点发生，无论是在我们进行第一次 RPC 方法调用时或之前。

使用 grpc.WithBlock()选项可以帮助我们解决临时故障，例如服务器需要花费几百毫秒才能准备好或临时网络故障导致超时。但是，即使存在需要检查的永久性故障，这也可能导致客户端继续尝试建立连接而不退出。例如，指定格式错误的服务器地址或不存在的主机名。

为了获得使用 grpc.WithBlock()选项的好处并且不尝试“永远”建立连接，我们将指定另一个通过调用 grpc.FailOnNonTempDialError(true)函数创建的 DialOption。true 参数指定如果发生非临时错误，将不再尝试重新建立连接。DialContext()函数将返回遇到的错误。

此外，即使是临时错误，也可以根据尝试建立连接的时间设置上限。grpc.DialContext()函数接收一个 context.Context 对象作为第一个参数。因此，我们创建了一个带有超时值的上下文并使用该上下文调用函数。

更新后的 setupGrpcConn()如下：

```
func setupGrpcConn(
	addr string,
) (*grpc.ClientConn, context.CancelFunc, error) {
	log.Printf("Connecting to server on %s\n", addr)
	ctx, cancel := context.WithTimeout(
		context.Background(),
		10*time.Second,
	)
	conn, err := grpc.DialContext(
		ctx,
		addr,
		grpc.WithBlock(),
		grpc.FailOnNonTempDialError(true),
		grpc.WithReturnConnectionError()
	)
	return conn, cancel, err
}
```

请注意，我们添加了第三个 DialOption，即 grpc.WithReturnConnectionError()。使用此选项，当发生临时错误并且上下文在 DialContext()函数成功之前到期时，返回的错误还将包含阻止连接建立发生的原始错误。

值得一提的是，指定 grpc.WithReturnConnectionError() DialOption 也会隐式设置 grpc.WithBlock()选项。通过上述更改，DialContext()函数现在将表现出以下行为：

- 遇到非临时错误时会立即返回。返回的错误值将包含遇到的错误的详细信息。
- 如果出现非临时错误，它只会尝试建立连接 10 秒。该函数将返回包含非临时错误详细信息的错误值。

在 chap10/client-resiliency 目录中编译客户端应用程序，并按如下方式运行它(本地不运行任何 gRPC 服务器)：

```
$ cd chap10/client-resiliency/client
$ go build
$/client localhost:50051 GetUser jane@joe.com
2021/07/22 19:02:31 Connecting to server on localhost:50051
2021/07/22 19:02:31 Error in creating connection: connection error:
desc = "transport: error while dialing: dial tcp [::1]:50051:
connect: connection refused"
```

grpc.FailOnTempDialError()和 grpc.WithReturnConnectionError()都被认为是实验性的，因此它们的行为在未来的 gRPC 版本中可能会有所不同。

10.3.2 处理瞬态故障

一旦与服务器建立了连接通道，客户端将继续进行 RPC 方法调用。使用 gRPC 的最大好处之一是客户端可以进行多次此类调用，而不必为每个请求创建新通道。然而，这也意味着默认情况下网络连接是长期存在的，因此容易出现故障。幸运的是，gRPC 定义了等待就绪(Wait for Ready)语义，我们可以在调用 RPC 方法时向其传递额外的参数。这个额外的配置是一个 grpc.CallOption 值，通过以 true 作为参数调用 grpc.WaitForReady()函数来创建：

```
client.GetUser(context.Background(),req,grpc.WaitForReady(true))
```

当进行了上述 RPC 方法调用，但未建立到服务器的连接时，它将首先尝试成功建立连接，然后调用 RPC 方法。

下面看看这种行为的实际效果。首先在 chap10/client-resiliency/server 中编译并运行服务器：

```
$ cd chap10/client-resiliency/server
$ go build
$ ./server
```

让服务器保持运行。在客户端应用程序内部，我们有如下的 for 循环，它将向 GetUser() RPC 方法发出五次请求，每个请求之间休眠 1 秒：

```
for i := 1; i <= 5; i++ {
	log.Printf("Request: %d\n", i)
	userEmail := os.Args[3]
	result, err := getUser(
		c,
		&svc.UserGetRequest{Email: userEmail},
	)
	if err != nil {
		log.Fatalf("getUser failed: %v", err)
	}
	fmt.Fprintf(
		os.Stdout,
		"User: %s %s\n",
		result.User.FirstName,
		result.User.LastName,
	)
	time.Sleep(1 * time.Second)
}
```

接下来编译客户端应用程序并运行它：

```
$ ./client localhost:50051 GetUser jane@joe.com
2021/07/23 09:43:58 Connecting to server on localhost:50051
```

```
2021/07/23 09:43:58 Request: 1
User: jane joe.com
2021/07/23 09:43:59 Request: 2
User: jane joe.com
2021/07/23 09:44:00 Request: 3
User: jane joe.com
2021/07/23 09:44:01 Request: 4
User: jane joe.com
2021/07/23 09:44:02 Request: 5
User: jane joe.com
```

现在，在任何两个请求之间，如果终止服务器进程并重新启动它，将看到所有五个请求仍将成功发出，而客户端不会出现错误退出。

WaitForReady()选项仅在调用 RPC 方法时有帮助。对于一元 RPC 方法，这在处理临时连接失败时很有用。但是，对于流 RPC 方法调用，这意味着 WaitForReady()仅在创建流时有用。如果创建流后出现网络问题怎么办？

假设在通过 Send()发送消息或使用 Recv()接收消息时遇到错误。我们将查看返回的错误，并决定是否要终止 RPC 方法调用，还是想创建一个新的流并恢复通信。假设可通过创建一个新的流来安全地恢复双向流 RPC 方法的流通信。

我们定义一个函数来创建流，即调用 GetHelp()方法：

```
func createHelpStream(c svc.UsersClient) (
        users.Users_GetHelpClient, error,
) {
        return c.GetHelp(
                context.Background(),
                grpc.WaitForReady(true),
        )
}
```

然后，定义函数 setupChat()来与创建的流进行交互，发送请求并接收来自服务器的响应。我们将在其中创建一个 svc.Users_GetHelpClient 类型的无缓冲通道，它是通过调用 GetHelp()方法创建的流的类型。我们将在专用的协程中调用 Recv()方法。如果该方法返回 io.EOF 以外的错误，它将重新创建流。然后将流写入通道 clientConn。

以下是客户端代码片段，展示了使用重新连接逻辑的实现从流中进行读取：

```
func setupChat(
        r io.Reader,
        w io.Writer,
        c svc.UsersClient,
) (err error) {

        var clientConn = make(chan svc.Users_GetHelpClient)
```

```
	var done = make(chan bool)

	stream, err := createHelpStream(c)
	defer stream.CloseSend()
	if err != nil {
		return err
	}

	go func() {
		for {
			clientConn <- stream
			resp, err := stream.Recv()
			if err == io.EOF {
				done <- true
			}
			if err != nil {
				log.Printf("Recreating stream.")
				stream, err = createHelpStream(c)
				if err != nil {
					close(clientConn)
					done <- true
				}
			} else {
				fmt.Printf(
					"Response:%s\n",resp.Response,
				)
				if resp.Response == "hello-10" {
					done <- true
				}
			}
		}
	}()

// TODO - 将请求发送到服务器

	<-done
	return stream.CloseSend()
}
```

在从流进行读取的协程中，我们有一个无条件的 for 循环。在循环的开始，我们将当前流对象写入 clientConn 通道。这将解除向服务器发送消息的客户端部分的阻塞(很快就会解释)。然后调用 Recv()方法。如果我们得到一个 io.EOF 错误，我们将 true 写入 done 通道，这将关闭流并从函数返回。

如果得到其他任何错误，则调用 createHelpStream()函数来重新创建流。如果无法创建流，将关闭 clientConn 通道，从而解除对发送代码的阻塞。还将 true 写入 done 通道，这将导致函数返回。

如果没有收到错误，我们会写入从服务器收到的响应。如果响应是 hello-10，将 true 写入 done 通道。此字符串对应于从客户端发送的最后一个请求。因此，当得到这个消息时，知道这个函数没有进一步的工作要做。

以下代码片段显示了 setupChat()函数的发送部分：

```
func setupChat(
	r io.Reader,
	w io.Writer,
	c svc.UsersClient,
) (err error) {
	var clientConn = make(chan svc.Users_GetHelpClient)
	var done = make(chan bool)

	stream, err := createHelpStream(c)
	defer stream.CloseSend()
	if err != nil {
		return err
	}


	// TODO 接收上述协程

	requestMsg := "hello"
	msgCount := 1
	for {
		if msgCount> 10 {
			break
		}
		stream = <-clientConn
		if stream == nil {
			break
		}
		request := svc.UserHelpRequest{
			Request: fmt.Sprintf(
				"%s-%d", requestMsg, msgCount,
			),
		}
		err := stream.Send(&request)
		if err != nil {
			log.Printf("Send error:%v.Will retry.\n",err)
		} else {
			log.Printf("Request sent: %d\n", msgCount)
			msgCount += 1
		}
```

```
        }

        <-done
        return stream.CloseSend()
}
```

我们从客户端向服务器发送 10 条消息。服务器回显与响应相同的消息。在发送每条消息之前，我们从 clientConn 通道读取用于发送消息的流。然后，它将调用 Send()方法。如果该方法返回错误，它将等待接收协程重新创建流并将新的流对象值写入通道。一旦它成功读取了新建的流，将再次尝试发送操作。你可在本书源代码库的 chap10/client-resiliency/client 目录中找到实现上述 GetHelp()方法逻辑的客户端。

使用从 Recv()方法返回的错误来确定是否应该重新创建流。这样做的一个原因是，当流正常终止时，此方法会返回一个 io.EOF 错误。在任何其他情况下，它都会返回另一种错误。因此，很容易确定是否是正常错误。另一方面，即使流意外中断(例如由于网络故障)，Send()方法也会返回一个 io.EOF 错误。因此，区分正常终止和异常终止是很棘手的。不过，有一个办法——如果我们从 Send()方法中得到一个 io.EOF 错误，并调用了 RecvMsg()方法，可利用该方法返回的错误值来推断异常终止。

以下代码片段显示了第 9 章(chap9/client-streaming)中客户端流代码的修改版本，用于实现上述逻辑：

```
for i := 0; i < 5; i++ {
                log.Printf("Creating Repo: %d\n", i)
                r := svc.RepoCreateRequest{
                        CreatorId: "user-123",
                        Name:      "hello-world",
                }
                err := stream.Send(&r)
                if err == io.EOF {
                        var m svc.RepoCreateReply
                        err := stream.RecvMsg(&m)
                        if err != nil {
                                // Implement stream recreation logic
                        }
                }
                if err != nil {
                        continue
                }
        }
```

如果从对 RecvMsg()的调用中得到一个非 nil 错误值，我们推断 io.EOF 错误是由于异常终止引起的，因此可在发送下一条消息之前重新创建流。

10.3.3 为方法调用设置超时

现在已经配置了客户端应用程序，以确保当与服务器的底层连接出现问题时，不会因错误而退出。如何防止它试图永远尝试挽救底层连接？如何确保 RPC 方法调用在允许处理的时间上有一个已配置的上限？可通过使用 context.WithTimeout()创建一个 context.Context 对象，然后调用 RPC 方法，将创建的上下文作为第一个参数传递来达到这两个目的。例如：

```
ctx, cancel := context.WithTimeout(
        context.Background(),
        10*time.Second,
)
resp, err := client.GetUser(
        ctx,
        u,
        grpc.WaitForReady(true),
)
```

当我们创建一个设置为在 10 秒后取消的上下文时，该超时会在进行 RPC 方法调用需要的所有内容上强制执行。也就是说，如果客户端必须建立与服务器的连接以进行 RPC 方法调用，则连接尝试将在 10 秒后终止。同样，如果立即进行 RPC 方法调用，则调用必须在 10 秒内完成。

对于流 RPC 方法调用，是否可以强制 RPC 方法调用超时当然取决于应用程序。大多数情况下，这样做可能不切合实际。要为流 RPC 调用实现带有超时的 WaitForReady(等待就绪)，一种解决方案是实现如下模式：

```
ctxWithTimeout, cancel := context.WithTimeout(
        ctx, 10*time.Second,
)
defer cancel()

ch := make(chan error)

go func() {
        stream, err = createRPCStream(..)
        ch <- err
}()

select {
case <-ctxWithTimeout.Done():
        cancel()
        err = status.Error(
                codes.DeadlineExceeded,
                fmt.Sprintf(
```

```
                        "%s: Deadline exceeded",
                        info.FullMethod,
                    ),
            )
            return resp, err
    case <-ch:

    }
```

在上面的代码片段中，createRPCStream()函数负责创建流，我们在协程中调用它。我们创建一个超时时间为 10 秒的上下文，然后如果上下文在 createRPCStream()函数返回之前过期，则使用 select 语句返回错误。

我们将以概述 gRPC 客户端和服务器之间的连接管理来结束本章。

10.4　连接管理

连接，即通过调用 DialContext()在客户端和服务器之间创建的通道，被建模为具有五个状态的状态机。连接可以处于以下五种状态之一：

```
CONNECTING
READY
TRANSIENT_FAILURE
IDLE
SHUTDOWN
```

图 10.1 显示了五种状态以及它们之间可能的转换。

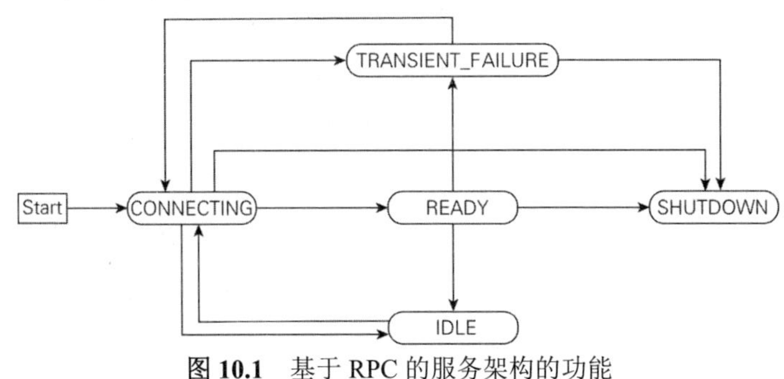

图 10.1　基于 RPC 的服务架构的功能

连接以 CONNECTING 状态开始其生命周期。在这种状态下发生的三件主要事情如下：

- 主机名解析
- TCP 连接设置
- 用于安全连接的 TLS 握手

如果所有这些步骤都成功完成，则连接进入 READY 状态。如果其中一个步骤失败，则连接将进入 TRANSIENT_FAILURE 状态。如果客户端应用程序终止，则连接将进入 SHUTDOWN 状态。

如果存在诸如底层网络故障的问题，则处于 READY 状态的连接将转换为 TRANSIENT_FAILURE 状态；例如服务器进程退出。在这种连接状态下，除非将 grpc.WaitForReady(true)指定为 CallOption，否则 RPC 方法调用将立即返回错误。

如果在配置的时间间隔内没有任何 RPC 请求(包括流上的消息)被交换，则处于 READY 状态的连接将移至 IDLE 状态。从 google.golang.org/grpc 1.37 版开始，这还没有为 Go gRPC 客户端实现。

处于 TRANSIENT_FAILURE 状态的连接将移至 CONNECTING 状态以尝试重新建立与服务器的连接。如果失败，它将在重试之前再次移回 TRANSIENT_FAILURE 状态。由 google.golang.org/grpc 库实现的连接补偿协议调节连续重试之间的间隔。

要查看实际的状态转换，请在配置 google.golang.org/grpc 包后运行客户端应用程序以发出设置两个环境变量的日志，即 GRPC_GO_LOG_SEVERITY_LEVEL=info 和 GRPC_GO_LOG_VERBOSITY_LEVEL=99：

```
$ GRPC_GO_LOG_SEVERITY_LEVEL=info GRPC_GO_LOG_VERBOSITY_LEVEL=1 \
./client localhost:50051 GetUser jane@joe.com
2021/07/24 09:35:56 Connecting to server on localhost:50051
INFO: 2021/07/24 09:35:56 [core] parsed scheme: ""
INFO:2021/07/24 09:35:56[core]scheme""not registered, fallback to
default scheme
...
INFO: 2021/07/24 09:35:56 [core] Subchannel Connectivity change to
CONNECTING
INFO: 2021/07/24 09:35:56 [core] Channel Connectivity change to
CONNECTING
INFO: 2021/07/24 09:35:56 [core] Subchannel picks a new address
"localhost:50051" to connect
INFO: 2021/07/24 09:35:56[core]Subchannel Connectivity change to
READY
INFO: 2021/07/24 09:35:56[core] Channel Connectivity change to
READY
2021/07/24 09:35:56 Request: 1
```

接下来，我们停止了服务器进程，然后在客户端应用程序中看到这些日志：

```
INFO: 2021/07/24 09:36:18 [core] Subchannel Connectivity change to
CONNECTING
INFO: 2021/07/24 09:36:18 [core] Channel Connectivity change to
CONNECTING
INFO: 2021/07/24 09:36:18 [core] Subchannel picks a new address
```

```
"localhost:50051"
to connect
WARNING: 2021/07/24 09:36:38 [core] grpc: addrConn.createTransport
failed to
connect to {localhost:50051 localhost:50051 <nil> 0 <nil>}. Err:
connection
error: desc = "transport: error while dialing: dial tcp [::1]:50051:
connect:
connection refused". Reconnecting...
INFO: 2021/07/24 09:36:38 [core] Subchannel Connectivity change to
TRANSIENT_FAILURE
INFO: 2021/07/24 09:36:38 [core] Channel Connectivity change to
TRANSIENT_FAILURE
INFO: 2021/07/24 09:36:39 [core] Subchannel Connectivity change to
CONNECTING
INFO: 2021/07/24 09:36:39 [core] Subchannel picks a new address
"localhost:50051" to connect
INFO: 2021/07/24 09:36:39 [core] Channel Connectivity change to
CONNECTING
INFO: 2021/07/24 09:37:01 [core] Channel Connectivity change to
CONNECTING
INFO: 2021/07/24 09:37:01 [core] Subchannel Connectivity change to
READY
INFO: 2021/07/24 09:37:01 [core] Channel Connectivity change to
READY
```

在客户端和服务器之间创建连接后，可同时使用此连接进行多个 RPC 方法调用。这消除了维护连接池的需要。默认情况下，在任何给定的时间点，这被限制为 100 个活动 RPC 方法调用。这里我们应该注意的关键点是，客户端和服务器进程之间只有一个连接。在生产场景中，一个 gRPC 服务很可能有多个服务器后端，因此每个服务器后端总是有一个连接。这些语义将连接设置成本降至零，但第一次 RPC 方法调用服务器后端除外。这也给跨服务器后端的负载均衡带来了挑战，因为每个 RPC 方法调用都必须执行负载均衡。但是，对于大多数开源反向代理服务器(例如 Nginx 和 HAproxy)以及服务网格(例如 Envoy 和 Linkerd)来说，这是一个已经解决的问题，可以开箱即用地支持它。

10.5　小结

我们从学习如何在客户端和服务器应用程序之间实现 TLS 加密的通信通道开始本章。我们通过生成自签名 TLS 证书并将应用程序配置为使用它们来实现这一点，从而在客户端和服务器应用程序之间建立安全通信。

接下来，我们学习了如何通过注册符合 gRPC 健康检查协议的 Health 服务在服务器应用程序中实现健康检查。gRPC 服务器中的健康检查端点是负载均衡器或服务代理查询服务器是否准备好接受新请求的一种方式，因此必须始终实现。然后，我们使用在前一章中介绍的服务器端拦截器来处理未处理的运行时错误，并在处理无响应或恶意客户端应用程序时增强健壮性。还学习了如何单独测试服务器端拦截器。

在最后两节中，我们学习了如何管理客户端和服务器应用程序之间的连接。在客户端应用程序中实现了处理瞬时连接故障的技术，并学习了如何为连接生命周期的不同阶段配置超时。

本章完成了我们在本书中对 gRPC 的探索。大多数应用程序和服务都需要存储数据，在下一章也是最后一章中，将学习如何与应用程序中的不同数据存储进行交互。

第11章 使用数据存储

在本章中，我们将学习如何与应用程序中的数据存储进行交互。我根据它们对不同类型应用程序的普遍适用性选择了两种类型的数据存储。我们将首先学习与允许存储非结构化数据块的对象存储服务进行交互。然后将学习与关系数据库进行交互。我们将使用一个 HTTP 服务器作为示例应用程序，在其中实现与数据存储交互相关的各种功能。我们将实现一个服务器来存储软件包(在第 3 章中做过介绍)，它将为其客户端提供以下功能：

- 客户端可以上传一个或多个包。我们不会太在意确切的文件格式，并允许上传任何文件。
- 每个包都必须有一个与之关联的名称和版本。客户端可以上传同一个包的多个版本。
- 客户端应该能够下载特定的软件包版本。

图 11.1 显示了将要实现的场景的架构。我们将两个数据存储与包服务器集成。上传的包将存储在对象存储中。我们将使用 Amazon Web Services Simple Storage Service(S3)兼容的开源 MinIO 软件作为本地开发的对象存储。为了存储与包相关的元数据，我们将使用关系数据库——MySQL。

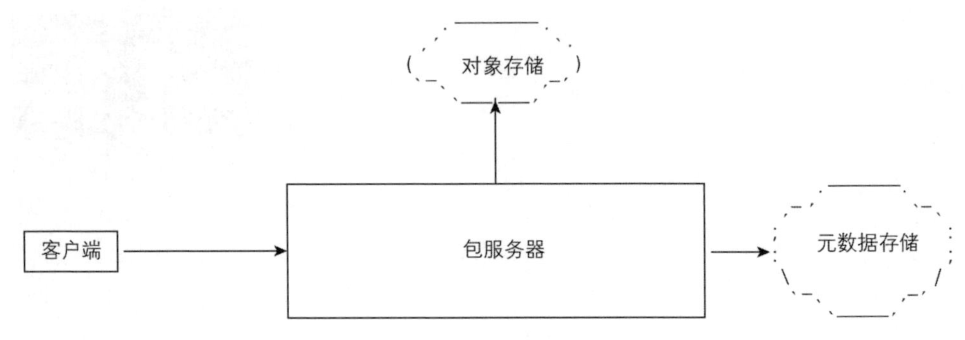

图 11.1 示例场景的架构

添加在应用程序中存储数据的能力是必要的，这也增加了开发和测试它们的复杂性。我们将在本章学习如何使用自动化和手动方式进行功能测试。我们将需要安装其他软件才能继续本章的其余部分，也就是 Docker Desktop。附录 C 包含有关如何安装它的说明；如果还没有安装，那么现在是安装的好时机。

11.1 使用对象存储

Amazon Web Services(AWS)S3、Google Cloud Storage(GCS)等对象存储服务和 MinIO(见[1])等开源软件通常用于任何类型的非结构化应用程序数据读取或写入整个对象(图像、视频和二进制文件是典型的例子)。考虑我们将扩展的包服务器，当用户上传一个包时，我们会将它存储在对象存储中。然后，当用户想要下载包时，应用程序会从包存储下载。对象存储的选择取决于组织的策略或个人偏好。如果应用程序托管在公有云提供商上，你最终可能会使用云提供商的对象存储服务，如 AWS S3 或 Google Cloud Storage。另外，组织也可以使用内部对象存储服务，如 MinIO。

一旦选择了数据存储，我们与存储服务的交互方式将取决于存储服务本身——通常通过供应商特定的库。对于 S3，是[2]；对于 Google Cloud Storage，是[3]；对于 MinIO，是[4]。

我们将使用一个名为 Go Cloud Development Kit(Go CDK)的项目(参加[5])，它提供了供应商中立的通用 API 与云和非云服务交互。对象存储是支持的服务之一。其他包括关系数据库、文档存储和发布-订阅系统。使用这个项目有两个原因。首先，这允许我们在使用更高级别的抽象与对象存储服务交互时实现关键操作。其次，Go CDK 允许我们通过提供与本地文件系统存储服务交互的功能来编写可测试的代码。这样做的一个可取的副作用是应用程序在一定程度上成为云供应商中立。

11.1.1　与包服务器集成

首先，我们将快速熟悉处理传入包上传请求的 HTTP 处理程序(函数)。我们将实现把传入的包数据上传到对象存储的功能。

你应该记得，我们在第 3 章中编写了一个将包上传到包服务器的客户端。为了测试它，我们编写了一个测试包服务器(参见代码清单 3.9)，在其中实现了一个能够处理包上传请求的 HTTP 服务器。我们在本章首先要借用测试服务器的代码来编写一个 HTTP 服务器应用程序。我们将实现第 6 章中描述的自定义处理程序类型。我们将编写的第一个处理程序将处理包上传请求。以下代码片段显示了用于处理包注册请求的处理程序的蓝图，以及用于上传数据的辅助函数：

```
func uploadData(config appConfig, f *multipart.FileHeader) error {
      config.logger.Printf("Package uploaded: %s\n", f.Filename)
      return nil
}

func packageRegHandler(
      w http.ResponseWriter,
      r *http.Request,
      config appConfig,
) {
      d := pkgRegisterResponse{}
      err := r.ParseMultipartForm(5000)
      # TODO 错误处理
      mForm := r.MultipartForm
      # TODO 从mForm的multipart请求数据中读取数据
      d.ID = fmt.Sprintf(
            "%s-%
            s-%
            s",
            packageName,
            packageVersion,
            fHeader.Filename,
      )
      err = uploadData(config, d.ID, fHeader)
      # TODO 错误处理发送响应
}
```

传入的请求正文将被编码为 multipart/form-data 消息。我们使用 ParseMultipartForm()方法从请求中读取消息的各个部分，然后调用 uploadData()函数，目前我们只是在其中记录一条消息。uploadData()函数接收两个参数：一个 appConfig 类型的对象和一个*multipart.FileHeader 类型的对象，它使我们能够访问传入的 multipart/form-data 消息。appConfig 结构的定义如下：

```
type appConfig struct {
      logger         *log.Logger
      packageBucket  *blob.Bucket
}
```

此结构类型将用于跨处理程序函数共享数据。我们有两个字段：logger(类型为*log.Logger 的值)和 packageBucket(类型为*blob.Bucket 的对象)。packageBucket 字段是指一个打开的桶(bucket)，它是对象存储服务中对象的容器。然后，处理程序可以使用此对象对存储桶执行各种操作。我们将很快了解创建*blob.Bucket 对象的详细信息。创建 appConfig 对象后，uploadData()函数将更新如下：

```
func uploadData(
       config appConfig, objectId string, f *multipart.FileHeader,
) (int64, error) {
       ctx := context.Background()

       fData, err := f.Open()
       if err != nil {
              return 0, err
       }
       defer fData.Close()

       w, err := config.packageBucket.NewWriter(ctx, objectId, nil)
       if err != nil {
              return 0, err
       }

       nBytes, err := io.Copy(w, fData)
       if err != nil {
              return 0, err
       }
       err = w.Close()
       if err != nil {
              return nBytes, err
       }
       return nBytes, nil
}
```

我们首先调用*multipart.FileHeader 对象的 Open()方法。该调用返回两个值。第一个 fData 是一个 multipart.File 类型的值，该类型定义在 mime/multipart 包中，第二个 err 是一个错误值。multipart.File 类型是一个接口，可以让我们访问请求中的底层文件数据。它嵌入了 io.Reader、io.Closer 接口和 io 包中的其他接口。

使用 Go CDK 与对象存储服务交互的第一步是打开一个现有的存储桶——一个对象容器。没有存储桶就无法存储对象。当我们成功打开一个桶时，会得到一个 *blob.Bucket 类型的对象。uploadData() 函数的 config 对象可以通过 config.packageBucket 字段访问该对象。然后用三个参数调用定义在 config.packageBucket 对象上的 NewWriter()方法：

- 第一个参数是 context.Context 值。
- 第二个参数是一个包含对象标识符或名称的字符串，用于识别数据。
- 第三个参数目前为 nil，是一个 blob.WriterOptions 类型的对象(定义在 gocloud.dev/blob 包中)，它允许我们配置与写操作相关的各种选项。可以设置缓存控制标头，在写操作期间设置消息完整性检查，或设置内容处置标头。

NewWriter()方法返回两个值：类型为*blob.Writer 的 w 和一个 error 值。*blob.Writer 类型满足 io.WriteCloser 接口。然后调用 io.Copy()函数将数据从 fData(reader)复制到 w(writer)。该函数返回两个值：nBytes(包含已复制字节数的 int64 值)和一个 error 值。在包上传处理程序中记录它时，返回复制的字节数。如果错误值为 nil，我们通过调用 Close()方法关闭*blob.Writer。

要使用 gocloud.dev/blob 包在 AWS S3 中打开存储桶，我们将空白导入 gocloud.dev/blob/s3blob 包。这是实现与 AWS S3 服务通信的驱动程序包。导入它时，它会将自己注册到 gocloud.dev/blob 包中，作为与 AWS S3 服务交互提供支持的包。Google Cloud Storage 和 Azure Blob Storage 服务也有类似的包。

以下代码片段在 ap-southeast-2 AWS 区域中打开一个名为 my-bucket 的 AWS S3 存储桶：

```
import (
      "gocloud.dev/blob"
      _"gocloud.dev/blob/s3blob"
)
bucket, err := blob.OpenBucket(
       ctx, "s3://my-bucket?region=ap-southeast-2",
)
..
```

对 gocloud.dev/blob/s3blob 包使用空白导入，因为只会与 gocloud.dev/blob 包交互。这是为了确保应用程序不会无意中使用任何驱动程序特定的功能。blob.OpenBucket()函数接收两个参数：一个 context.Context 对象和一个包含存储桶 URL 的字符串。为指定要打开的 S3 Bucket，我们指定了一个 S3 URL，其格式如下：s3://bucket-name?<customisations>。对于本地开发，我们将改用开源的与 S3 兼容的存储服务 MinIO，我们可以在本地运行 MinIO。为了与本地运行的 MinIO 通信，指定给 OpenBucket()的 URL 将是 s3://bucket-name? endpoint= http://127.0.0.1:

9000&disableSSL=true&s3ForcePathStyle=true。端点查询参数指定对象存储服务请求的地址。disableSSL=true 查询参数指定我们希望通过 HTTP(而不是 HTTPS)与存储服务器通信。如果通过网络与 MinIO 通信(也就是说，在本地系统之外)，应该使用 HTTPS，而不是禁用它。s3ForcePathStyle 参数是强制使用现已弃用的 S3 路径 URL 格式所需的，是与 MinIO 进行本地通信所需的。该函数调用返回一个*blob.Bucket 类型的值和一个错误值。如果错误值为 nil，则后续对桶的所有操作都将通过调用返回的*blob.Bucket 对象 bucket 上定义的方法来执行。我们将打开桶的功能封装到函数 getBucket()中：

```
func getBucket(
        bucketName, s3Address, s3Region string,
) (*blob.Bucket, error) {

        urlString := fmt.Sprintf("s3://%s?", bucketName)
        if len(s3Region) != 0 {
                urlString += fmt.Sprintf("region=%s&", s3Region)
        }

        if len(s3Address) != 0 {
                urlString += fmt.Sprintf("endpoint=%s&"+
                        "disableSSL=true&"+
                        "s3ForcePathStyle=true",
                        s3Address,
                )
        }
        return blob.OpenBucket(context.Background(), urlString)
}
```

当这个函数为 s3Address 获取一个非空值时，它假设我们正在本地与 MinIO 通信，并相应地构造 urlString 的值。最后调用 blob.OpenBucket()函数并返回一个*blob.Bucket 和一个 error 值。该函数从服务器的 main()函数调用，如下所示：

```
func main() {

        bucketName := os.Getenv("BUCKET_NAME")
        if len(bucketName) == 0 {
                log.Fatal("Specify Object Storage bucket -
BUCKET_NAME")
        }
        s3Address := os.Getenv("S3_ADDR")
        awsRegion := os.Getenv("AWS_DEFAULT_REGION")

        if len(s3Address) == 0 && len(awsRegion) == 0 {
                log.Fatal(
```

```
                "Assuming AWS S3 service. Specify
AWS_DEFAULT_REGION",
            )
        }

        packageBucket, err := getBucket(
                bucketName, s3Address, awsRegion,
        )
        if err != nil {
                log.Fatal(err)
        }
        defer packageBucket.Close()

        listenAddr := os.Getenv("LISTEN_ADDR")
        if len(listenAddr) == 0 {
                listenAddr = ":8080"
        }

        config := appConfig{
                logger: log.New(
                        os.Stdout, "",
                        log.Ldate|log.Ltime|log.Lshortfile,
                ),
                packageBucket: packageBucket,
        }

        mux := http.NewServeMux()
        setupHandlers(mux, config)

        log.Fatal(http.ListenAndServe(listenAddr, mux))
}
```

在启动时查找三个环境变量：BUCKET_NAME、S3_ADDR 和 AWS_DEFAULT_REGION。必须指定 BUCKET_NAME，并且预期对象存储中已存在具有该名称的存储桶。如果指定了 S3_ADDR，程序假定我们正在使用本地运行的 MinIO 服务器。如果未指定，则应用程序假定用户想要使用 AWS S3 服务，因此如果未指定要使用的默认 AWS 区域，则会出现错误并退出。如果你不熟悉 AWS，则需要使用默认 AWS 区域，因为 gocloud.dev/blob/s3blob 和底层 AWS Go SDK 必须知道将 HTTP 请求发送到哪个区域。然后调用 getBucket()函数；如果没有错误，则创建一个 appConfig 类型的对象，适当地配置 packageBucket 字段。包服务器的完整代码以及到目前为止讨论的修改可以在本书源代码存储库的 chap11/pkg-server-1 目录中找到。确保你可以编译应用程序：

```
$ cd chap11/pkg-server-1
```

```
$ go build -o pkg-server
```

在运行应用程序之前，我们需要使用 Docker Desktop 运行 MinIO 服务的本地副本。打开一个新的终端会话，然后在安装了 Docker 并且可以与 Internet 通信的计算机上运行以下命令：

```
$ docker run \
    -p 9000:9000 \
    -p 9001:9001 \
    -e MINIO_ROOT_USER=admin \
    -e MINIO_ROOT_PASSWORD=admin123 \
    -ti minio/minio:RELEASE.2021-07-08T01-15-01Z \
    server “/data” \
    --console-address ":9001"
```

MinIO 通过两个独立的网络端口公开其功能。通过端口 9000 的请求是来自应用程序的对象存储服务 API 调用。这是我们将指向包服务器的端口。第二个端口 9001 配置为控制台地址，用于 Web 用户界面与 MinIO 通信。你可使用主机上的地址 127.0.0.1:9000 和 127.0.0.1:9001 与这些服务进行通信。将 root 用户名设置为 admin，密码设置为 admin123。使用版本 RELEASE.2021-07-08T01-15-01Z 来运行本地服务。运行上述命令后，它应该会下载映像并启动一个容器，并且日志应如下所示：

```
API: http://172.17.0.2:9000 http://127.0.0.1:9000
RootUser: admin
RootPass: admin123

Console: http://172.17.0.2:9001 http://127.0.0.1:9001
RootUser: admin
RootPass: admin123

Command-line:https://docs.min.io/docs/minio-client-quickstart-guide
   $ mc alias set myminio http://172.17.0.2:9000 admin admin123

Documentation: https://docs.min.io
```

让服务器保持运行。通过在浏览器中访问地址 http://127.0.0.1:9001 并使用 admin 和 admin123 作为用户名和密码进行登录。然后访问 http://127.0.0.1:9001/buckets 并单击 Create Bucket。指定 test-bucket 作为存储桶名称，然后单击 Save 按钮(图 11.2)。

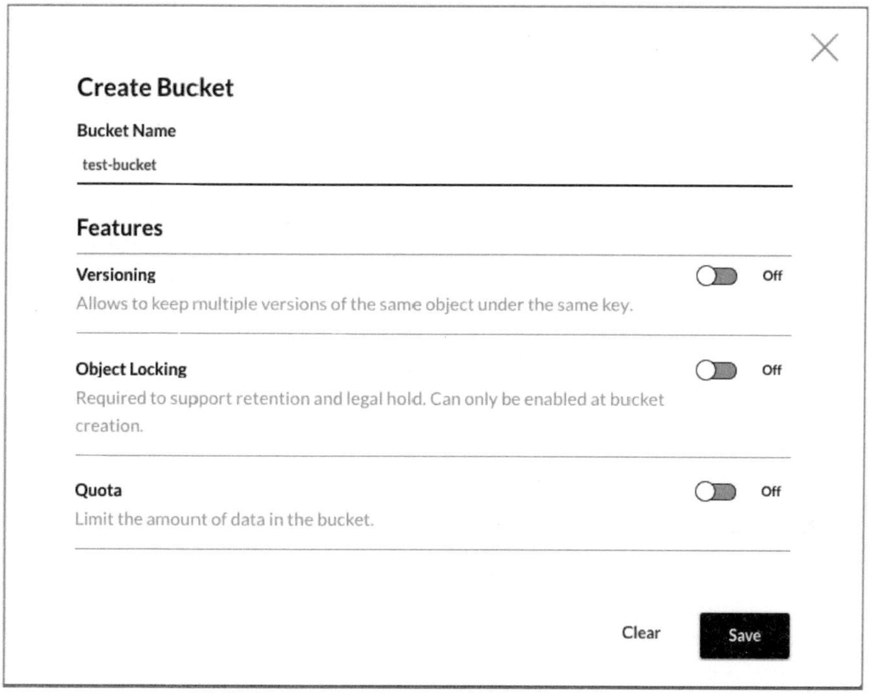

Create Bucket

Bucket Name

test-bucket

Features

Versioning　Off

Allows to keep multiple versions of the same object under the same key.

Object Locking　Off

Required to support retention and legal hold. Can only be enabled at bucket creation.

Quota　Off

Limit the amount of data in the bucket.

Clear　Save

图 11.2　在 MinIO 中创建一个存储桶

创建存储桶后，返回构建包服务器的终端并运行它，如下所示：

```
$ cd chap11/pkg-server-1
$ S3_ADDR=http://127.0.0.1:9000 BUCKET_NAME=test-bucket \
      AWS_ACCESS_KEY_ID=admin \
      AWS_SECRET_ACCESS_KEY=admin123 \
      ./pkg-server
```

我们指定 S3_ADDR 环境变量，其中包含 MinIO API 可用的地址。使用 BUCKET_NAME 指定要使用的存储桶。AWS_ACCESS_KEY_ID 和 AWS_SECRET_ACCESS_KEY 环境变量用于指定将用于通过 MinIO API 进行身份验证的凭证。这里指定创建的 root 用户名和密码。在服务器运行的情况下，发出一个将包上传到包服务器的请求。

你可上传任何文件。我们将只使用其中一个有源代码的文件。在新的终端会话中，使用 curl 命令行程序运行以下命令：

```
$ curl -F name=server -F version=0.1 -F filedata=@server.go
http://127.0.0.1:8080/api/packages
{"id":"server-0.1-server.go"}
```

我们收到一个响应，给出了包的标识符，构造为 packagename-version-filename。

在运行服务器的终端上将看到一条日志语句：

```
    2021/08/14 08:06:08 handlers.go:46: Package uploaded:
server-0.1-server.go.
    Bytes written: 1803
```

如果你现在使用地址 http://127.0.0.1:9001/object-browser/test-bucket 从浏览器访问 MinIO Web UI，将看到 test-bucket 中有一个标识为 server-0.1-server.go 的对象。我们已经将包服务器配置为将指定的文件成功上传到对象存储。保持 MinIO 和包服务器运行。

接下来，让我们编写处理程序以允许应用程序的用户从对象存储服务下载包：

```
func packageGetHandler(
	w http.ResponseWriter,
	r *http.Request,
	config appConfig,
) {
	queryParams := r.URL.Query()
	packageID := queryParams.Get("id")

	exists, err := config.packageBucket.Exists(
		r.Context(), packageID,
	)
	if err != nil || !exists {
		http.Error(w, "invalid package ID",
		http.StatusNotFound)
		return
	}

	url, err := config.packageBucket.SignedURL(
		r.Context(),
		packageID,
		nil,
	)
	if err != nil {
		http.Error(
			w,
			err.Error(),
			http.StatusInternalServerError,
		)
		return
	}

	http.Redirect(w, r, url, http.StatusTemporaryRedirect)
}
```

此函数需要作为查询参数 id 传递的确切包标识符。然后它将通过调用 *blob.Bucket 对象 packageBucket 的 Exists()方法查询对象存储服务以检查对象是否存在。我们使用传入请求的上下文和包标识符调用此方法。它返回两个值：一个类型为 bool 的 exists 和一个错误值 err。如果对象存在于桶中，则 exists 的值为 true，否则为 false。非 nil 错误值表示检查对象是否存在时出现意外问题。如果 exists 的值为 false 或错误值为非 nil，我们会向客户端返回 HTTP 404 错误响应。我们明确地执行此检查，因为在为对象创建签名 URL 时，不会检查对象是否存在。如果对象存在于存储桶中，我们会为该对象创建一个签名的 URL，并启动到该 URL 的重定向作为响应。此处使用临时重定向，因为签名的 URL 将在下次请求文件时更改。

签名 URL 使应用程序允许请求者在有限的时间内授予对存储桶中对象的访问权限。使用三个参数调用 packageBucket 对象上定义的 SignedURL 方法：传入请求的上下文、生成签名 URL 的对象标识符以及 nil 值。第三个参数如果不是 nil，则应该是 blob.SignedURLOptions 类型的对象，它允许我们自定义 URL 不再有效的持续时间。例如，我们可能希望将 URL 的到期时间设置为 15 分钟，而不是默认的 60 分钟。生成签名 URL 对其他操作也很有用——在存储桶中创建对象或删除对象。对于这些操作，我们需要通过 blob.SignedURLOptions 对象进行指定，并将 Method 字段设置为 PUT 或 DELETE 而不是默认的 GET 方法。以下是使用自定义到期时间和 PUT 方法创建 blob.SignedURLOptions 对象的示例，允许应用程序用户在有限的时间内创建具有指定标识符的对象：

```
sOpts := blob.SignedURLOptions{
	Expiry: 15 * time.Minute,
	Method: http.MethodPut,
}
url, err := config.packageBucket.SignedURL(
	r.Context(),
	packageName,
	&sOpts,
)
```

现在让我们看看实际的包查询行为。包服务器已经运行，我们取回了之前上传的包标识符，现在查询它：

```
$ curl "http://127.0.0.1:8080/api/packages?id=
server-0.1-server.go"
<a href="http://127.0.0.1:9000/test-bucket/server-0.1-server.go?
X-Amz-Algorithm=AWS4-HMAC-SHA256&amp;X-Amz-Credential=admin%2F20
210814%
2Fap-southeast-2%2Fs3%2Faws4_request&amp;X-Amz-Date=20210814T003
039Z&
```

```
amp;X-Amz-Expires=3600&amp;X-Amz-SignedHeaders=host&amp;
X-Amz-Signature=3b627ab2ae31e69fba1f8c224c76aae6e24f87982640e
c3373aa8ea
7f94962a2">Temporary Redirect</a>.
```

返回一个重定向到查询对象的签名 URL。URL 指向本地运行的 MinIO 服务器。因此，一旦用户获得签名的 URL，数据就会直接从 MinIO 下载。如果通过在原始 curl 命令中添加 --location 或通过在浏览器中打开 URL 来遵循重定向，将看到文件内容。

```
$ curl -location \
 "http://127.0.0.1:8080/api/packages?id=server-0.1-server.go"
# 文件内容
```

重定向到引用对象的签名 URL 当然是将数据返回给客户端的一种方法。另一种方法是使用 ReadAll()方法从应用程序中的存储桶中读取数据，或者使用 NewReader()方法获取一个 io.Reader 并直接将数据作为响应发送给客户端。练习 11.1 将给你一个实现它的机会。

练习 11.1：发送数据作为响应

更新 packageGetHandler()函数以识别查询参数下载，如果客户端传递该参数，将直接将文件数据作为响应发回。确保设置正确的 Content-Type 和 Content-Disposition 标头，以便客户端可以决定如何处理文件数据。

使用 MinIO 完成本地开发后，要将包服务器指向 AWS S3 存储桶，我们需要做的就是指定存储桶名称、正确的访问凭证和区域：

```
$ AWS_DEFAULT_REGION=ap-southeast-2 BUCKET_NAME=<your bucker
name>\
< AWS_ACCESS_KEY_ID=<aws access key id>\
AWS_SECRET_ACCESS_KEY=<aws-secret-key> ./pkg-server-1
```

接下来，让我们看看如何为处理程序编写自动化测试。

11.1.2 测试包上传

为测试包上传功能，我们将使用 go.dev/blob/fileblob 驱动程序包实现的基于文件系统的存储桶。将首先编写一个函数来返回一个指向基于文件系统的存储桶的 blob.Bucket 对象：

```
func getTestBucket(tmpDir string) (*blob.Bucket, error) {
       myDir, err := os.MkdirTemp(tmpDir, "test-bucket")
       if err != nil {
              return nil, err
```

```
        }
        u, err := url.Parse(fmt.Sprintf("file:///%s", myDir))
        if err != nil {
                return nil, err
        }
        opts := fileblob.Options{
                URLSigner: fileblob.NewURLSignerHMAC(
                        u,
                        []byte("super secret"),
                ),
        }
        return fileblob.OpenBucket(myDir, &opts)
}
```

使用 fileblob 包目录来打开基于文件系统的存储桶。这样做的原因是能够添加创建签名 URL 的功能。我们创建一个 fileblob.Options 对象，使用以 file:///开头的基础 URL、指向我们创建的临时目录的 URL 方案和一个假的密钥("super secret")配置一个 URLSigner 函数。在测试函数中，我们将调用 getTestBucket()函数并创建 appConfig 对象，如下所示：

```
func TestPackageRegHandler(t *testing.T) {
        packageBucket, err := getTestBucket(t.TempDir())
        if err != nil {
                t.Fatal(err)
        }
        defer packageBucket.Close()

        config := appConfig{
                logger:         log.New(
os.Stdout, "", log.Ldate|log.Ltime|log.Lshortfile),
                packageBucket: packageBucket,
        }
        mux := http.NewServeMux()
        setupHandlers(mux, config)

        ts := httptest.NewServer(mux)
        defer ts.Close()

        p := pkgData{
                Name:     "mypackage",
                Version:  "0.1",
                Filename: "mypackage-0.1.tar.gz",
                Bytes:    strings.NewReader("data"),
        }
      # Rest of the test
}
```

可在本书源代码库的 chap11/pkg-server-1 目录下的 package_reg_handler_test.go 文件中找到用于测试包注册处理程序的测试函数。

处理程序下载包的测试将仅验证重定向行为。如果可以验证处理程序能够生成重定向作为响应，我们就知道它已经完成了工作。下面是如何验证使用新的测试函数 TestPackageGetHandler()的方法，只显示关键语句：

```
func TestPackageGetHandler(t *testing.T) {
	// TODO Get test bucket
	err = packageBucket.WriteAll(
		context.Background(),
		"test-object-id",
		[]byte("test-data"),
		nil,
	)
	# TODO Error handling, configuration and test server setup
	var redirectUrl string
	client := http.Client{
		CheckRedirect: func(
			req *http.Request, via []*http.Request,
		) error {
			redirectUrl = req.URL.String()
			return errors.New("no redirect")
		},
	}

	_, err=client.Get(ts.URL+"/api/packages?id=test-object-id")
	if err == nil {
		t.Fatal("Expected error: no redirect, Got nil")
	}
	if !strings.HasPrefix(redirectUrl, "file:///") {
		t.Fatalf("Expected redirect url to start with
		file:///,
got: %v", redirectUrl)
	}
}
```

在测试桶中直接使用精心制作的对象标识符创建对象。然后，正如我们在第 4 章中所做的那样，必须使用自定义 CheckRedirect 函数创建一个 HTTP 客户端，以确保它不会自动跟随重定向。接下来，使用此客户端向测试服务器 URL 发出 HTTP GET 请求，以获取 ID 为 test-object-id 的包。然后验证 redirectUrl 中包含重定向位置的字符串值是否以 file:///开头，指向我们已设置的基于文件系统的存储桶。你可在本书源代码库的 chap11/pkg-server-1 目录下的 package_get_handler_test.go 文件中找到完整的测试函数。运行 go test 以确保测试通过。

11.1.3　访问底层驱动类型

到目前为止，你已经了解了如何使用 gocloud.dev/blob 包提供的各种更高级别的接口与 AWS S3 兼容的存储服务进行交互。此外，还学习了如何使用 gocloud.dev/blob/fileblob 包作为文件系统支持的对象存储服务进行测试。如果我们以后想更改对象存储服务，需要更改的只是如何打开存储桶或创建*blob.Bucket 对象。应用程序代码的其余部分不需要更改。这就是 gocloud.dev/blob 包为我们提供的力量。

但是，有时可能必须直接访问底层供应商特定的功能，这不是由 gocloud.dev/blob 提供的。为了启用这个用例，gocloud.dev/blob 包提供了将 gocloud.dev/blob 定义的类型转换为底层供应商特定驱动类型的能力。一旦转换成功，就可以直接访问底层驱动的功能。如果指的是 AWS S3 中的存储桶，那么将能够直接访问 AWS SDK for Go 提供的功能，并且类似地访问其他受支持的对象存储服务。

让我们看一个例子。如果打开的存储桶不存在，blob.OpenBucket()函数不会返回错误。事实上，gocloud.dev/blob 包不允许我们检查它。但是，底层 AWS 开发工具包的驱动特定类型确实允许我们检查。考虑以下代码片段：

```
func main() {
        bucketName := "practicalgo-echorand"
        testBucket, err := blob.OpenBucket(
                context.Background(),
                fmt.Sprintf("s3://%s", bucketName),
        )
        if err != nil {
                log.Fatal(err)
        }
        defer testBucket.Close()

        var s3Svc *s3.S3
        if !testBucket.As(&s3Svc) {
                log.Fatal(
                        "Couldn't convert type to underlying S3
bucket type",
                )
        }
        _, err = s3Svc.HeadBucket(
                &s3.HeadBucketInput{
                        Bucket: &bucketName,
                },
        )
        if err != nil {
```

```
                log.Fatalf(
                        "Bucket doesn't exist, or
insufficient permissions: %v\n",
                        err,
                )
        }
}
```

OpenBucket()函数返回的*blob.Bucket 对象可转换为 github.com/aws/aws-sdk-go/s3 包中定义的*s3.S3 类型。因此，我们声明一个*s3.S3 类型的变量 s3Svc 并调用在 testBucket 对象上定义的 As()方法。如果转换成功，As()方法返回 true，否则返回 false。如果成功，我们可以使用 s3Svc 对象调用 HeadBucket()方法，该方法定义在 s3.S3 对象上，以发出 HTTP HEAD 请求，检查存储桶是否存在。非 nil 错误值表示存储桶不存在或当前凭证没有需要的权限。你可以在 chap11/object-store-demo/vendor-as-demo 目录中找到可运行程序列表。要了解 gocloud.dev/blob 公开了哪些底层类型，请查看特定驱动程序的包文档。

终止 MinIO 服务器和包服务器进程。在下一节中，我们将通过添加使用关系数据库存储元数据(与每个包相关的名称、版本和所有者)的功能来更新包服务器。然后，这将额外启用使用名称或版本从包服务器进行包查询的能力。换句话说，我们要使用关系数据库向包服务器添加一个可查询的状态。

11.2 使用关系数据库

常见的关系数据库管理系统是 MySQL、PostgreSQL 和 SQLite。对于包服务器，我们将使用 MySQL 作为关系数据库服务器。这些数据库系统建立在存储表和它们之间的关系之上。我们将创建一个数据库 package_server，其中包含两个表：packages 和 users。packages 表中的行将包含包名称、版本、创建时间戳(UTC)、所有者和标识符，该标识符对于每个上传的包版本都是唯一的。users 表中的行将包含一个用于向系统进行身份验证的用户名列和一个唯一标识系统中用户的标识符。为简单起见，不会在应用程序中实现任何身份验证或授权。将允许用户上传一个包的多个版本，并且希望服务器的用户能够下载任何版本的包。无法上传已经存在的软件包版本。图 11.3 显示了 package_server 数据库的实体关系模型。

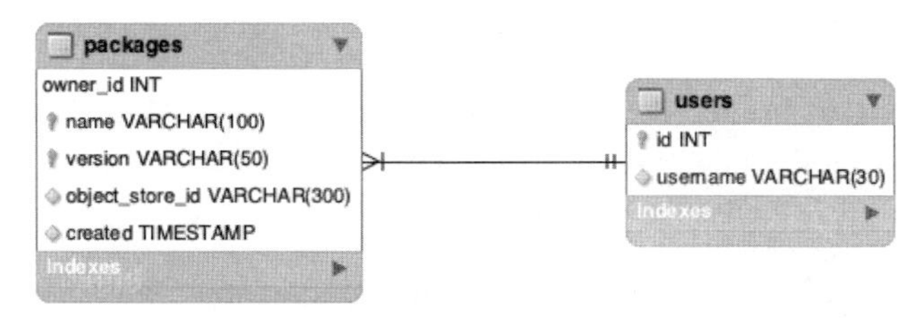

图 **11.3**　包服务器数据库的实体关系图

将首先使用 Docker 运行 MySQL 数据库服务器的本地副本，并通过创建预期的数据库表和预填充一些数据来引导服务器。目录 chap11/pkg-server-2/mysql-init 还包含执行此引导操作所需的 SQL 脚本。首先使用 01-create-table.sql 文件中的 SQL 语句创建两个表，users 和 packages：

```
use package_server;

CREATE TABLE users (
    id INT PRIMARY KEY AUTO_INCREMENT,
    username VARCHAR(30) NOT NULL
);

CREATE TABLE packages(
    owner_id INT NOT NULL,
    name VARCHAR(100) NOT NULL,
    version VARCHAR(50) NOT NULL,
    object_store_id VARCHAR(300) NOT NULL,
    created TIMESTAMP DEFAULT CURRENT_TIMESTAMP NOT NULL,
    PRIMARY KEY (owner_id, name, version),
    FOREIGN KEY (owner_id)
       REFERENCES users(id)
       ON DELETE CASCADE
);
```

运行第一个脚本后，将运行来自第二个脚本 02-insert-data.sql 的 SQL 语句以将五个合成行插入 users 表中：

```
INSERT INTO users (username) VALUES ("joe_cool"), ("jane_doe"),
("go_fer"), ("gopher"), ("bill_bob");
```

这将允许从五个用户中选择一个作为正在上传的包的所有者。从终端会话运行以下命令以使用 Docker 运行本地 MySQL 服务器：

```
$ cd chap11/pkg-server-2
$ docker run \
    -p 3306:3306 \
    -e MYSQL_ROOT_PASSWORD=rootpassword \
```

```
    -e MYSQL_DATABASE=package_server \
    -e MYSQL_USER=packages_rw \
    -e MYSQL_PASSWORD=password \
    -v "$(pwd)/mysql-init":/
    docker-entrypoint-initdb.d \
    -ti mysql:8.0.26 \
    --default-authentication-plugin=mysql_native_password
```

让数据库服务器保持运行。

11.2.1 与包服务器集成

为了与关系数据库交互，将使用 database/sql 包和一个驱动程序包，它是一个第三方包，特定于与应用程序交互的数据库。Go 社区在[6]维护了各种 SQL 数据库的驱动程序列表。如果你使用满足 database/sqlpackage 规定的接口的驱动程序，则应用程序代码独立于你正在与之交互的底层数据库产品。事实上，这与使用 gocloud.dev/blob 获取基于云的对象服务非常相似。要使用 database/sql 与 SQL 数据库交互，第一步是使用 sql.Open()函数创建到它的连接：

```
db, err := sql.Open("mysql", dsn)
```

该函数接收两个参数。第一个参数是包含我们要使用的驱动程序名称的字符串，第二个参数是另一个包含用于连接数据库的数据源名称(DSN)的字符串。每个 SQL 驱动程序都会注册一个名称，以指示与之通信的特定关系数据库。我们将使用的驱动程序是[7]包提供的驱动程序。这个驱动程序的名称是 mysql。用来连接到数据库的 DSN 包含用户名、密码、数据库的网络地址以及我们将连接到的数据库的名称。packages_rw:password @tcp(127.0.0.1:3306)/package_server 是一个 DSN 的示例。此 DSN 指定我们要与运行在本地计算机上的 MySQL 服务器上的数据库 package_server 通信，并分别使用 packages_rw 和 password 作为用户名和密码来侦听端口 3306。

Open()函数返回两个值：一个*sql.DB 类型和一个错误值。*sql.DB 对象封装了一个数据库连接池，自动创建和释放连接。我们可以分别使用 SetMaxOpenConns()、SetConnMaxLifeTime()和 SetConnMaxIdleTime()方法控制打开连接的最大数量、连接的最大生命周期和空闲连接的最大数量。每个方法都接收一个 time.Duration 对象作为参数。需要注意的是，调用 Open()函数并不一定会建立到指定数据库的连接。因此，最好调用 Ping()方法来验证是否可以使用指定的 DSN 成功建立连接。

我们将定义一个函数来创建并返回一个*sql.DB 对象：

```
func getDatabaseConn(
        dbAddr, dbName, dbUser, dbPassword string,
) (*sql.DB, error) {
        dsn := fmt.Sprintf("%s:%s@tcp(%s)/%s",
                dbUser, dbPassword,
                dbAddr, dbName,
        )
        return sql.Open("mysql", dsn)
}
```

*sql.DB 对象将在服务器应用程序启动时创建，并在服务器的生命周期内保持活动状态。因此，sql.Open()函数在服务器进程的生命周期内只被调用一次。修改后的包服务器的 main()函数的代码片段展示了这是如何完成的：

```
func main() {
       // TODO 读取对象存储详细信息
       dbAddr := os.Getenv("DB_ADDR")
       dbName := os.Getenv("DB_NAME")
       dbUser := os.Getenv("DB_USER")
       dbPassword := os.Getenv("DB_PASSWORD")

       if len(dbAddr) == 0 || len(dbName) == 0 || len(dbUser) == 0
|| len(dbPassword) == 0 {
                  log.Fatal(
                        "Must specify DB details -DB_ADDR, DB_NAME,
   DB_USER, DB_PASSWORD",
                  )
        }

       db, err := getDatabaseConn(
                 dbAddr, dbName,
                 dbUser, dbPassword,
       )
       config := appConfig{
                logger: log.New(
                       os.Stdout, "",
                       log.Ldate|log.Ltime|log.Lshortfile,
                ),
                packageBucket: packageBucket,
                db:           db,
       }
       // 服务器启动代码
}
```

一旦有了*sql.DB 对象，就可以调用 Conn()方法来获取*sql.Conn 对象，然后在服务器上执行查询：

```
ctx := context.Background()
conn, err := config.db.Conn(ctx)
defer conn.Close()
```

使用完连接后，必须确保调用 Close()方法，以便将连接放回到池中。将*sql.DB 对象视为维护真正*sql.Conn 对象的底层池的抽象可能有所帮助。一旦有了连接(也就是一个*sql.Conn 对象)，就可以执行 SQL 查询了。对于只获取数据的查询(即 SELECT 语句)，我们将使用*sql.Conn 对象的 QueryContext()方法。为执行诸如 INSERT、DELETE 或 UPDATE 的操作，我们将使用*sql.Conn 对象的 ExecContext()方法。让我们通过在包服务器中添加从关系数据库中存储和查询数据的功能来学习如何使用这些方法。

将包上传到对象存储后，将通过在新函数 updateDb()中使用 INSERT SQL 语句向 packages 表添加新行来存储包的元数据。包注册处理程序如下所示：

```
// 这总是将所有者 ID 作为[1, 5]之一返回
// 因为引导代码仅使用这些记录填充 users 表
// 由于具有外键关系，因此包所有者必须是其中之一
func getOwnerId() int {
    return rand.Intn(4) + 1
}

func packageRegHandler(
      w http.ResponseWriter,
      r *http.Request,
      config appConfig,
) {
      # TODO 读取传入的数据
      packageOwner := getOwnerId()
      # 将数据上传到对象存储
      nBytes, err := uploadData(config, d.ID, fHeader)
      # TODO 错误处理
      # 将包元数据添加到数据库
       err = updateDb(
             config,
             pkgRow{
                 OwnerId:    packageOwner,
                 Name:       packageName,
                 Version:    packageVersion,
                 ObjectStoreId: d.ID,
             },
       )
      # TODO 发回响应
}
```

你应该记得我们在设置数据库时在 users 表中插入了 5 行。我们定义 getOwnerId()函数返回一个介于 1 和 5 之间的整数，这两个整数都对应于包的所有者。updateDb()函数的定义如下：

```
func updateDb(config appConfig, row pkgRow) error {
        ctx := context.Background()
        conn, err := config.db.Conn(ctx)
        if err != nil {
                return err
        }
        defer conn.Close()
        result, err := conn.ExecContext(
                ctx,
                `INSERT INTO packages
                (owner_id, name, version, object_store_id)
                VALUES (?,?,?,?);`,
                row.OwnerId,row.Name,row.Version,row.ObjectStoreId,
        )
        if err != nil {
                return err
        }
        nRows, err := result.RowsAffected()
        if err != nil {
                return err
        }
        if nRows != 1 {
                return fmt.Errorf(
                        "expected 1 row to be inserted, Got: %v",
                        nRows,
                )
        }
        return nil
}
```

该函数使用两个参数调用。第一个是 config(一个 appConfig 对象)，它包含一个*sql.DB 类型的新字段 db，指向 MySQL 数据库的连接池。然后，我们使用 config.db.Conn(ctx)从该池中获取连接。第二个参数 row 是 pkgRow 类型的对象，其定义如下：

```
type pkgRow struct {
         OwnerId          int
         Name             string
         Version          string
         ObjectStoreId    string
         Created          string
}
```

pkgRow 对应于存储在 packages 表中的一行，当向数据库表中插入一行或查询一行时，它将是应用程序在内存中对包的表示。如果我们成功获得连接，则运行 INSERT 查询，如下所示：

```
result, err := conn.ExecContext(
            ctx,
            `INSERT INTO packages
            (owner_id, name, version, object_store_id)
            VALUES (?,?,?,?);`,
            row.OwnerId, row.Name, row.Version,
            row.ObjectStoreId,
      )
```

ExecContext()方法的第一个参数是 context.Context 类型的对象。第二个参数是要执行的 SQL 查询。请注意，我们不会将值作为查询的一部分传递，而是使用占位符字符“?”。这可以防止应用程序的恶意用户执行 SQL 注入攻击。然后以相同的顺序传递想要用于列的不同值。在内部，Go 的 MySQL 驱动程序使用 MySQL 对预处理语句的支持来执行查询。它首先创建预处理语句，然后发送用于执行预处理语句的值。ExecContext()方法返回两个值：sql.Result 类型的 result 和 error 类型的值 err。类型 sql.Result 是一个定义如下的接口：

```
type Result interface {
      LastInsertId() (int64, error)
      RowsAffected() (int64, error)
}
```

这两种方法的行为都取决于数据库。如果我们从对 ExecContext()方法的调用中返回一个 nil 错误，则该语句已成功执行。如果调用 LastInsertId()方法，返回的值可能是 INSERT、DELETE 或 UPDATE 操作成功对应的自动递增列的值。由于在 packages 表中没有任何自增列，如果我们调用这个方法，将得到一个值 0。RowsAffected()方法返回受刚执行的语句影响的行数。这对于确保执行的 SQL 语句具有预期效果很有用。在 updateDb()函数中，我们预计应该影响一行，也就是插入成功。如果不是这样，会返回一个错误。

接下来更新 packageGetHandler()函数，以便用户可以通过指定其元数据(所有者 ID、名称和版本)来下载包数据。我们定义一个新类型 pkgQueryParams 来封装查询参数：

```
type pkgQueryParams struct {
      name     string
      version  string
      ownerId  int
}
```

更新后的处理程序如下所示：

```
func packageGetHandler(
        w http.ResponseWriter, r *http.Request, config appConfig,
) {
    queryParams := r.URL.Query()
    owner := queryParams.Get("owner_id")
    name := queryParams.Get("name")
    version := queryParams.Get("version")
    // TODO 如果缺少上述任何一项,
    // 则返回 HTTP 400 Bad Request 错误

    ownerId, err := strconv.Atoi(owner)

    // TODO 如果转换不成功，则返回 HTTP 400 错误

    q := pkgQueryParams{
        ownerId: ownerId,
        version: version,
        name: name,
    }
    pkgResults, err := queryDb(
        config, q,
    )
    // TODO 错误处理

    if len(pkgResults) == 0 {
        http.Error(w, "No package found", http.StatusNotFound)
        return
    }

    url, err := config.packageBucket.SignedURL(
        r.Context(),
        pkgResults[0].ObjectStoreId,
        nil,
    )
    if err != nil {
        http.Error(
         w, err.Error(), http.StatusInternalServerError,
        )
        return
    }
    http.Redirect(w, r, url, http.StatusTemporaryRedirect)
}
```

在处理程序中，我们在传入的请求 URL 中查找三个查询参数：owner_id、name 和 version。如果未指定任何参数或 owner_id 的值无法成功转换为整数，将返回 HTTP bad request 错误。

然后创建一个包含这些查询参数值的 pkgQueryParams 类型的新对象并调用 queryDb()函数。queryDb()函数返回两个值：第一个是 pkgRow 对象的切片，第二个是错误值。如果我们返回一个空切片，则将发回一个 HTTP 404 状态作为响应。否则，我们检索切片中的第一项，调用 config.packageObject 中定义的 SignedURL()方法来生成签名 URL，然后重定向到它。接下来我们看一下 queryDb()函数的定义。

该函数将首先构建查询以发送到数据库，其形式为 SELECT * FROM packages WHERE owner_id=1 AND name=test-package AND version=0.1。尽管这种情况下必须指定所有条件，但我们将编写函数以使任何一个条件都足以获取包(在尝试练习 11.2 时，你会发现这很有用)。因此，我们必须能够构建查询，例如 SELECT * FROM packages WHERE owner_id=1 AND name=test-package 或 SELECT * FROM packages WHERE owner_id=1。

以下代码片段显示了用于构建查询的部分 queryDb()函数：

```
func queryDb(
	config appConfig, params pkgQueryParams,
) ([]pkgRow, error) {

	args := []interface{}{}
	conditions := []string{}
	if params.ownerId != 0 {
		conditions = append(conditions, "owner_id=?")
		args = append(args, params.ownerId)
	}
	if len(params.name) != 0 {
		conditions = append(conditions, "name=?")
		args = append(args, params.name)
	}
	if len(params.version) != 0 {
		conditions = append(conditions, "version=?")
		args = append(args, params.version)
	}

	if len(conditions) == 0 {
		return nil, fmt.Errorf("no query conditions found")
	}

	query := fmt.Sprintf(
		"SELECT * FROM packages WHERE %s",
```

```
                strings.Join(conditions, " AND "),
        )
        // TODO 执行查询
}
```

我们创建两个切片，并根据 params 对象中的字段增量填充它们。args 是空接口 interface{}类型的切片，我们将在该切片中存储 owner_id、name 或 version 的值。我们需要将其设为[]interface{}{}类型，而不是[]string，因为 QueryContext()期望以该格式提供占位符值。第二个切片是类型为[]string{}的 conditions，我们将在其中添加将成为查询一部分的条件。我们检查指定了哪些字段，然后分别将相应的条件和相应的占位符值附加到 conditions 和 args 切片中。如果未指定任何条件，将返回错误。

最后，用 AND(带有前导和后续空格)将 strings.Join()函数与 conditions 切片的内容一起使用。通过调用 fmt.Sprintf()函数获得的结果字符串现在可以执行了：

```
func queryDb(
     config appConfig, params pkgQueryParams,
) ([]pkgRow, error) {
     ctx := context.Background()
     conn, err := config.db.Conn(ctx)
     if err != nil {
           log.Fatal(err)
     }
     defer conn.Close()

     // TODO 如上所述构建查询

     rows, err := conn.QueryContext(ctx, query, args...)
     if err != nil {
         return nil, err
     }
     defer rows.Close()
     // TODO 读取结果
}
```

QueryContext()函数接收三个参数：

- 第一个参数是 context.Context 类型的对象。
- 第二个参数是一个包含要执行的查询的字符串。
- 第三个参数是一个 interface{}类型的切片，其中包含查询中占位符参数的值。

该函数返回两个值：第一个是 rows，是定义在 database/sql 包中的 *sql.Rows 类型的对象，第二个是错误值。如果我们得到一个非 nil 错误值，则查询无法成功执行，函数返回。然而，如果得到一个 nil 错误值，我们设置一个对 rows.Close()

方法的延迟调用并继续读取返回的结果。调用 rows.Close()将确保连接放回到池中。

我们一次读取一行结果，枚举 rows 对象，如下所示：

```
func queryDb(
        config appConfig, params pkgQueryParams,
) ([]pkgRow, error) {

    // TODO 如上所述构建查询

    // TODO 执行上述查询

    var pkgResults []pkgRow
    for rows.Next() {
         var pkg pkgRow
         if err := rows.Scan(
               &pkg.OwnerId, &pkg.Name, &pkg.Version,
               &pkg.ObjectStoreId, &pkg.Created,
         ); err != nil {
               return nil, err
         }
         pkgResults = append(pkgResults, pkg)
    }

    if err := rows.Err(); err != nil {
          return nil, err
    }
    return pkgResults, nil
}
```

调用 rows.Next()方法会启动读取操作。当没有任何内容可读取或读取一行时出现错误，返回 false。然后调用 rows.Scan()方法，将引用传递给我们希望读取各个列值的目标变量。必须确保引用和列的顺序匹配。如果 Scan()成功，将 pkg 中的值附加到切片 pkgResults 中。

一旦读取完所有的行，或者读取行时出错(也就是退出了 for 循环)，我们将调用 Err()方法来检查是否有错误。如果是，则返回错误，否则返回切片 pkgResults 和一个 nil 错误值。

你可在本书源代码存储库的 chap11/pkg-server-2 目录中找到包含对象存储服务和数据库集成的包服务器的新版本。db_store.go 文件包含与数据库交互的函数。现在试试新添加的功能。请记住在单独的终端会话中启动本地 MinIO 服务，除非你直接使用 AWS S3 存储桶。如果你没有在本地运行 MySQL 数据库，请确保也这样做了。让我们编译并运行包服务器：

```
$ cd chap11/pkg-server-2
$ go build
$ AWS_ACCESS_KEY_ID=admin \
 AWS_SECRET_ACCESS_KEY=admin123 \
 BUCKET_NAME=test-bucket \
 S3_ADDR=localhost:9000 \
 DB_ADDR=localhost:3006 \
 DB_NAME=package_server \
 DB_USER=packages_rw \
 DB_PASSWORD=password ./pkg-server
```

首先尝试从一个新的终端会话中下载一个不存在的包：

```
$ curl "http://127.0.0.1:8080/api/packages?name=test-package&
version=0.1&owner_id=1"
No package found
```

现在添加一个包：

```
$ curl -F name=test-package -F version=0.1 \
-F filedata=@image.tgz http://127.0.0.1:8080/api/packages
{"id":"2/test-package-0.1-image.tgz"}
```

你将在 chap11/pkg-server-2 目录中找到 image.tgz 文件。当然，可以随意使用其他任何文件。请注意，响应中还包含所有者的用户 id；我这边是 2，但对于你来说可能不同，因为我们随机分配了所有者。

接下来，让我们尝试下载包，确保你使用的元数据与相应值匹配：

```
$ curl -location "http://127.0.0.1:8080/api/packages?name=test-
package&version=0.1&owner_id=2"
Warning: Binary output can mess up your terminal. Use "--output -"
to tell
Warning: curl to output it to your terminal anyway, or consider
"--output
Warning: <FILE>" to save to a file.
```

curl 默认不显示输出，因为响应是非文本文件。如果我们改用浏览器，上传的文件将被下载，或者内容将以内联方式显示。我们现在已经验证了对象存储服务和数据库与包服务器集成。你可将应用程序指向在其他地方运行的 MySQL 数据库服务器(例如通过 AWS RDS)，并为其提供相应的连接详细信息，一切都应该像在本地工作一样。

接下来的练习 11.2 帮助你巩固理解。

练习 11.2：包查询端点

更新包服务器以允许用户使用所有者 id、名称或版本来查询包详细信息。只指定版本无效。不指定任何查询参数将返回所有包详细信息。作为响应返回给客户端的包元数据应该是 JSON 格式的字符串。

你可能希望使用现有的/api/packages 端点来实现此功能，并实现一个新的 API 端点来下载包。

11.2.2 测试数据存储

在测试数据库交互时，可以采用多种方法，例如使用模拟、内存中的 SQL 数据库以及运行数据库的本地副本。我们将采用第三种方法。它允许测试应用程序，类似于在生产环境中的配置方式，配置为使用真实的数据库服务器。将使用 Docker 容器来运行 MySQL 的本地副本，完全按照我们在上一节中所做的方式引导它，并启动指向该数据库服务器副本的应用程序。一旦测试完成执行，MySQL 容器将自动终止。为了协调这些测试容器的创建和终止，我们将使用第三方包：[8]。将用这个包编写一个函数 getTestDb()，它将返回一个 *sql.DB 对象，该对象配置为与启动的测试数据库服务器进行通信：

```
func getTestDb() (testcontainers.Container, *sql.DB, error) {
      bootStrapSqlDir, err := os.Stat("mysql-init")
      if err != nil {
            return nil, nil, err
      }

      cwd, err := os.Getwd()
      if err != nil {
            return nil, nil, err
      }
      bindMountPath := filepath.Join(cwd, bootStrapSqlDir.Name())

      // TODO - 创建并启动容器
}
```

你应该记得，在创建本地 MySQL Docker 容器时，我们从 chap11/pkg-server-2 目录卷挂载了 mysql-init 目录，以便可创建表并将记录插入 users 表中。在创建测试容器时我们也会这样做。首先使用 os 包中的 os.Stat()函数确保目录存在，然后构造目录的绝对路径，将其存储在 bindMountPath 中。

然后创建一个容器请求，如下所示：

```
func getTestDb() (testcontainers.Container, *sql.DB, error) {
    // TODO 插入前面显示的代码
    waitForSql := wait.ForSQL("3306/tcp", "mysql",
        func(p nat.Port) string {
              return "root:rootpw@tcp(" +
```

```
                        "127.0.0.1:" + p.Port() +
                        ")/package_server"
                })
        waitForSql.WithPollInterval(5 * time.Second)

        req := testcontainers.ContainerRequest{
                Image: "mysql:8.0.26",
                ExposedPorts: []string{"3306/tcp"},
                Env: map[string]string{
                        "MYSQL_DATABASE": "package_server",
                        "MYSQL_USER": "packages_rw",
                        "MYSQL_PASSWORD": "password",
                        "MYSQL_ROOT_PASSWORD": "rootpw",
                },
                BindMounts: map[string]string{
                        bindMountPath: "/docker-entrypoint-initdb.d",
                },
                Cmd: []string{
                        "--default-authentication-plugin=
        mysql_native_password",
                },
                WaitingFor: waitForSql,
        }

        // TODO 启动容器并创建*sql.DB 对象
}
```

创建容器的第一步是创建在 testcontainers 包中定义的 testcontainers.ContainerRequest 类型的对象(https://github.com/testcontainers/ testcontainers-go/)：

- Image 字段对应于要用于容器的 Docker 映像。
- ExposedPorts 字段是格式为端口/协议的字符串片段，其中包含我们要向主机公开的端口。我们只想公开 MySQL 进程正在侦听的端口，即 3306。请注意，没有指定主机端口映射，因为我们将动态检索映射的主机端口。
- Env 字段是要在容器内设置的环境变量的映射。使用相关的环境变量设置数据库名称、用户、密码和 root 密码。
- BindMounts 是一个包含容器卷安装的映射。这里只有一个卷挂载——主机上的 mysql-init 目录应该挂载在容器内的/docker-entrypoint-initdb.d 那里。
- Cmd 字段是一个字符串，其中包含要在容器启动时指定给程序的命令行参数。

- WaitingFor 字段指定等待策略。该值必须是满足 wait.Strategy 类型的对象，这是在 testcontainers/wait 包中定义的接口。它本质上是确保容器创建函数(显示在下一个代码片段中)在指定的等待策略得到满足之前不会返回。该包中包含一个由 testcontainers/wait 包中的 waitForSql 类型实现的 SQL 数据库的等待策略。它使用指定的驱动程序和数据库连接详细信息执行查询"SELECT 1"以检查数据库是否准备好。这里需要做的就是用三个参数调用 wait.ForSQL()函数：服务器进程正在侦听的容器内的端口、使用的驱动程序以及构造用于连接数据库的 DSN 的函数。它通过调用函数的 nat.Port 对象的 p.Port()方法来检索主机上的映射端口。还将轮询间隔设置为 5 秒，以便它每 5 秒检查一次准备情况。

最后一步是启动容器并通过连接到启动的容器来创建*sql.DB 对象：

```
func getTestDb() (testcontainers.Container, *sql.DB, error) {
	// TODO 插入之前的代码
	// TODO 创建容器请求

	ctx := context.Background()
	mysqlC, err := testcontainers.GenericContainer(
		ctx,
		testcontainers.GenericContainerRequest{
			ContainerRequest: req,
			Started:          true,
		})
	if err != nil {
		return mysqlC, nil, err
	}

	addr, err := mysqlC.PortEndpoint(ctx, "3306", "")
	if err != nil {
		return mysqlC, nil, err
	}
	db, err := getDatabaseConn(
		addr, "package_server",
		"packages_rw", "password",
	)
	if err != nil {
		return mysqlC, nil, nil
	}
	return mysqlC, db, nil
}
```

testcontainers.GenericContainer()函数接收两个参数。第一个是 context.Context 类型的值，我们可以使用它来控制容器准备就绪的时间。第二个参数是

testcontainers.GenericContainerRequest 类型的对象；这里指定两个字段：将 ContainerRequest 设置为我们之前创建的容器请求对象 req；将 Started 设置为 true(因为我们要启动容器)。此函数返回两个值：第一个是 testcontainers.Container 类型的对象，第二个是错误值。如果函数返回 nil 错误值，我们调用 PortEndpoint()方法来获取可用来从主机连接到容器的地址。然后调用 getDatabaseConn()方法来获取*sql.DB 对象。

你可在 chap11/pkg-server2/test_utils.go 文件中找到 getTestDb()函数的定义。有了创建测试 MySQL 容器的能力，我们现在可以开始为处理程序编写测试，也可以只为数据库交互函数编写测试。例如，包获取处理程序的测试将定义如下：

```
func TestPackageGetHandler(t *testing.T) {
	packageBucket, err := getTestBucket(t.TempDir())
	testObjectId := "pkg-0.1-pkg-0.1.tar.gz"
	// 创建一个测试对象
	err = packageBucket.WriteAll(
		context.Background(),
		testObjectId, []byte("test-data"),
		nil,
	)

	testC, testDb, err := getTestDb()
	if err != nil {
		t.Fatal(err)
	}
	defer testC.Terminate(context.Background())

	config := appConfig{
		logger: log.New(
			os.Stdout, "",
			log.Ldate|log.Ltime|log.Lshortfile,
		),
		packageBucket: packageBucket,
		db:            testDb,
	}

	// update package metadata for the test object
	err = updateDb(
		config,
		pkgRow{
			OwnerId:       1,
			Name:          "pkg",
			Version:       "0.1",
			ObjectStoreId: testObjectId,
		},
```

```
		)
		if err != nil {
			t.Fatal(err)
		}
		// TODO 发出 HTTP 请求并验证结果
}
```

调用 getTestDb()函数来获取*sql.DB 对象。然后对返回的 testcontainers.Container 值 testC 的 Terminate()方法进行延迟调用，以便在测试运行结束时终止容器。

然后创建一个 appConfig 对象，将 db 字段的值设置为 testDb。接下来，调用 updateDb()函数为测试包添加包元数据。这对应于之前在函数中创建的测试对象。然后发出一个 HTTP 请求来下载包数据并验证重定向行为。你可以在 package_get_handler_test.go 文件中找到测试的完整定义以及另一个测试。在 package_reg_handler_test.go 文件中，还可以找到用于测试包注册功能的测试函数。

接下来，我们将讨论在使用数据库时可能遇到的几个常见数据类型转换场景。

11.2.3 数据类型转换

调用*sql.Rows 对象的 Scan()方法时，驱动程序包正在完成从数据库表中列的原始数据类型到应用程序中目标变量的自动类型转换。使用 ExecContext()方法执行 INSERT 或 UPDATE 语句时，会发生相反的过程。Scan()方法的文档描述了有关转换操作的指南。

我们要讨论的第一个场景是转换 TIMESTAMP(以及相关的列类型 DATETIME 和 TIME)的需求。再次看一下 pkgRow 结构：

```
type pkgRow struct {
	OwnerId       int
	Name          string
	Version       string
	ObjectStoreId string
	Created       string
}
```

Created 字段用于存储从 packages 表中查询到的 created 列的值。创建的列被声明为 TIMESTAMP 类型。在 MySQL 中，这意味着它将始终将日期和时间存储为协调世界时间(Coordinated Universal Time，UTC)值，例如 2022-01-19 03:14:07。当执行 Scan()方法时，会读取已创建列的值，然后将其作为字符串存储在指定 pkgRow 对象的 Created 字段中。然后，可以使用 time 包中的 time.Parse()函数将此字符串转换为 time.Time 对象，如下所示：

```
// 结果包含通过调用 queryDb()获得的 sql.Rows 对象
```

```
layout := "2006-01-02 15:04:05"
created := results[0].Created
parsedTime, err := time.Parse(layout, created)
if err != nil {
      t.Fatal(err)
}
```

另一种方法可能是利用 MySQL 驱动程序的自动解析功能。如果在连接数据库时在 DSN 中添加 parseTime=true，它会自动尝试将 TIMESTAMP、DATETIME 和 DATE 列解析为 time.Time 类型。getDatabaseConn()函数将如下所示：

```
func getDatabaseConn(
       dbAddr, dbName, dbUser, dbPassword string,
) (*sql.DB, error) {
       dsn := fmt.Sprintf(
              "%s:%s@tcp(%s)/%s?parseTime=true",
              dbUser, dbPassword,
              dbAddr, dbName,
       )
       return sql.Open("mysql", dsn)
}
```

然后重新定义 pkgRow 结构，使 Created 字段的类型为 time.Time：

```
type pkgRow struct {
      // 其他字段
      Created    time.Time
}
```

现在，当调用 Scan()函数时，Created 字段将包含 created 列的值，即包创建时间(UTC 格式的 time.Time 值)。不过，这里值得注意的是，如果解析失败，Scan()方法将失败。因此，如果你不信任数据库中的数据，则可能有必要考虑在应用程序中显式解析 TIMESTAMP 和其他相关字段。

在第二种情况下，我们将研究处理来自数据库的 NULL 数据。假设我们在 packages 表中添加一个新列 repo_url：

```
CREATE TABLE packages(
 -- TODO other columns
 repo_url VARCHAR(300) DEFAULT NULL,
)
```

此列将可选地包含包的源代码存储库的 URL。如果你尝试将此列的 NULL 值扫描为字符串数据类型，则会失败。因此，database/sql 包定义了特殊的数据类型来处理 NULL 值。此处使用的正确类型是 sql.NullString：

```
type pkgRow struct {
```

```
        // 其他字段
        RepoURL     sql.NullString
}
```

sql.NullString 定义了一个布尔字段 Valid，如果 repo_url 列中存储了一个非 NULL 值，则该字段为 true。如果 Valid 的值为 true，则 String 字段包含字符串本身。向数据库添加一行看起来也会略有不同。首先创建一个 pkgRow 对象，如下所示：

```
pkgRow{
        // 其他字段
        RepoURL: sql.NullString{
                String: “http://github.com/practicalgo/code”,
                Valid: true,
        },
},
```

然后，将更新并执行 updateDb()函数，如下所示：

```
func updateDb(config appConfig, row pkgRow) error {
        # TODO: 获取数据库连接
        columnNames := []string{
                "owner_id", "name", "version", "object_store_id",
        }
        valuesPlaceholder := []string{"?", "?", "?", "?"}
        args := []interface{}{
                row.OwnerId,row.Name,row.Version,row.ObjectStoreId,
        }

        if row.RepoURL.Valid {
                columnNames = append(columnNames, "repo_url")
                valuesPlaceholder = append(valuesPlaceholder, "?")
                args = append(args, row.RepoURL.String)
        }
        query := fmt.Sprintf(
                "INSERT INTO packages (%s) VALUES (%s);",
                strings.Join(columnNames, ","),
                strings.Join(valuesPlaceholder, ","),
        )

        result, err := conn.ExecContext(
                ctx, query, args…,
        )
# TODO 处理结果
}
```

由于 repo_url 列不是强制性的，因此检查 pkgRow 对象是否具有有效的

RepoURL 字段，如果是，则更新 SQL 语句以解决此问题。

除了 sql.NullString 类型之外，database/sql 包还定义了等效类型来处理 time.Time、float64、int32、int64 和其他 Go 类型的 NULL 列值。在本书源代码存储库的 chap11/mysql-demo 目录中，你将找到代码清单以及可以进行试验的测试，以便更好地理解前面的概念。

在本章的最后一节，我们将学习如何在应用程序中使用数据库事务。

11.2.4　使用数据库事务

要启动事务，需要调用*sql.Conn 对象上定义的 BeginTx()方法。它返回两个值：第一个是*sql.Tx 类型的值，第二个是错误值。如果成功获得*sql.Tx 值，我们将使用该对象上定义的 ExecContext()方法执行 SQL 查询。以下是包服务器修改后的 updateDb()函数示例：

```
func updateDb(ctx context.Context,config appConfig,row pkgRow)error{
        conn, err := config.db.Conn(ctx)
        if err != nil {
                return err
        }
        defer conn.Close()

        tx, err := conn.BeginTx(ctx, nil)
        if err != nil {
                return err
        }

        result, err := tx.ExecContext(
                ctx,
                `INSERT INTO packages
(owner_id, name, version, object_store_id) VALUES (?,?,?,?);`,
                row.OwnerId, row.Name, row.Version,
                row.ObjectStoreId,
        )
        if err != nil {
                rollbackErr := tx.Rollback()
                log.Printf("Txn Rollback Error:%v\n", rollbackErr)
                return err
        }
        return tx.Commit()
}
```

BeginTx()方法接收两个参数：第一个是 context.Context 类型的对象，第二个是 database/sql 包中定义的 sql.TxOptions 类型的对象：

```
type TxOptions struct {
      Isolation IsolationLevel
      ReadOnly bool
}
```

Isolation 字段指定事务的隔离级别。如果未指定，则默认为 MySQL 驱动程序的默认隔离级别。我们使用的 MySQL 驱动程序使用 MySQL 存储引擎的默认隔离级别。

如果在执行查询时遇到错误，我们调用 Rollback()方法来回滚事务。如果在回滚事务时遇到错误，我们会记录并返回原始错误。如果查询成功执行，我们会根据需要执行其他任何查询。如果所有查询都成功执行，我们调用 tx.Commit()方法来提交事务。Commit()方法返回一个错误值，我们也返回该值。

在应用程序级别，在事务中运行查询的一大优势是，如果在创建事务时指定的上下文被取消，它将自动回滚。这允许我们在服务器中实现这样的行为——如果客户端取消请求或以其他方式取消，事务也会自动回滚。例如，我们可以更新包注册处理程序，如下所示：

```
func packageRegHandler(
      w http.ResponseWriter,
      r *http.Request,
      config appConfig,
) {
      // TODO 将包上传到对象存储
      err = updateDb(
            r.Context(),
            config,
            pkgRow{
                  OwnerId:      packageOwner,
                  Name:         packageName,
                  Version:      packageVersion,
                  ObjectStoreId: d.ID,
            },
      )
      // TODO: 其他代码
}
```

类似的策略也可以在 gRPC 应用程序中实现以响应客户端断开连接。你可以使用本书源存储库的目录 chap11/pkg-server-2-transactions 中的事务找到包服务器代码的更新实现。

11.3　小结

在本章中，我们学习了如何从应用程序中持久存储数据。首先学习了如何在对象存储服务中存储非结构化数据块。我们使用 gocloud.dev/blob 包以供应商中立的方式与对象存储服务进行交互。使用这个包，切换对象存储服务只需要对应用程序进行最小的更改。此外，它还允许使用 gocloud.dev/blob/fileblob 包对功能进行测试，该包实现了基于文件系统的对象存储服务。

然后，我们学习了如何在应用程序中将数据存储在关系数据库中。还学习了使用 database/sql 包提供的标准接口和符合该接口的 MySQL 驱动程序从 MySQL 查询数据以及存储数据。与 gocloud.dev 一样，database/sql 允许在切换数据库供应商时编写需要最少更改的应用程序。我们学习了如何使用有用的第三方包测试应用程序，它允许在本地容器中运行 MySQL。

你已经读完了本书的最后一章。在之后的两个附录中，你将学习向应用程序添加检测功能，并熟悉分发和部署应用程序的有用技术。